Connaître les ligneux supérieurs du Bénin en Afrique de l'Ouest

Collection « Études africaines »
dirigée par Denis Pryen et son équipe

Forte de plus de mille titres publiés à ce jour, la collection « Études africaines » fait peau neuve. Elle présentera toujours les essais généraux qui ont fait son succès, mais se déclinera désormais également par séries thématiques : droit, économie, politique, sociologie, etc.

Dernières parutions

Federica BURINI, *Cartographie participative et aménagement du territoire en Afrique subsaharienne*, 2022.
Abbé Nestor SALUMU NDALIBANDU, *La philosophie au service de la société en Afrique, Le cas de la RDC*, 2022.
Abbé Nestor SALUMU NDALIBANDU, *La responsabilité sociale du philosophe face à la guerre en Afrique, Enjeux et perspectives*, 2022.
Gilbert GERMAIN, *Non à un plan Marshall pour l'Afrique subsaharienne*, 2022.
Azza BCHIR, *La tragédie de la performativité*, 2022.
Laurent TAGNE, *Les TIC dans le système éducatif camerounais. Cas de l'enseignement secondaire*, 2022.
Guila THIAM, *Les médias africains à l'heure de la rupture. Vers un grand rétablissement*, 2022.
André NIKWIGIZE, *Ethnisme et tragédies au Burundi, De l'identité nationale à l'identité ethnique*, 2022.
Léandre Serge MOYEN, *L'impossible État fédéral africain. Les droits fondamentaux à l'épreuve des identités culturelles nationales*, 2022.
Charlie MBALLA (dir.), *L'Etat dans les Afriques. Etat des lieux en Afrique subsaharienne*, 2022.
El Hadji Malick NDIAYE, *Ce que les GAFAM font aux médias africains. Enjeux socioéconomiques, éditoriaux et politiques de l'infomédiation*, 2022.
Yves-Alexandre CHOUALA, Patrice BIGOMBÉ LOGO et Delmas TSAFACK (dir.), *Le Cameroun et les grandes puissances. Trajectoires et dynamiques de coopération*, 2022.
Jean Christophe TSHIMPAKA BODUMBU, *Le numérique et l'enseignement en RDC, Appropriation des artefacts numériques par les enseignants*, 2022.
Axel Presnel AVERROES ACHOUR KORONDO, *L'échec du contrat social et le constat du chaos centrafricain*, 2022.
Laurent Falay LWANGA, *Histoire de l'éducation en Afrique subsaharienne. Cas de la RDC*, 2022.
Jean-Paul BALGA, *Le sens de la dot en pays* tupuri, 2022.

Sous la direction de
Christine A. I. Nougbodé Ouinsavi

Connaître les ligneux supérieurs du Bénin en Afrique de l'Ouest

Préface de Damase Khasa

L'Harmattan

5-7, rue de l'Ecole-Polytechnique, 75005 Paris
http://www.editions-harmattan.fr
ISBN : 978-2-14-026820-5
EAN : 9782140268205

SOMMAIRE

PRÉFACE

Les arbres forment une composante fondamentale de l'écosystème forestier et leur inventaire est d'une importance primordiale pour quantifier les services écosystémiques qu'ils procurent et assurer la gestion durable des ressources forestières pour les populations, les localités et l'humanité tout entière. Les forestiers, les botanistes et les écologistes expatriés et nationaux ont écrit de flores dans la plupart des pays d'Afrique. Par exemple, au Bénin, il existe la Flore du Bénin écrit par Dr Simone Guigues de SOUZA en trois tomes (Tome 1. Catalogue des plantes du Bénin, Biotopes, Localités. 2e édition 2009. Tome 2. Plantes du bord de mer, mangrove, jardins. Imprimerie Tundé. 2e édition 2006. Tome 3. Noms des plantes dans les langues nationales béninoises. Imprimerie Tundé. Cotonou. 2e édition 2008). Dans son Tome 1 de 424 pages, la flore du Bénin décrit plus de 2 800 taxa avec leur biotope où ils vivent (forêt dense humide semi-décidue, forêt claire, savane herbeuse, savane arborée, savane boisée, mangrove, etc.) et le nom de quelques localités où ils ont été retrouvés ou récoltés pour être placés dans l'Herbier National du Bénin. Cette monographie sur les ligneux supérieurs du Bénin en Afrique de l'Ouest, dirigée par Professeure Christine A. I. Nougbodé Ouinsavi de l'Université de Parakou, est unique en son genre. Elle vient combler un écart de connaissances scientifiques nécessaires pour la mise en place d'une sylviculture raisonnée nécessaire pour la gestion productive et durable de 10 essences ligneuses autochtones du Bénin dont certaines sont devenues rares et en voie de disparition. Connaître la diversité de ces espèces, leur distribution et les dangers d'extinction qui pèsent sur elles sont des choses fondamentales. La conservation et la gestion durable de ces essences sont essentielles pour compléter les politiques forestières adoptées par le Gouvernement béninois d'investir massivement dans les plantations d'essences exotiques, telles que *Tectona grandis* L.f., *Gmelina arborea* Roxb. et *Acacia auriculiformis* A. Cunn. ex Benth. Cette monographie est une revue systématique qui présente l'état des connaissances complètes sur ces espèces ciblées afin de disposer d'un paquet technologique sylvicole de production à grande échelle et amorcer leur valorisation dans les programmes de reboisement et de restauration du paysage forestier.

Pour la conception méthodologique de cette revue systématique, les éléments ont été pris dans des thèses de doctorat et dans plusieurs bases de données (Scopus, Sciences direct, Web of sciences et Google Scholar) pour trouver des publications scientifiques dans des revues internationalement reconnues, ainsi que dans les bibliothèques et les sites Web des différentes universités, sur les ligneux supérieurs du Bénin. Au bout de cette recherche documentaire, les dix (10) espèces ligneuses supérieures ont été retenues sur la base de l'exhaustivité et de la pertinence scientifique du contenu de l'étude, du caractère relativement récent de l'étude et du consentement de ou des auteurs. Les publications retenues ont permis d'effectuer une synthèse d'informations pour chacune des espèces ligneuses relatives à la nomenclature, la répartition géographique, l'importance ethnobotanique et économique, au statut écologique, l'état des connaissances sur la variabilité morphologique et la diversité génétique, la biologie de la reproduction, l'usage fait par l'homme, les risques de disparition et les stratégies de conservation. Ce travail exhaustif et impressionnant dans la description complète de 10 espèces s'apparente bien à l'œuvre inachevée du Feu Professeur Miroslav Grandtner du Département des sciences du bois et de la forêt, Faculté de foresterie, de géographie et de géomatique, Université Laval, avec son ambitieux projet du Dictionnaire mondial des arbres pour dresser la diversité mondiale des arbres dont le volume 1 de 1529 pages du *Elsevier's Dictionnary of Trees*, consacré aux espèces indigènes d'Amérique du Nord a été publié en 2005. Cette monographie est le premier portrait quantitatif et un « Benchmark » de la biodiversité de ces ligneux supérieurs du Bénin. Il pourra servir de base pour quiconque veut réaliser un suivi de la réaction de ces arbres aux changements climatiques ou pour voir comment leur répartition évoluera au cours des prochains siècles. Elle s'adresse aux forestiers, botanistes, écologistes, environnementalistes, chercheurs et étudiants de tous les niveaux, aux amoureux de la nature et à la société en général pour les valeurs thérapeutiques et bioculturelles des arbres et de l'écosystème forestier.

Damase Khasa, Professeur d'agroforesterie et de foresterie internationale

Centre d'étude de la forêt, Institut de biologie intégrative et de systèmes

Faculté de foresterie, de géographie et de géomatique

Université Laval, Québec, Canada G1V 0A6

INTRODUCTION GÉNÉRALE

Le déclin des ressources forestières est une problématique grave dans le monde entier, dont les conséquences incluent une augmentation de la fréquence et de l'intensité des événements climatiques extrêmes tels que, les inondations, les sécheresses prolongées, les réchauffements climatiques, les brumes sèches causées par les tempêtes de sable, et les dommages dus au gel (Morales-Hidalgo et al., 2015). D'après le rapport d'IPBES en 2019, 75% de l'environnement terrestre et 66% de l'environnement marin ont été gravement altérés par l'homme.

Les forêts tropicales africaines assurent des variétés de services écosystémiques essentiels tels que, le maintien de la biodiversité, la régulation du climat par la séquestration du carbone, la protection des eaux et des sols. Elles constituent également une source directe d'alimentation, de médicaments et fournissent de revenus supplémentaires aux populations. Ces fonctions sont très essentielles pour la sécurité alimentaire et la lutte contre la pauvreté en Afrique. Cependant, les forêts tropicales africaines font face à une problématique de forte exploitation sans efforts conséquents en matière de sylviculture et de gestion durable.

Une meilleure connaissance des ligneux supérieurs est d'une importance primordiale pour une gestion forestière durable dans les pays en développement où une grande partie des populations vit dans les zones rurales où les activités forestières peuvent contribuer à créer des emplois et de revenus supplémentaires aux propriétaires fonciers et les parties prenantes. Les contributions d'une meilleure connaissance des ligneux supérieurs ont à la fois une dimension socio-économique et une dimension environnementale. En effet, une meilleure connaissance des ligneux supérieurs renforce les capacités de production et de gestion durable des arbres ayant des intérêts socio-économiques et environnementaux ainsi que leur contribution à la biodiversité, à l'écologie, et à la lutte contre le changement climatique.

Les ressources forestières du Bénin jouent un important rôle dans l'économie nationale à travers la fourniture d'aliments, de médicaments, de bois de service, de bois d'énergie, et de fibres. Cependant, elles sont soumises à des stress environnementaux liés aux pratiques traditionnelles d'agriculture, de pâturage, et d'exploitation du bois, qui sont responsables du déclin continu des ressources forestières. Les statistiques forestières au plan national ont montré une réduction drastique de la superficie forestière du Bénin, passant de 7,6 à 5,9 millions d'hectares de 2005 à 2015, soit une réduction de 14% avec un taux annuel de déforestation estimé à 1,4% (World Bank, 2020). Cette situation des ressources forestières a une grande répercussion sur l'économie nationale, car elle coûterait plus de 3% du produit intérieur brut (PIB) du Bénin (World Bank, 2018). Ainsi, la production du bois ne répondant plus aux besoins de croissance économique du secteur forestier, le Gouvernement du Bénin entend augmenter le volume du bois d'œuvre, de service et d'énergie à travers de vastes programmes de reboisement et ou de restauration afin de créer des emplois dans le secteur forestier et accroître les recettes publiques. Cependant, les politiques adoptées ont conduit à de forts investissements dans la réalisation des plantations d'essences exotiques telles que *Tectona grandis* L.f., *Gmelina arborea* Roxb. et *Acacia auriculiformis* A. Cunn. ex Benth. en raison de la méconnaissance de la sylviculture des essences autochtones et de l'absence d'une politique d'application des résultats de recherche dans le secteur forestier. Dans le même temps, la régulation de l'exploitation des essences autochtones n'a pas connu de grands progrès et beaucoup d'essences autochtones sont devenues rares et en voie de disparition (ex. *Mansonia altissima* A. Chev., *Pterocarpus erinaceus* Poir., *Afzelia africana* Smith ex Pers., *Detarium senegalense* J.F. Gmel.), tandis que d'autres ont déjà disparu des formations naturelles et n'existent plus à l'état sauvage (ex. *Garcinia cola* Heckel). Ce document est un premier volume de synthèses d'informations pour une meilleure connaissance des ligneux supérieurs du Bénin. Les informations sont fournies pour aider les décideurs, les gestionnaires forestiers, les propriétaires fonciers et les parties prenantes à tourner les regards vers les essences autochtones qui peuvent être utilisées pour le boisement, la reforestation et l'enrichissement de forêts afin de créer des sources de revenus, d'alimentation et de subsistance pour les communautés locales.

Ce document apporte aussi des informations à la communauté scientifique par rapport aux lacunes de connaissances sur ces espèces ciblées afin de disposer d'un paquet technologique sylvicole de production à grande échelle et amorcer leur valorisation dans les programmes de reboisement et de restauration du paysage forestier.

PREMIÈRE PARTIE
Éléments de base

SECTION 1 :
Le milieu

1.1 Situation géographique et administrative

La République du Bénin est un pays de l'Afrique occidentale, situé à l'ouest du continent entre la côte du Golfe de Guinée et la vallée du Niger (6°17 S à 12°4 N). Le territoire du Bénin est limité par l'océan Atlantique au sud sur 121 km, la République du Togo à l'ouest sur 651 km, la République Fédérale du Nigéria à l'est sur 809 km, la République du Burkina Faso sur 386 km et la République du Niger au nord sur 277 km (Figure 1). Il couvre une superficie totale de 114 763 km² et est subdivisé en douze départements et 77 communes.

1.2 Caractéristiques climatiques générales

Les phénomènes météorologiques (température, humidité, ensoleillement, pression, vents, précipitations) qui caractérisent l'état moyen de l'atmosphère ne sont pas les mêmes sur toute l'étendue du territoire. On distingue principalement deux différents types de climat dans le pays. Le climat subéquatorial au sud avec deux saisons pluvieuses et deux saisons sèches et le climat tropical au nord avec une seule saison pluvieuse et une seule saison sèche. La pluviométrie moyenne annuelle varie de 900 mm au nord à 1 400 mm au sud. Cependant, on note un maximum de pluviométrie annuelle supérieure à 1 300 mm dans la région de Djougou et Natitingou, sous l'influence de la chaîne de l'Atacora. Les températures moyennes oscillent entre 22 °C au sud et 37 °C au nord. La vitesse moyenne des vents est de l'ordre de 4 $m.s^{-1}$ avec une forte variation, de 0 $m.s^{-1}$ à 15 voire 25 $m.s^{-1}$ par temps d'orage au passage de l'harmattan qui souffle généralement de décembre à février au nord, puis vers fin décembre et début janvier au sud. Le passage de l'harmattan se traduit généralement par un accroissement de l'écart thermique, une baisse de l'humidité relative et une brume sèche qui envahit l'atmosphère. L'humidité relative moyenne décroît du sud vers le nord. Les mois pluvieux sont généralement plus humides avec une évaporation plus faible. Cette évaporation est relativement élevée pendant la saison sèche, période au cours de laquelle on enregistre la plus forte insolation, dont les moyennes annuelles variant de 2142,8 heures à 3068,6 heures.

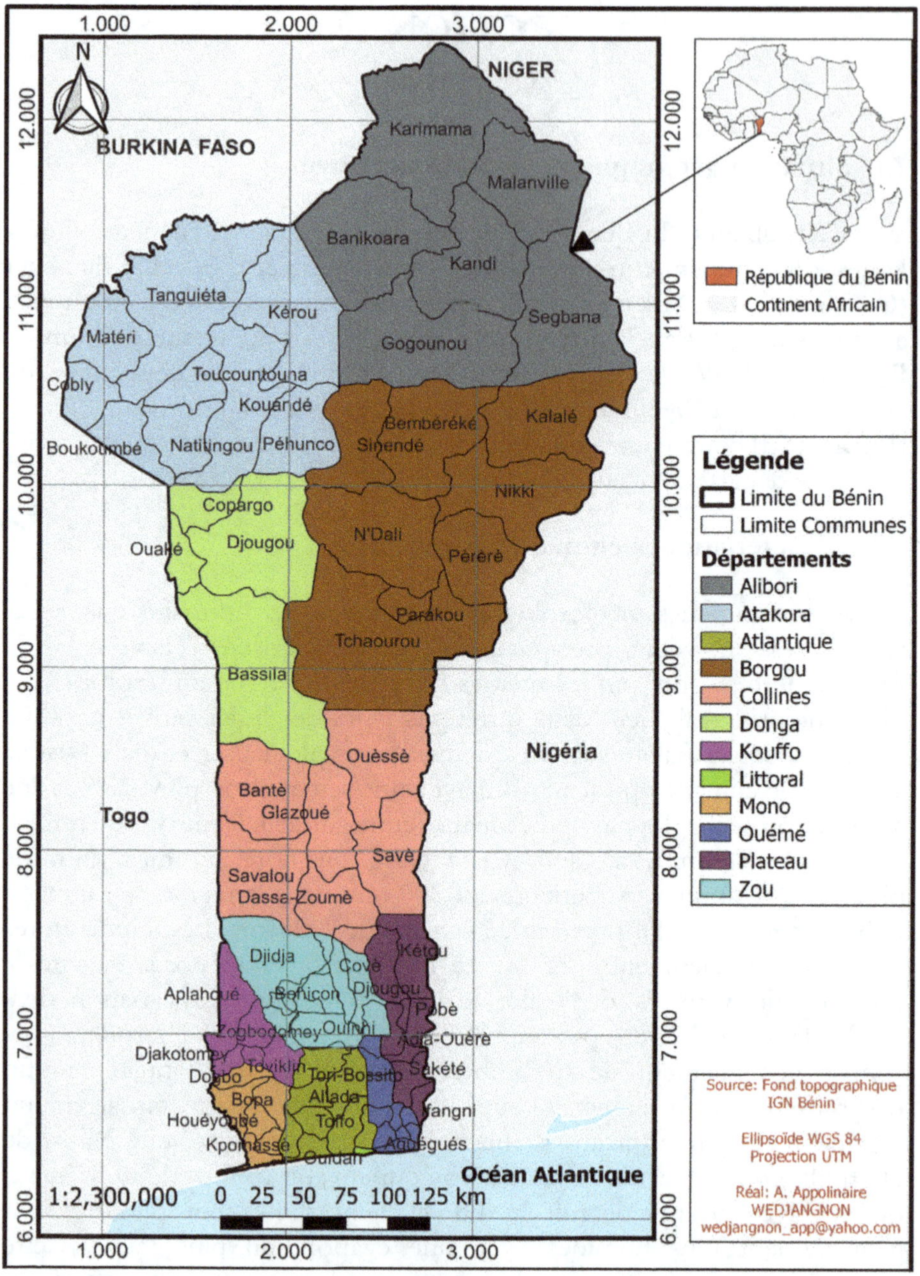

Figure 1. Localisation géographique de la République du Bénin

1.3 Caractéristiques pédologiques générales

On distingue cinq groupes de sols au Bénin (les sols ferrugineux tropicaux, les sols peu évolués, les sols ferrallitiques, les sols hydromorphes et les vertisols). Les sols ferrugineux tropicaux sont les plus répandus sur le territoire béninois (soit 65% de la superficie totale du Bénin). Ces sols sont beaucoup plus rencontrés dans les départements du Zou, des Collines, du Borgou et de l'Atacora, avec des caractéristiques variées. Certains sont lessivés bien drainés tandis que, d'autres sont lessivés mal drainés. Les sols peu évolués occupent 20% du territoire. Ce sont les sols sableux qui longent la côte de l'Océan Atlantique et les sols minéraux bruts du massif de l'Atacora. Les sols ferralitiques occupent 10% du territoire. Ce sont des terres de barre qu'on retrouve dans le sud, sur le plateau d'Adja et d'Allada dans le département du Zou, et dans le département de l'Ouémé et les sols faiblement ferrallitiques indurés qu'on retrouve à Djougou, Kouandé et Bassila. Les sols hydromorphes sont peu répandus sur le territoire. Ils occupent seulement 3% du territoire national et se trouvent dans le delta de l'Ouémé, en bordure du Niger, de la Pendjari et dans les vallées du Mono et du Couffo. Les vertisols sont les moins répandus sur toute l'étendue du territoire. Ce sont des terres noires, riches en argiles gonflantes qui présentent de larges fentes de dessiccation et de retrait. Ces sols se rencontrent surtout dans la dépression de la Lama.

1.4 Types de végétation

La République du Bénin occupe la majeure partie du "Dahomey Gap" qui est une interruption de la forêt dense sur la côte de l'Afrique de l'Ouest (Kokou & Sokpon, 2006). Les principales formations végétales qu'on y rencontre sont les forêts denses semi-décidues, les forêts marécageuses, les forêts denses sèches, les forêts claires, les savanes boisées, les savanes arborées et arbustives. Au sud, dans la zone écologique guinéenne, la végétation est caractérisée par des îlots de forêts denses semi-décidues, des savanes arborées et arbustives, et des forêts marécageuses (prairies aquatiques, et mangroves). Au centre, dans la zone de transition Guinéo-soudanienne, la végétation est caractérisée par des forêts denses sèches, des galeries forestières, des forêts claires, des savanes et des formations saxicoles. Au nord, dans la zone soudanienne, la végétation est largement dominée par des savanes, mais on y retrouve quelques îlots de forêts denses sèches et des forêts claires (Adomou, 2005 ; Sinsin et al., 2004).

SECTION 2 :
Cadre conceptuel et méthodologique de recherche

2.1 Cadre conceptuel

Cet ouvrage s'est exclusivement consacré aux études réalisées sur des espèces ligneuses supérieures retrouvées au Bénin et couramment utilisées dans le quotidien des populations. En effet, la plupart des espèces végétales offrent d'innombrables usages et services allant des usages alimentaires, médicinaux, socio-culturels et cultuels, à l'exploitation du bois à des fins économiques.

Les *plantes ligneuses* sont définies comme des plantes qui fabriquent de la lignine en grande quantité qui constitue avec la cellulose, le matériau bois. La notion de plante ligneuse est une catégorisation végétale intuitive, qui s'oppose aux plantes herbacées et évoque de ce fait les arbres, arbustes et arbrisseaux. Cependant, toutes les plantes herbacées, plus précisément toutes les plantes vasculaires, contiennent aussi des lignines, mais en proportions très inférieures à celles des plantes ligneuses (les arbres surtout) et bien moindres pour les plantes annuelles que pour les vivaces.

Les *végétaux supérieurs* constituent une expression populaire désignant les trachéophytes, les plantes à tiges, à racines, à feuilles et à fleurs, ou les cormophytes, en s'opposant aux végétaux inférieurs, expression qui désigne les thallophytes et les bryophytes. Ils regroupent tous les arbres et autres végétaux présentant des tige(s), feuillage et système radiculaire. Les plantes à tiges incluent les végétaux ligneux (arbres, arbustes, buissons, etc.) et de nombreuses herbacées érigées avec une tige, souvent une plante à fleurs. (https://www.aquaportail.com/definition-974-vegetaux-superieurs.html)

La *domestication des plantes* est un processus évolutif, lent et progressif, par lequel l'homme modifie, intentionnellement ou non, la constitution génétique d'une population de plantes jusqu'au point où les individus au sein de cette population perdent leur capacité de survivre et de se reproduire par eux-mêmes dans la nature.

Les *produits forestiers non ligneux* sont des biens d'origine biologique autres que le bois, dérivés des forêts, des autres terres boisées, et des arbres hors forêts (FAO, 1999). Il peut s'agir par exemple d'animaux chassés comme gibier ou pour leur fourrure, ou de poissons, de fruits (baies, noix, etc.), de graines, d'épices, de champignons, de feuilles (fourrage), de plantes médicinales, de tourbe, etc.

Les *services écosystémiques* sont définis comme étant les biens et services que les hommes peuvent tirer des écosystèmes, directement ou indirectement, pour assurer leur bien-être (nourriture, qualité de l'eau, paysages, etc.).

La *biodiversité* est la diversité des organismes vivants, qui s'apprécie en considérant la diversité des espèces, celle des gènes au sein de chaque espèce, ainsi que l'organisation et la répartition des écosystèmes. La biodiversité est définie par la Convention sur la diversité biologique comme « la variabilité des êtres vivants de toute origine y compris, entre autres, les écosystèmes aquatiques et les complexes écologiques dont ils font partie : cela comprend la diversité au sein des espèces, ainsi que celle des écosystèmes » (art. 2). Le concept de biodiversité concerne donc toutes les composantes et les variations du monde vivant. Les scientifiques distinguent trois niveaux d'organisation :

- La diversité écologique (les écosystèmes) ;
- La diversité spécifique (les espèces) ;
- La diversité génétique (les gènes).

La *diversité génétique* désigne le degré de variabilité des gènes au sein d'une même espèce, correspondant au nombre total de caractéristiques génétiques dans la constitution génétique de l'espèce.

2.2 Méthodologie de recherche

Le présent ouvrage consacré à la monographie de ligneux supérieurs autochtones du Bénin, n'est rien d'autre qu'un recueil d'études de cas sur ces ligneux. Ainsi, les matériels et méthodes de collecte de données ont varié d'une étude à l'autre. Cependant, un minimum de thématiques ont été retenues et à partir desquelles un maximum d'informations a été collecté et permettant d'avoir une meilleure connaissance des ligneux supérieurs autochtones du Bénin.

Dans un premier temps, une recherche documentaire exhaustive a été menée en interrogeant plusieurs bases de données telles que : Scopus, Sciences direct, Web of sciences, et Google Scholar d'une part et, les bibliothèques et les sites Web des différentes universités du Bénin d'autre part. Cette recherche documentaire a permis de collecter les thèses de doctorat et les publications scientifiques des chercheurs béninois et étrangers sur les ligneux supérieurs du Bénin. Au bout du processus, dix (10) espèces ligneuses supérieures ont été retenues sur la base de l'exhaustivité et de la pertinence scientifique du contenu de l'étude, du caractère relativement récent de l'étude et du consentement de ou des auteurs.

Dans un second temps, ces travaux ont été formatés de sorte à réaliser une synthèse d'informations sur chacune des espèces ligneuses relatives à la connaissance ethnobotanique, l'importance économique, l'état des connaissances écologiques, l'état des connaissances sur la variabilité morphologique et la diversité génétique, la biologie de la reproduction et les stratégies de conservation.

Connaissances ethnobotaniques et importance économique : les informations ont été collectées dans ce domaine sur la base d'enquêtes ethnobotanique et socio-économique. C'est l'une des premières étapes pour entamer une étude sur une espèce forestière afin de mieux la connaître.

Statut écologique : le statut écologique des différentes espèces ligneuses a été étudié à travers les caractéristiques démographiques sur la base d'inventaires phytosociologiques et forestiers, l'analyse de la structure diamétrique et/ou spatiale et l'état de la régénération naturelle grâce aux inventaires forestiers.

Diversité morphologique : elle a été examinée à travers la caractérisation morphologique et la discrimination des différents morphotypes grâce aux mensurations des différents descripteurs morphologiques des feuilles, fruits, graines et/ou de paramètres dendrométriques.

Diversité génétique moléculaire : elle a été explorée à l'aide de marqueurs moléculaires RAPD et/ou microsatellites mis au point spécifiquement.

Biologie de la reproduction : des essais de multiplication végétative (bouturage) et par graines dans diverses conditions ont permis l'étude de la biologie de reproduction des différentes espèces ligneuses sélectionnées.

DEUXIÈME PARTIE
Étude monographique de dix espèces ligneuses

SECTION 3 :
Milicia excelsa (Welw.) C.C.Berg

Ouinsavi C.A.I.N [1] & Gbemavo C.D.S.J.[2,3]

[1]*Laboratoire d'Études et de Recherches Forestières (LERF), Faculté d'Agronomie, Université de Parakou, Bénin, BP 123 Parakou, Bénin*
[2]*Laboratoire de Biomathématiques et d'Estimations Forestières (LABEF), Faculté des Sciences Agronomiques, Université d'Abomey-Calavi, 04 BP 1525 Cotonou, Bénin,*
[3]*Unité de Biostatistique et de Modélisation (UBM), École Nationale Supérieure des Biosciences et Biotechnologies Appliquées (ENSBBA), Université Nationale des Sciences, Technologies, Ingénierie et Mathématiques (UNSTIM), BP 14, Dassa-Zoumé, Bénin.*

Résumé

L'Iroko (*Milicia excelsa* (Welw.) C.C.Berg) est une espèce ayant une grande importance économique pour son bois et qui présente une grande utilité pour les populations locales comme une plante médicinale et sacrée. Malgré une importance économique reconnue depuis plus de deux siècles et une diminution sensible des densités de population de *M. excelsa* du fait de l'exploitation, les connaissances scientifiques utiles à la gestion durable de l'iroko restent insuffisantes. Le présent document qui est une revue de littérature, met en relief les résultats de recherche sur *M. excelsa* au Bénin et cherche à relever les thématiques méritant davantage d'efforts de recherche sur l'espèce dans un souci d'exploitation et d'aménagement durable de ses populations. La revue de littérature sur les travaux de recherche sur *M. excelsa* au Bénin a été effectuée en utilisant une approche scientifique subdivisée en deux phases à savoir : (i) définition des questions de recherches et (ii) collecte des données dans les bases de données Science Direct, Scopus, Web of Science et Google Scholar à partir des questions de recherches. Après extraction des données nécessaires, elles ont été synthétisées afin de donner un aperçu des articles publiés à ce jour sur *M. excelsa* au Bénin. Bien que des études aient été conduites dans divers domaines sur l'espèce notamment en ethnobotanique, écologie et génétique, celles sur la sylviculture, la technologie du bois et la phytopathologie sont extrêmement rares.

Mots clés : *Milicia excelsa*, Ethnobotanique, Écologie, Génétique, conservation, Bénin

Introduction

L'Afrique de l'Ouest possède un potentiel forestier non négligeable, caractérisé par une grande diversité biologique, vivant dans des habitats diversifiés, naturels ou créés par l'homme sous l'effet de la fragmentation des écosystèmes forestiers (Alohou, 2017). Dans ce paysage forestier fragmenté subsistent encore des essences forestières natives des forêts sempervirentes et semi-décidues, voire des savanes (Nichols et al., 1998) qui ont fait objet dans un passé récent d'exploitation incontrôlée. C'est le cas de l'Iroko, une espèce ayant une grande importance économique pour son bois (Adomou et al., 2010) et qui présente une grande utilité pour les populations locales comme une plante médicinale et sacrée (Ouinsavi et al., 2005). L'appellation « iroko » désigne les deux espèces du genre Milicia : *Milicia excelsa* (Welw.) C.C.Berg et *Milicia regia* (A.Chev.) C.C. Berg, très semblables sur le plan morphologique (Ofori et al., 2004). Les premières traces écrites de l'utilisation de l'iroko en Europe datent du début du 20e siècle (Mauriès, 1970) : alors dénommé *African oak*, l'iroko était importé par les Anglais et servait dans la construction navale. Au Bénin, l'espèce *M. excelsa* est fortement exploitée au point où les populations des individus de l'espèce sont extrêmement rares. On y rencontre dans le paysage urbain des individus isolés encore conservés en raison du rôle sacré qu'ils jouent pour les populations locales. Les quelques pieds de l'espèce rencontrés dans les forêts et savanes sont extrêmement jeunes et si rien n'est fait ses pieds subiront le même sort que les adultes. *Milicia excelsa* est classé par l'IUCN comme une espèce presque menacée (IUCN, 1998) et en danger au Bénin par Neuenschwander et al. (2011). Le niveau actuel de menace sur l'espèce au plan national mérite une attention particulière par les scientifiques pour inverser la tendance. L'un des préalables à l'établissement d'une feuille de route pour une gestion durable de l'espèce est l'acquisition des connaissances scientifiques sur l'espèce. Ceci nécessite un état des lieux des connaissances sur la plante afin d'identifier les domaines non encore sondés sur l'espèce nécessaire à la définition des actions pour son renouvellement et sa gestion durable.

Bien que l'importance économique de l'iroko ait suscité de nombreuses études scientifiques, celles-ci demeurent fragmentaires. La gestion durable des espèces demande une bonne connaissance de leur autoécologie, des éléments clés de la dynamique de leurs populations et de leur histoire évolutive ayant pu amener à la distribution spatiale, à l'abondance et la structuration de la diversité génétique au sein des populations (Daïnou, 2012). L'évaluation de la structure écologique semble nécessaire étant donné que l'habitat des espèces végétales est fragmenté et que la plupart des espèces se trouvent dans un certain nombre de populations plus ou moins isolées (Bonnin et al., 2002).

La présente revue cherche surtout à relever les thématiques méritant davantage d'efforts de recherche sur *M. excelsa* au Bénin dans un souci d'exploitation et d'aménagements durables de ses populations.

3.1 Distribution géographique et description de *M. excelsa*

Le tableau 1 et les figures 2, 3 et 4 présentent les informations sur la distribution et la description botanique de *M. excelsa*.

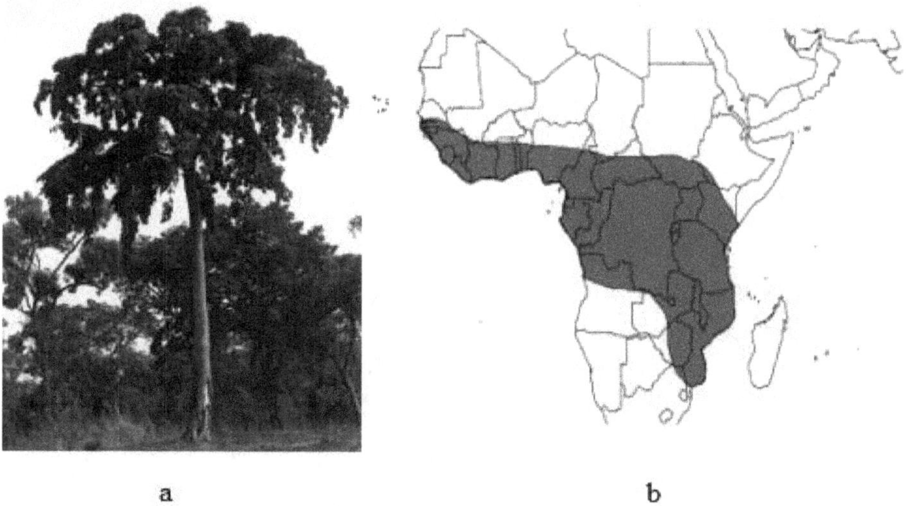

Figure 2. *Milicia excelsa* (**a-** Arbre entier ; **b-** Aires de distribution)

a b

Figure 3. *Milicia excelsa* (**a-** plantules ; **b-** feuilles)

d e f

Figure 4. Différents organes de *Milicia excelsa* (**a-** et **b-** Phyllotaxie, **c-** fleurs mâles, **d-** fleurs femelles, **e-** fruits matures, **f-** graines).

Tableau 1. Distribution et description de *Milicia excelsa*

Paramètres		Globale	Spécifique au Bénin
		M. excelsa	*M. excelsa*
Distribution		Guinée Bissau à l'Éthiopie et jusqu'en Angola et au Zimbabwe en direction du Sud (Figure 1,b) (Berg, 1977)	Sud depuis la côte jusqu'au nord du pays couvrant les trois zones climatiques (Ouinsavi et al., 2005)
Caractéristiques morphologiques	Diamètre	Jusqu'à 50 m (Ofori, 2007)	Jusqu'à 91,33 cm (Ouinsavi & Sokpon, 2008)
	Hauteur	Jusqu'à 2,5 m (Ofori, 2007)	Dbh/Ht : 0,03 à 0,08
	Hauteur fût	Jusqu'à 30 m	Dbh/Hf : 0,01 à 0,09 (Ouinsavi & Sokpon, 2010)
	Houppier	Forme étalée, avec des branches obliquement ascendantes	Diamètre houppier compris entre 12 et 17m (Ouinsavi & Sokpon, 2008)
Caractéristiques botaniques	Feuilles	Couronne avec un sommet aplati (pyramide renversée), vert clair (Nyong'o et al., 1994)	Longueur limbe : 12 à 19 cm (Ouinsavi & Sokpon, 2010)
		Longueur / largeur = 1,7/1. Limbe oblong ou à peine cordé (Chevalier, 1917 ; Aubréville, 1959 ; Nyong'o et al., 1994)	Largeur limbe : 8 à 12 cm (Ouinsavi & Sokpon, 2010)
		Feuilles alternes, avec une pubescence très fine sur la face inférieure, à l'aspect velouté, douces au toucher, y compris chez les vieilles feuilles, 12 à 22 paires de nervures secondaires. Nervation sur la face inférieure avec des aréoles rondes,	

		crevassées et présentant de nombreux petits poils. Les nervilles sont non-saillantes (Berg, 1977 ; Nyong'o et al., 1994 ; Hawthorne et al., 2006)	
		Pétiole long : 3 à 5 cm	
	Particularités foliaires chez les juvéniles	Croissance sympodiale et feuilles disposées en deux rangées ; Nervure principale jaune (Nyong'o et al., 1994)	
	Inflorescences	Inflorescences mâles longues de 17 cm en moyenne (Nyong'o et al., 1994)	9 à 13 cm de long et 0,6 cm de diamètre en moyenne (Ouinsavi & Sokpon, 2010)
		4 sépales charnus oblongs (≈ 3 mm) (Berg, 1977)	
		Ovaire glabre, atténué à la base, substipité, surmonté d'un style, inséré un peu obliquement (Berg, 1977)	
	Infructescences	Dimensions : 3 à 5 cm x 1,5 cm (Berg, 1977)	3,5 à 6 cm de long et 2 cm de diamètre en moyenne (Ouinsavi & Sokpon, 2010)
	Graines	Le poids de 1000 graines est de 1- 4 g (Daïnou, 2012)	
	Écorces	Teinte allant du gris au brun foncé et présente des lenticelles jaunâtres (Daïnou, 2012)	
	Racines	Superficielles et proéminentes (Daïnou, 2012)	
	Bois	Densité : 550 à 750 $kg.m^{-3}$ (Ofori, 2007 ; Ofori & Cobbinah, 2007)	

3.2 Importance ethnobotanique et statut socioéconomique de *M. excelsa*

3.2.1 Connaissances ethnobotaniques sur *M. excelsa*

Très peu de travaux en ethnobotanique ont été réalisés sur l'espèce au Bénin. Les rares études réalisées qui documentent les usages de la plante sont les travaux de Azonkponon (2001) et Ouinsavi et al. (2005). Les études de Azonkponon (2001) ont révélé que le latex, l'écorce et les feuilles de *M. excelsa* sont utilisés comme galactogène : augmentation de la sécrétion lactée des femmes allaitantes. De même, il rapporte que l'écorce soigne contre la stérilité chez les femmes et que l'arbre entier est un élément de fétichisme ou d'idolâtrie interagissant avec les esprits. Les travaux de Ouinsavi et al. (2005) ont permis cependant de documenter 45 maladies traitées par la plante au Bénin (Tableau 2). On note cependant une variation spatiale des connaissances locales sur les maladies traitées par la plante suivant le découpage administratif du Bénin.

De Caluwé et al. (2009) avaient déjà remarqué de telles variations des connaissances locales en lien avec la répartition géographique des groupes ethniques présents. Pour traiter les différentes maladies, les populations locales utilisent les différents organes de la plante sous différentes formes à savoir : le trempage (46,3%), la décoction (32,8%), la tisane aux herbes (11,9%), la poudre (6%), le broyage (1,5%). Les investigations de Ouinsavi et al. (2005) ont également révélé que les feuilles sont les organes les plus utilisés (30,3%), suivies de l'écorce (25,8%), la racine (23,6%), le latex (10,1%) et l'écorce écaillée (6,7%). Le bois et la gomme sont utilisés à raison de 1,1% (Ouinsavi et al., 2005). *Milicia excelsa* incarne de nombreuses divinités qui varient considérablement d'une zone à l'autre. On peut citer *Vodun loko* avec les noms suivants : *Lokossou, Loko, Lokossi, Lokonon, Vodun dan, Toxnyo, Hebiosso, Sakpata,* etc. (Ouinsavi et al., 2005).

L'utilisation des organes de la plante surtout des racines et de l'écorce peut agir considérablement sur les performances de croissance et de reproduction voire tuer la plante. Les travaux sur l'effet de l'exploitation des organes de la plante sur les performances végétatives et de reproduction de la plante sont donc nécessaires afin de proposer des mesures sur la fréquence de récolte des organes de la plante. Pour mieux cerner les connaissances sur l'espèce il urge de collecter des données complémentaires à travers d'autres travaux de recherche. Les données nécessaires à une connaissance approfondie sur l'espèce sont : les organes ou combinaison d'organes utilisés pour traiter chaque maladie citée dans l'étude Ouinsavi et al. (2005), la posologie pour chaque maladie, les contre-indications et les effets secondaires. Il urge de penser au screening phytochimique de la plante afin de vérifier sur le plan scientifique les propriétés renseignées sur la plante. Bien que les autres usages tels que l'utilisation de la plante comme bois d'œuvre aient été cités par Ouinsavi et al. (2005), des travaux complémentaires sont nécessaires pour sonder les autres formes de valorisation de l'espèce.

Tableau 2. Maladies et symptômes guéris par *Milicia excelsa*

	Départements					
Maladies	Atlan.	Ataco.	Borg.	Mono	Zou	Ouém.
Anti-sorcellerie	+	+	+	+	+	+
Fortifiants	-	+	+	+	+	+
Fièvre	-	-	+	+	+	+
Douleurs corporelles	-	+	-	+	+	+
Vision floue	-	-	-	+	+	+
Fausse-couche	-	-	-	+	+	+
Convulsion	+	-	+	+	+	-
Folie	-	-	+	+	+	-
Épilepsie	-	-	+	+	+	-
Paludisme	+	+	-	+	+	-
Maladie de peau	-	+	-	+	+	-
Paralysie	-	-	-	+	+	-
Migrant	-	-	-	+	+	-
Trouble menstruel	-	-	-	+	+	-
Maux d'estomac	-	-	+	+	-	-
Antibiotique	-	-	-	-	+	+
Épidémies	-	+	-	-	-	-
Impuissance	-	+	-	-	-	-
Parasite de l'intestin	-	+	-	-	-	-
Les catarrhes	-	+	-	-	-	-
Tête (oka ori	+	-	-	-	+	-
Irritation	+	-	-	+	-	-
Panaris	+	-	-	+	-	-
Compact de l'utérus	+	-	-	-	-	+
Anémie S.S.	+	-	-	-	-	-
Stérilité féminine	-	-	+	-	-	-
Morsure de serpent	-	-	+	-	+	-
Hypertension	-	-	-	+	-	-
Fœtus inactif	-	-	-	+	-	-
Œdème	-	-	-	+	-	-
Vertiges	-	-	-	+	-	-
Fièvre jaune	-	-	-	+	-	-

Maladie de la rate	-	-	-	+	-	-
Ensorcellement	-	-	-	+	-	-
Pile / hémorroïde	-	-	-	-	-	+
Saignement	-	-	-	-	-	+
Hernie	-	-	-	-	+	-
Entendre mal	-	-	-	-	+	-
Anémie	-	-	-	-	+	-
Jaunisse	-	-	-	-	+	-
Zona	-	-	-	-	+	-
Avortement	-	-	-	-	+	-
Dysenterie	-	-	-	-	+	-
Maladie sexuellement transmissible.	-	-	-	-	+	-
Morsure de chien	-	-	-	-	+	-

(+) = *Milicia excelsa* est utilisée pour guérir cette maladie dans le département ; (-) = *Milicia excelsa* n'est pas utilisée pour guérir cette maladie dans le département. Ataco = Atacora ; Atlan = Atlantique ; Borg = Borgou ; Ouém = Ouémé.

3.2.2 Importance économique de *M. excelsa*

Bien que l'importance économique de l'iroko ait suscité de nombreuses études scientifiques, celles-ci demeurent fragmentaires et n'ont principalement été menées que dans des pays d'Afrique de l'Ouest et de l'Est (Ebert, 2004 ; Ofori, 2007 ; Ofori & Cobbinah, 2007). Le seul matériau faisant l'objet d'un commerce international chez l'iroko est le bois (Hawthorne, 1995). *Milicia excelsa* du Bénin produit du bois de haute qualité qui est utilisé dans la menuiserie pour la fabrication de tables, chaises, portes et fenêtres (Ouinsavi et al., 2005). Le bois de l'espèce est également très bon pour la sculpture dans les régions de Zagnanado, Covè et Gbannanmè. Le bois entre aussi dans la fabrication des pirogues dans certains villages au bord du lac. Ces formes d'utilisation de l'espèce font d'elle une espèce à haute importance économique. Le bois de *M. excelsa*, bien que durable, est cependant si lourd qu'en cas d'accident, il est difficile de sauver les victimes en maintenant le bateau à flot (Ouinsavi et al., 2005). Au regard des menaces qui pèsent sur l'espèce, son exploitation est interdite au Bénin, car inscrite en annexe 2 de la Convention sur le Commerce International des Espèces (CITES). Les études sur les formes de valorisation de *M. excelsa* qui ne présentent pas de conséquences sur la conservation de l'espèce sont nécessaires pour valoriser économiquement l'espèce. L'iroko peut également trouver sa valorisation sur le plan touristique.

3.3 Statut écologique de *M. excelsa*

3.3.1 Populations de *M. excelsa* au Bénin et dépendance spatiale

Sur la base des inventaires forestiers réalisés en utilisant la méthode de méga-transects à travers tout le pays, douze regroupements d'arbres de *M. excelsa* ont été délimités à partir des agrégats constitués, et considérés comme des populations géographiquement distinctes (Figure 5) par Ouinsavi & Sokpon (2010). La densité des populations de *M. excelsa* variait de 1 à 9 $tiges.km^{-2}$ avec une surface terrière variant de 0,19 à 2,05 $m^2.km^{-2}$. Une étude récente a révélé que cette densité variait de 6,6 $tiges.ha^{-1}$ à 23,36 $tiges.ha^{-1}$ avec une moyenne de 9,6 $tiges.ha^{-1}$ ($\pm$ 4,83). Les valeurs les plus élevées ont été enregistrées pour les exploitations agricoles tandis que les valeurs les plus faibles ont été enregistrées pour les forêts.

Le test de l'indice de Moran a clairement montré qu'il y avait une autocorrélation spatiale des données de densité de *M. excelsa* à travers le paysage ($p = 0,01$). Les résultats de l'indice sont représentés sur la figure 6. Des valeurs positives et négatives de l'indice de Moran ont été obtenues, indiquant une dépendance spatiale entre les populations de *M. excelsa* en fonction de la densité (Figure 6a). L'indice de Moran était constamment négatif jusqu'à 100 km et diminuait fortement (Figure 6b). Au-delà de 100 km, l'indice prend de la valeur. La densité des populations de l'espèce diffère lorsqu'elles sont distantes de 3 km à 150 km, mais semble similaire entre 0 et 3 km d'une part et au-delà de 150 km d'autre part (Figure 6b). La densité de peuplement calculée pour les populations de *M. excelsa* dans une étude récente est faible mais supérieure à celle rapportée précédemment par Ouinsavi & Sokpon (2010). Cette différence de résultats peut s'expliquer par les différences liées au protocole de collecte de données ou à une prise de conscience des populations locales et aussi les restrictions des eaux et forêts sur l'espèce ces dernières années.

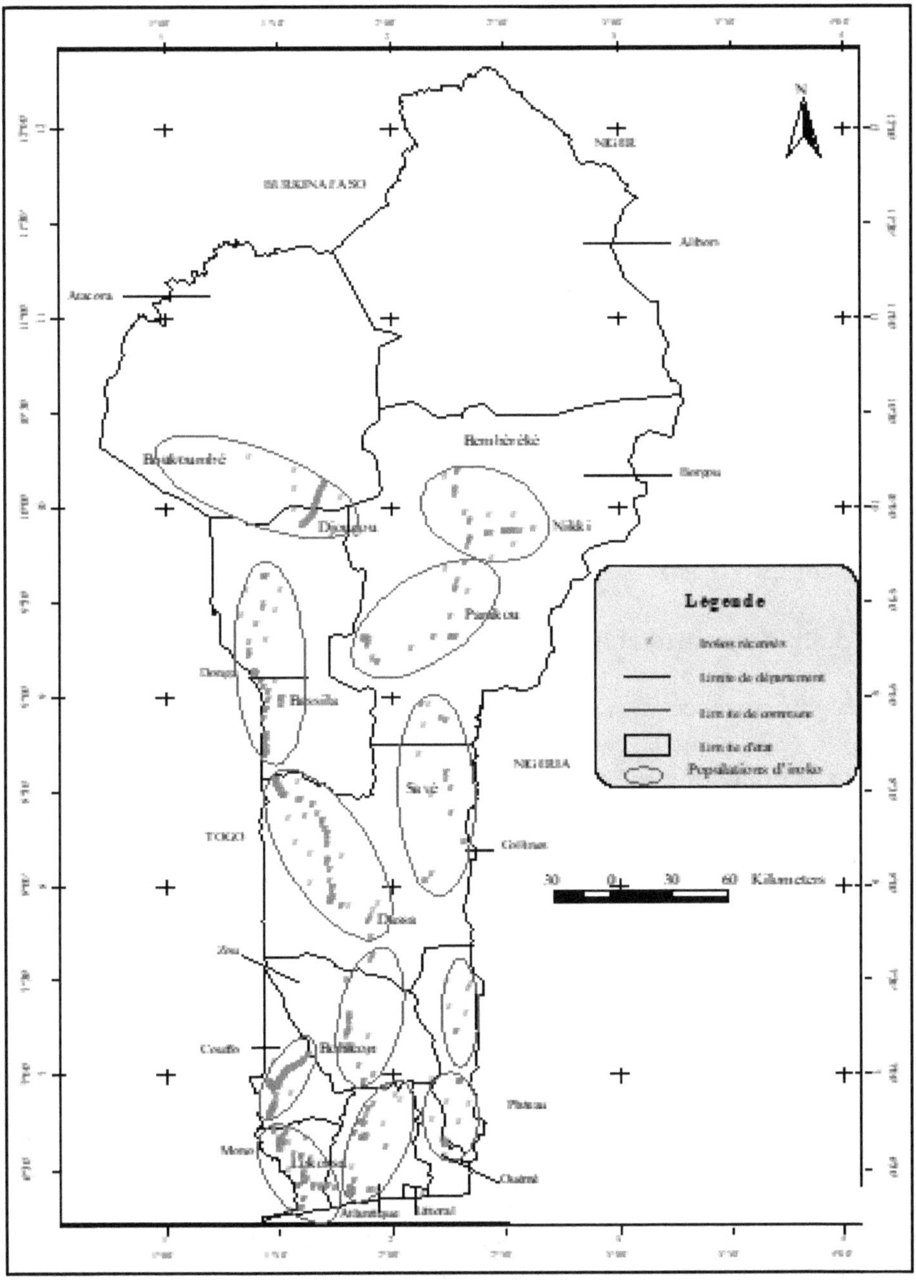

Figure 5. Les populations de *Milicia excelsa* et leur situation géographique au Bénin. *Aplahoué (1), Lokossa (2), Niaouli (3), Sakété (4), Bohicon (5), Savè (6), Kétou (7), Tamarou (8), Biro (9), Bassila (10), Djougou (11), Bantè (12)*

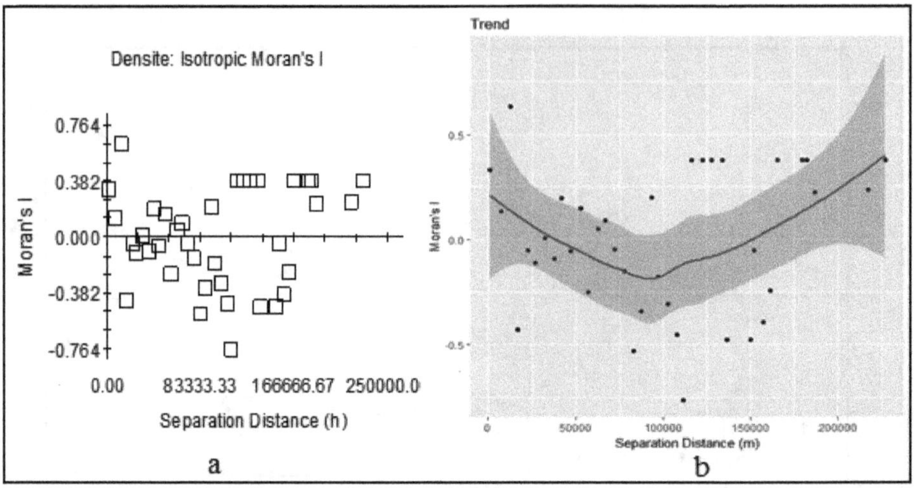

Figure 6. Corrélogrammes spatiaux entre les parcelles d'inventaire des populations d'Iroko.

3.3.2 Structure écologique de *M. excelsa* au Bénin

La structure écologique de *M. excelsa* a été étudiée par Ouinsavi & Sokpon (2010) sur la base des populations identifiées. Toutes les populations d'iroko ont montré une distribution de classes de diamètre en forme de cloche, à l'exception de la population de Bassila (Figure 7). Ils ont généralement moins de tiges dans les classes de diamètre plus petit et plus grand et plus dans les classes intermédiaires comme observé pour une structure de population d'arbres bien éclaircie. Parmi ces populations, quatre (Tamarou, Savè, Kétou et Bohicon) ont montré une structure erratique avec un écart important dans leur distribution de classes. La distribution de la population de *M. excelsa* de Bassila suit une courbe en forme de *J* renversé avec un grand nombre de petits arbres et un petit nombre de grands arbres.

La distribution des classes de tiges en forme de cloches présentée par les populations d'iroko soutenait le tempérament de l'espèce, car les espèces exigeantes en lumière sont connues pour montrer une telle distribution. Elles sont exigeantes pour leur régénération et la mortalité est plus élevée au stade précoce sous couvert forestier fermé. Combinant le tempérament de l'espèce et le schéma de dispersion des graines de l'iroko qui est un barochore (les fruits mûrs sont lourds et tombent sous les arbres matures, Sokpon & Lejoly, 1994) et largement disséminés par la chauve-souris (Taylor et al., 2000), on s'attend à ce que l'iroko présente un grand nombre de semis sous l'arbre parent, mais ce n'est pas le cas, bien que les arbres inventoriés se trouvent principalement dans des zones ouvertes (en jachère, à la ferme, etc.) et que les semis sont protégés par les pratiques ethnobotaniques traditionnelles au Bénin (Ouinsavi et al., 2005). Ce niveau de lumière adéquat et des fruits de *M. excelsa* abondants, mais une régénération plus faible que prévue sous et autour des iroko, suggèrent qu'un certain facteur ou une combinaison de facteurs limite une régénération réussie. En effet, les arbres femelles iroko produisent des fruits abondants mais le taux de germination est faible et diminue très rapidement. De plus, la plus grande partie des fruits trouvés sous l'arbre d'iroko est constituée de pellets de rejet. Selon Taylor et al. (2000) les graines rejetées ont un très faible pourcentage de germination parce que l'Eidolon se nourrit de fruits de *M. excelsa* en les suçant pour sélectionner les graines les plus viables, tandis que les graines immatures, déformées ou avortées restent dans le culot de rejet.

La courbe en forme de *J* renversé montrée dans la distribution des classes de population de *M. excelsa* de Bassila peut être expliquée par l'activité d'exploitation forestière très sélective dans cette région qui a crémé des espèces précieuses en termes.

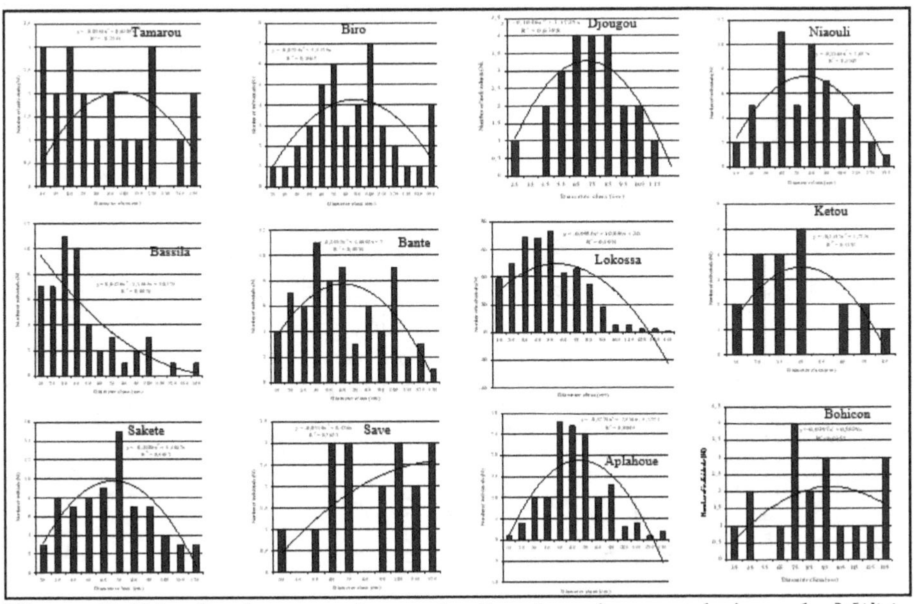

Figure 7. Distribution par classes de diamètre des populations de *Milicia excelsa*

Tableau 3. Variations morphologiques des douze populations de *Milicia excelsa* étudiées

Populations	DBH/HT	DBH/HF	DBH/DC	LF	LAF	LFM	LAFM	LFF	LAFF	$D_{(Ni/km^2)}$	$G_{(m^2/km^2)}$
Aplahoué	0,029b	0,0138d	0,068f	15,94d	9,75d	8,844a	0,5a	4,55b	1,855b	6,00	2,05
Bantè	0,0636d	0,0163c	0,0476c	13,16b	8,68c	9,511a	0,5a	4,73b	2b	1,00	0,19
Basssila	0,0399c	0,0848a	0,0323a	14,46c	7,44b	11,5c	0,65c	6c	2,36c	1,00	0,70
Biro	0,0346c	0,0892a	0,0458c	14,9c	7,767b	12,833c	0,6b	5,22b	2,217b	1,00	0,68
Bohicon	0,0661d	0,0205c	0,0667f	12,38b	8,02c	9,6b	0,7c	4,79b	1,933b	2,00	0,35
Djougou	0,0348c	0,0825a	0,0406b	14,04c	7,96b	8,886a	0,533b	3,06b	1,686a	1,00	0,46
Kétou	0,0320c	0,0797b	0,0512d	13,043c	7,36b	9,071a	0,514b	4,87b	2,071b	1,00	0,24
Lokossa	0,0305b	0,0147d	0,0578e	15,69d	9,64d	10,76b	0,54b	4,02b	1,73b	9,00	2,0
Niaouli	0,0222a	0,0102e	0,0516d	18,933e	11,84e	14,2d	0,66b	5,98b	1,8b	2,00	1,25
Sakété	0,0854e	0,0191c	0,0635e	12b	8,2c	12,5c	0,56b	5,36b	2b	2,00	0,89
Savè	0,0292b	0,0128d	0,0457c	16,867d	10,42d	12,667c	0,578b	3,83b	2b	1,00	0,57
Tamarou	0,039c	0,090a	0,043b	10,37a	6,757a	10,328b	0,586b	3,5a	1,814b	1,00	0,61

Légende : Diamètre à hauteur de poitrine (**DBH**), hauteur totale (**HT**), hauteur du fût (**HF**) diamètre de la couronne (**DC**), longueur des feuilles (**LF**), largeur des feuilles (**LAF**), longueur des fleurs mâles (**LFM**), largeur des fleurs mâles (**LAFM**), longueur des fleurs femelles (**LFF**), largeur des fleurs femelles (**LAFF**), surface terrière du peuplement (**G**), densité de population (**D**)

3.4 Diversité morphologique et génétique de *M. excelsa*

3.4.1 Caractérisation morphologique de *M. excelsa* au Bénin

La principale étude sur la caractérisation morphologique de *M. excelsa* au Bénin est celle de Ouinsavi & Sokpon (2010). Elle se focalise sur la caractérisation morphologique d'individus des douze populations identifiées (Ouinsavi et al., 2009). Les résultats obtenus sont synthétisés par le tableau 3. Au total, quatre grappes de *M. excelsa* ont été identifiées par Ouinsavi & Sokpon (2010) au Bénin avec une variation morphologique significative entre les groupes de populations (F = 12,28, df = 133, p < 0,001). La population Niaouli qui composait la grappe 1 a la taille de feuilles la plus élevée (LF moyen = 18,93, LAF moyen = 11,84) et a montré une croissance en hauteur la plus élevée (DBH/HT moyen = 0,022). La grappe 2 a montré une taille de feuille et une hauteur de croissance moyenne (LF moyen variait de 15,69 à 16,69, LAF moyen variait de 9,64 à 10,41 et DBH/HT moyen = 0,03). La grappe 3 a la plus petite taille de feuille et la plus faible croissance en hauteur (LF moyen variait de 12 à 13,16, LAF moyen de 8,02 à 8,68 et le DBH/HT moyen variait de 0,064 à 0,085). Des feuilles de taille moyenne et une croissance de faible hauteur ont été observées pour les populations de la grappe 4 (la LF moyenne variait de 13,04 à 14,9, la LAF moyenne variait de 7,35 à 7,50 et le DBH/HT moyen variait de 0,032 à 0,039) sauf la population de Tamarou qui a des feuilles de petite taille (LF = 10,37, LAF = 6,76).

3.4.2 Connaissance sur la diversité génétique de *M. excelsa* au Bénin

Les travaux de Ouinsavi et al. (2006) ont permis d'élaborer pour la première fois des marqueurs microsatellites de *M. excelsa.* Ainsi, onze paires d'amorces microsatellites ont été développées pour *M. excelsa* et déposées à la banque de gènes internationale. L'ADN total génomique a été enrichi en dinucléotide (TCn et TGn) et le trétranucléotide (GATAn) et cent quatre-vingt-huit (188) clones aléatoires ont été séquencés à partir des deux orientations. Un total de quatorze (44) paires d'amorces oligonucléotidiques ont été conçues et testées, puis évaluées à l'aide de l'ADN total génomique de trente (30) individus matures d'arbre de *M. excelsa* collectés à partir d'une population naturelle au Bénin. Onze des quarante-quatre (44) marqueurs ont montré une bonne amplification et étaient polymorphes. Le nombre d'allèles putatifs pour les paires d'amorces polymorphes variait de trois à sept, avec des hétérozygoties attendues et observées allant de 0,10 à 0,64 et de 0,10 à 0,80, respectivement. Les onze (11) loci développés pour *M. excelsa* ont amplifié avec grand succès l'espèce apparentée *Milicia regia* (A. Chev.) C.C.Berg, indiquant que ces amorces seront utiles pour les études génétiques des populations et celles de génétique écologique sur d'autres espèces du genre *Milicia*.

Les études sur la diversité génétique de *M. excelsa* au Bénin réalisées par Ouinsavi et al. (2009) ont montré que la différenciation génétique entre les populations estimée sur les loci par la GST est modérée (GST = 0,104), mais dans la fourchette des valeurs estimées à l'aide de la FST (0,112 ± 0,018). Les valeurs moyennes de RST et FST sont respectivement de 0,342 et 0,112, ce qui suggère qu'environ 34% et 11% de la variation totale résidait parmi les populations sous le modèle de mutation par étapes (SMM) et le modèle d'allèle infini (IAM). La différenciation entre les populations basée sur la taille des allèles, RST = 0,342 est significativement plus grande que la différenciation basée sur les identités d'allèles (FST = 0,112 ± 0,018), indiquant que des mutations progressives ont contribué à la différenciation globale de la population (Ouinsavi et al., 2009). Basé sur la méthode des allèles privés le flux de gènes estimé pour les populations étudiées à partir de la formule Nm = 0,25 $(1 - {}^{FST}/_{FST})$ (Slatkin, 1987) est égal à Nm = 0,277 migrant par génération, ce qui suggère une étendue restreinte de flux de gènes entre les populations. La corrélation entre les distances géographiques et génétiques tirée du test de Mantel est significativement positive (r = 0,432 ; p = 0,007), indiquant une preuve d'isolement par la distance, permettant de conclure que les populations géographiquement proches avaient tendance à être génétiquement plus similaires.

3.5 Mesures de conservation

3.5.1 Zones favorables à la conservation de l'iroko au Bénin

Les études sur l'impact du climat sur la distribution de l'iroko et l'identification des zones favorables à la conservation au Bénin ont été menées par Kakpo et al. (2019). Les résultats des travaux de Kakpo et al. (2019) ont montré que 47,1% de la superficie totale du Bénin est présentement favorable à la conservation de l'espèce (Figure 8). Une diminution de cette portion favorable de moins de la moitié (42,3%) sous variation climatique est prédite à l'horizon 2055 selon les mêmes travaux. La modélisation de la niche écologique de l'iroko a révélé que les zones les plus appropriées pour la conservation de *M. exclesa* sont confinées à la partie sud du Bénin et spécifiquement situées entre 6°2' et 8°2' N. Au-delà de la latitude 8°2 N, l'habitat est moins propice pour l'espèce et devient défavorable au-dessus de 10° de latitude nord. Contrairement aux résultats obtenus par Kakpo et al. (2019), notre récente étude a montré que la distribution de *M. excelsa* restera stable à l'horizon 2055. Une légère augmentation a été notée dans l'habitat très convenable pour *M. excelsa* (Zone guinéenne). Selon les modèles futurs avec les scénarios RCP4.5 et RCP8.5, respectivement 4,71 et 6,95% de l'habitat convenable de la distribution actuelle de l'espèce seront convertis en habitat hautement convenable. L'habitat moyennement convenable de *M. excelsa* devrait s'étendre vers la partie nord du pays selon le scénario RCP8.5 (figure 8). Les divergences entres les résultats de ces deux études pourraient être imputables à la variation des projections climatiques en fonction des scénarios utilisés.

Pour les espèces dont les informations sont limitées, les modèles prédictifs sont un outil utile pour aider à la planification de la conservation (Wilting et al., 2010). Bien que les SDM jouent un rôle clé dans l'identification des zones présentant des conditions abiotiques appropriées, il reste essentiel de réaliser que les SDM ne remplacent pas la vérification au sol (van Andel et al., 2015). Les aires de répartition potentielles de l'Iroko ne signifient pas nécessairement que l'espèce peut facilement survivre sur place. Les espèces peuvent être absentes des zones présentant des conditions abiotiques appropriées en raison du manque d'interactions biotiques (c'est-à-dire que le pollinisateur est absent), de l'exclusion compétitive par d'autres espèces, de l'inaccessibilité en raison de barrières géographiques ou (a)biotiques, ou d'une surexploitation par les humains (Araújo & Peterson, 2012). En conséquence, avec son aire de répartition élevée confinée au sud du pays et son statut « en danger » selon la liste rouge du Bénin, *M. excelsa* a besoin d'un plan de conservation urgent pour assurer la survie des populations restantes.

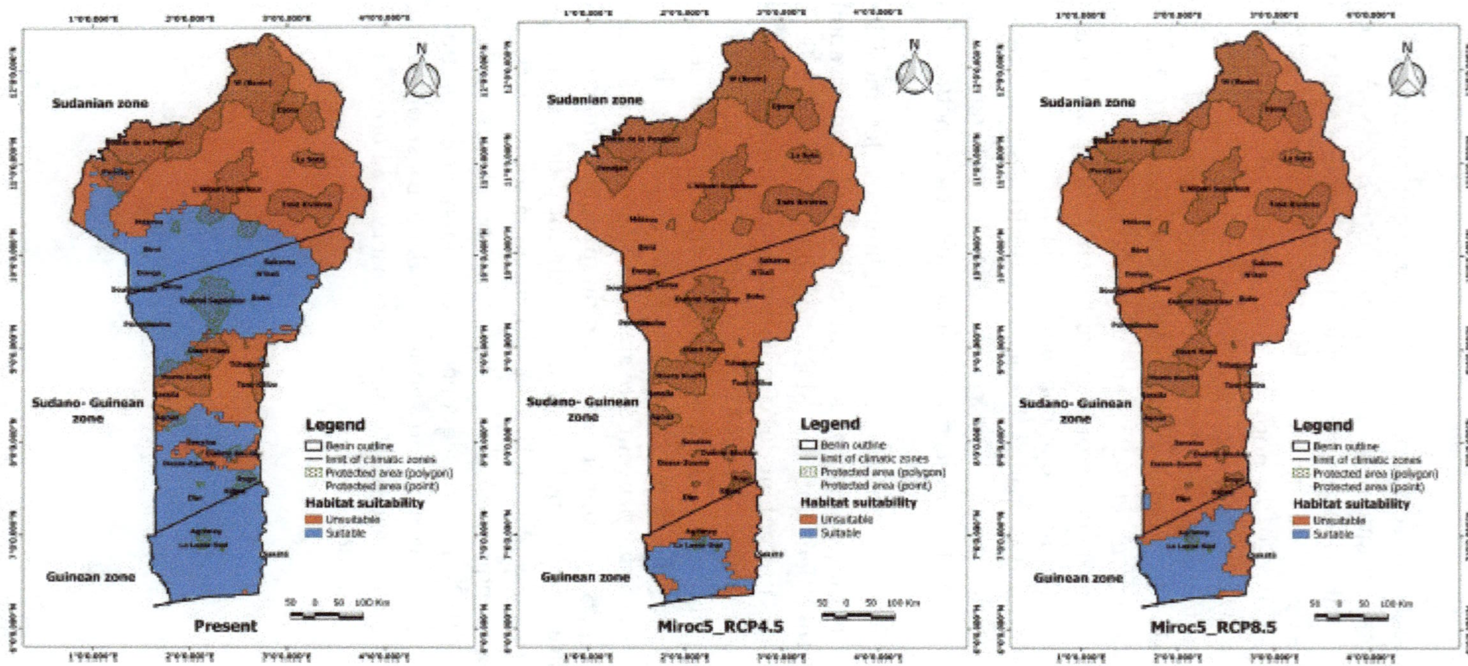

Figure 8. Modèles de distribution de *Milicia excelsa* au Bénin cartographiés dans les conditions climatiques actuelles et futures (Kakpo et al., 2019)

3.5.2 Stratégie de conservation de *M. excelsa* au Bénin

A l'issue des travaux antérieurs, plusieurs stratégies de conservation de l'espèce ont été proposées au Bénin. Ouinsavi et al. (2005) ont proposé la (i) conservation assistée en champs : où les arbres de *M. excelsa* poussent naturellement et sont protégés par des agriculteurs qui en prennent soin. La plupart du temps, ces arbres ne sont pas sacrés ; (ii) conservation dans les bosquets sacrés : ici tous les arbres du bosquet sont protégés, y compris *M. excelsa* ; (iii) conservation des arbres de *M. excelsa* sacrés isolés : certains *M. excelsa* sont consacrés par les autorités traditionnelles et religieuses pour diverses raisons même s'ils ne se trouvent pas dans un bosquet sacré. En raison du statut mystique de l'espèce, chaque site d'iroko est consacré. Il faut cependant noter que dans le contexte actuel, l'apparition des rites de désacralisation rendent ces options de conservation peu durables. Ces rites consistent à lever la consécration, en cas de besoin d'exploitation de l'arbre mais, la souche demeure sacrée même après l'exploitation.

En dehors de ces stratégies, les populations locales ont suggéré d'autres stratégies pour l'amélioration de la conservation de l'iroko. Ces suggestions comprennent (i) le renforcement de la législation forestière et la sensibilisation continue de la population (suggérée par 49,1%), (ii) l'établissement de plantations d'iroko et la protection contre les feux de brousse (37%), et (iii) la récompense des meilleurs protecteurs d'arbres à iroko (13,9%). La sanctification des iroko est la principale stratégie utilisée par les populations locales pour sa conservation (Figure 9). Par cette pratique, certains arbres sont consacrés tandis que d'autres ne le sont pas. La combinaison des zones favorables à la conservation et les stratégies de conservation de l'espèce peuvent aider à mieux conserver l'espèce.

Des résultats d'études de la génétique des populations de *M. excelsa*, Ouinsavi et al. (2009) ont abouti à la nécessité d'une conservation *in situ* des populations reliques et de l'établissement de corridors biologiques de flux de gènes à travers les systèmes agroforestiers pour interconnecter ces populations résiduelles.

En effet la contribution potentielle des systèmes agroforestiers à la gestion et à la conservation des ressources génétiques de *M. excelsa*, a été abordée par Ouinsavi & Sokpon (2008) sur la base de la structure et la dynamique des systèmes agroforestiers traditionnels ainsi que la structure écologique de *M. excelsa* dans les exploitations agricoles, à travers des enquêtes individuelles et entretiens de groupes menés dans 100 exploitations agricoles couvrant l'aire de répartition naturelle de l'iroko au Bénin. Des suggestions ont été faites concernant les densités optimales de conservation de l'iroko dans les terres agricoles, en fonction des conditions socio-économiques des agriculteurs dans différentes régions, afin d'améliorer les systèmes agroforestiers traditionnels et leur utilisation comme corridors biologiques dans la conservation des ressources génétiques de *M. excelsa*.

Figure 9. Différents objets utilisés pour matérialiser les iroko sacrés
a- Arbre iroko conservé à la ferme ; **b-** Iroko sacré matérialisé par des poteries ; **c-** Arbre iroko sacré matérialisé par un morceau de tissu blanc ; **d-** Arbre iroko sacré matérialisé par des sacrifices.

3.6 Gap des connaissances scientifiques sur *M. excelsa* au Bénin

Milicia excelsa présente une importance socioéconomique et culturelle indéniable qui se traduit par différents usages qui en sont faits dont l'usage médicinal. Cette forme d'utilisation de différentes parties de la plante invite la recherche à identifier les différents groupes chimiques caractéristiques des extraits aqueux et éthanoliques des organes de la plante utilisés et évaluer in vitro la toxicité générale des différents extraits aqueux et éthanoliques de *M. excelsa*. Il serait également nécessaire d'investiguer les caractéristiques technologiques du bois de *M. excelsa* suivant les zones agroécologiques et pédologiques d'occurrence de l'espèce au Bénin.

Par ailleurs dans la perspective d'une meilleure conservation de l'espèce, des études socioéconomiques et culturelles visant l'élaboration d'autres formes de valorisation touristiques de l'espèce sont à envisager.

De même les connaissances sur la biologie de la graine en lien avec les techniques de collecte de traitement et de conservation des graines de *M. excelsa* restent à documenter au Bénin. En effet, au regard de la structure écologique et génétique ressortie des études antérieures sur *M. excelsa*, les graines de l'espèce pourront être récoltées sur différents arbres plus dans les groupes de populations génétiquement différents déduits de ces études, pour la création d'une banque de semences au Bénin. Toutefois cela nécessite des recherches supplémentaires sur les conditions de conservation appropriées puisque Ouinsavi & Sokpon (2008) ont indiqué que les graines de *M. excelsa* perdent toute leur viabilité lorsqu'elles sont conservées à -4 °C pendant plus de 4 mois seulement.

D'autres recherches doivent également aborder la résistance aux maladies et aux ravageurs de l'espèce (essentiellement ses attaques par *Phytolyma lata* Walker (Scott) pour soutenir l'établissement efficace des plantations de *M. excelsa* au Bénin.

Conclusion

La présente section sur les caractéristiques structurales, la variabilité morphologique et génétique des populations reliques d'iroko (*Milicia excesla* welw. C.C. Berg) au Bénin, a permis de mettre en exergue les propositions concrètes quant aux stratégies de conservation à adopter pour améliorer et renforcer les efforts de conservation déjà fournis par les populations locales.

En effet les travaux de recherche effectués au Bénin ont permis de révéler que *M. excelsa* est une espèce de grande importance socioéconomique, culturelle et cultuelle largement utilisée pour ses propriétés médicinales et médico-magiques en plus de son bois très apprécié et fortement exploité pour sa grande qualité technologique. L'espèce a une aire de distribution assez répandue au Bénin et présente une densité de peuplement assez faible mais qui a connu une légère augmentation au cours de cette dernière décennie. L'espèce présente quelques variabilités morphologiques qui reposent essentiellement sur les variations environnementales liées à la grande étendue de son aire de distribution au Bénin. Les variabilités génétiques révélées donnent plus d'alertes sur les risques d'un isolement géographique et appellent à plus d'attention sur les mesures de conservation de l'espèce. Des stratégies traditionnelles et légales de conservation existent mais semblent inefficaces. Les zones favorables à la conservation de l'espèce au Bénin ont été scientifiquement identifiées et caractérisées.

Malgré tous ces efforts de recherche, beaucoup reste à faire pour combler les gaps de connaissances scientifiques sur l'espèce qui couvrent essentiellement la sylviculture et la biologie de reproduction, la technologie du bois et la phytopathologie de *M. excelsa* de même que les caractéristiques phytochimiques des extraits de différentes parties de l'arbre utilisées en médecine traditionnelle.

SECTION 4 :
Prosopis Africana (Guill. & Perr.) Taub.

Houètchégnon T.[1] & Ouinsavi C.A.I.N.[1]

[1]*Laboratoire d'Études et de Recherches Forestières (LERF), Faculté d'Agronomie, Université de Parakou, BP 123 Parakou, Bénin*

Résumé

Prosopis africana (Guill. & Perr.) Taub. est une espèce à usages multiples au Bénin. Pour mieux connaître son utilité et le conserver, plusieurs recherches ont été menées au Bénin. Une recherche documentaire a permis de découvrir les différents aspects des études effectuées sur *P. africana.* Les aspects ethnobotaniques, dendrométriques et morphologiques sont les études clés menées au Bénin sur *P. africana* de même que l'impact potentiel des changements climatiques sur la répartition de ses habitats. *Prosopis africana* est une espèce locale phare pour la production de charbon. Il est un arbre présent au Sud, au Centre et au Nord du Bénin, et est connu de tous les grands groupes socio-culturels sous différentes appellations. Il est sollicité dans plus de cinquante traitements médicinaux. Les différents groupes socio-culturels au Bénin le valorisent également comme bois énergie et dans l'artisanat. *Prosopis africana* est présente dans toutes les zones climatiques du Bénin mais, à des densités plus réduites en zone guinéo-congolaise. Cependant, les plus gros individus sont davantage observés dans la partie la moins sèche du pays. Les perspectives de recherche sur l'espèce devraient se pencher sur la sylviculture et la diversité génétique de ses populations.

Mots clés : structure écologique, variabilité morphologique, ethnobotanique, *Prosopis africana*

Introduction

Le Bénin est un pays à ressources forestières maigres, compte tenu de sa position dans le Dahomey-Gap. Parmi les ressources forestières que compte le Bénin, il existe 2 807 espèces de plantes. Parmi ces espèces figure *Prosopis africana* (Guill. & Perr.) Taub., une espèce de la famille Fabaceae. *Prosopis africana* est un arbre d'origine africaine et est rencontré dans les trois zones climatiques du Bénin. Il est souvent présent dans les jachères, sur des sols sablo-argileux au-dessus de la latérite (Von Maydell, 1983). Dans ce type d'habitat, l'espèce est vulnérable du fait de la forte propension de ces milieux à la déforestation. En effet, l'agriculture itinérante sur brûlis et les besoins en énergie domestique constituent aujourd'hui les principales sources de déforestation. Par ailleurs, plusieurs auteurs (Geesing et al., 2004 ; Pasiecznik et al., 2004) ont indiqué que *P. africana* est très utilisé comme bois de feu et pour la fabrication du charbon de bois du fait de la très bonne qualité du produit qu'on en tire. D'après Larwanou (2005), l'utilisation du bois de *P. africana* comme source d'énergie est fortement corrélée à la dégradation de l'espèce dans son habitat.

Prosopis africana est une espèce aux usages multiples reconnue par la population locale au Bénin. Qu'est-ce que *P. africana* et où peut-on le retrouver ? Quelle est son importance socio-économique ? Quel est son statut écologique ?

4.1 Distribution et description géographique de *P. africana*

4.1.1 Distribution géographique de *P. africana*

Avec une distribution paléogéographique d'après l'origine des flores (Aubreville, 1950), *P. africana* appartient à la flore sèche guinéenne qui comprend la flore paléoéthiopienne et la flore paléotropicale septentrionale constituée d'espèces indifférenciées de la flore sèche paléo-africaine, la flore satellite, et la flore équatoriale humide appartenant à des formations semi-humides et des séquelles différenciées de la flore humide équatoriale. Le genre Prosopis comporte 44 espèces reconnues, dont 40 sont originaires d'Amérique, réparties sur une vaste aire écologique (Pasiecznik et al., 2004). Une seule espèce, *P. africana*, est originaire d'Afrique et pousse dans la zone sahélienne comprise entre le Sénégal et le Soudan, l'Ouganda et l'Éthiopie (Geesing et al., 2004). Les trois autres espèces de l'ancien monde, *Prosopis cineraria* (Druce.) L., *Prosopis farcta* (Banks & Sol.) J.F.Macbr. et *Prosopis koelziana* Burkart, sont originaires du

Proche-Orient et du Pakistan. Leur aire de répartition naturelle s'étend de l'Inde (*P. cineraria*) à l'Afrique du Nord subtropicale (*P. farcta*).

La distribution de *P. africana* sur le continent africain par zone climatique telle qu'identifiée par Agboola (2004), Pasiecznik et al. (2004), Arbonnier (2000) et Aubreville (1950) inclut les zones sahéliennes, soudano-sahéliennes et soudaniennes puis guinéennes. *Prosopis africana* a une distribution naturelle allant du Sénégal à l'Éthiopie au nord, de Guinée au Cameroun au sud et d'Uganda à l'Égypte à l'est (Pasiecznik et al., 2004). Au Bénin, il est présent dans les phytodistricts du Plateau, de Basssila, du Zou, du Borgou Sud, du Borgou Nord, de la Chaîne de l'Atacora et du Mékrou-Pendjari (Houètchégnon, 2016 ; Adomou, 2005). Il se rencontre souvent dans les jachères, sur des sols sablo-argileux au-dessus de la latérite (Von Maydell, 1983). *Prosopis africana* ne tolère habituellement pas des milieux secs mais préfère une pluviométrie annuelle de 600-1500 mm (Weber et al., 2008).

4.1.2 Description de l'espèce

Prosopis africana est une espèce appartenant à l'embranchement des Spermaphytes, sous-embranchement des Angiospermes, l'ordre Roale, classe des Dicotylédones, sous classe Rosideae et à la famille Fabaceae. C'est un arbre dont la hauteur varie entre 12 et 20 m et est caractérisé par une cime ouverte, légère et un feuillage retombant (Figure 10a). Le fût est droit et cylindrique, à écorces minces et irrégulières (Figure 10b). Les feuilles sont glabres, bipennées de 7 à 15 cm de long. Le nombre de paires de folioles et de foliolules varie respectivement de 1 à 4 et de 4 à 13 et leur longueur varie respectivement de 1 à 15 cm et 13 à 35 mm. La foliolule a une largeur de 4 à 15 mm et une forme ovée ou lancéolée. Les fruits (gousses) de *P. africana* ont une couleur allant de brun à noirâtre et brillants (Figure 10c). Les fruits, plus longs (10 à 20 cm) que larges (1,5 à 3,3 cm), contiennent beaucoup de graines (Figure 10d).

a-Pied entier de *P. africana* **b**-Tronc de *P. africana*

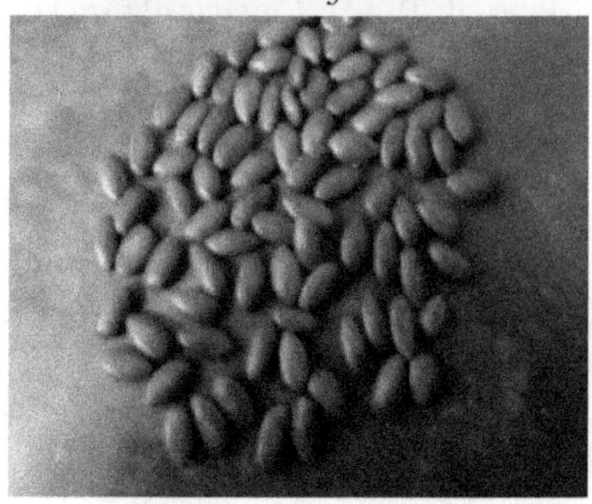

c- Fruits de *P. africana* **d**- Graines de *P. africana*

Figure 10. Traits morphologiques de *Prosopis africana*

4.2 Importance ethnobotanique et statut socio-économique de *P. africana*

4.2.1 Connaissances ethnobotaniques sur *P. africana*

Au Bénin *P. africana* est connu par la majorité des différents groupes socio-linguistiques qui lui attribuent différents noms locaux (Tableau 4). Les différents organes de *P. africana* sont employés dans plusieurs catégories d'usages telles que l'usage médicinal, alimentaire, culturel, l'artisanat, et magico-thérapeutique. Sur le plan médicinal traditionnel, les feuilles, branches, et racines de l'espèce sont utilisées pour le traitement de plusieurs maladies et symptômes (Tableau 5). Sa colle est utilisée en industrie médicale au Nigeria. L'écorce de *P. africana*, associée aux feuilles, constitue un remède contre le rhumatisme et ses rameaux, associés aux feuilles, luttent contre les hémorroïdes.

Tableau 4. Noms locaux de *Prosopis africana* au Bénin

Langues locales	Noms donnés à *P. africana*	Références
Fongbé/Mahi/Goun	Kakè	Houètchégnon et al. (2015a)
Adja/Mina	Kakèchi/Kakètchi	
Nago/Idasha/Yoruba	Akakagni/Akakaï	
Bariba	Guinsôwa/Soba/Gedo/ Gerudo/Gesoba/Gedo	
Peulh/ Fulani/Haoussa	Tchéhountchégoun/ Kohidimi Tchégnéléhi/Kohi/ Wangare	Houètchégnon et al. (2015a), de Souza (2008)
Ditammari/ Natini/Kounténi	Mouconticon/Bouconticon	
Yao/Lokpa	Spatchangan	Houètchégnon et al. (2015a)
Waama	Gesowuru	
Zarma	Zamturi	de Souza (2008)
Yom	Kun	
Dendi	Monsôkô/Hobokossi	Houètchégnon et al. (2015a)

Tableau 5. Différentes utilisations médicinales de *Prosopis africana*

Organes	Usages, maladies, affections et symptômes traités
Racines	Impuissance sexuelle, Okéïlè (pâlissement), Troubles de vision (faible visibilité), Indigestion, Dysenterie, Vermifuge
Écorces	Gale, Rougeole, Souffle (pour courir), Tonifiant des enfants, Avortement, Plaie, Ulcère, Œdème, Paralysie des enfants, Maux de rein, Anti-coagulant, Infections, Kwashiorkor, Gonococcie
Tiges	Tonifiant, Aphrodisiaque, Battement de cœur, Anémie, Arrêt des menstrues, appétit, Drépanocytose, Arrêt de grossesse, Brosse végétale, Carie dentaire, Mauvaise haleine
Feuilles	Convolution chez les enfants, Hémorroïdes, Abcès, Panaris, Fièvre jaune, Plaie incurable, Rhumatisme, Vomissement, Fièvre, Diarrhée, Trypanosomiase, Maux de ventre, Stimulant des glandes mammaires, Défatiguant, Paludisme
Gousses	Avitaminose, Fontanelle affaissée
Graines	Piqûre de scorpion, Diabète, Tension

Sur le plan alimentaire et nutritionnel, l'importance de *P. africana* est documentée par Aremu et al. (2006) ; Kalinganire et al. (2007) et Laouali et al. (2014) qui ont indiqué que les graines fermentées de *P. Africana* servent de condiment dans l'alimentation au Nigéria et au Niger. Au Bénin, les graines sont très largement consommées et commercialisées comme condiment (*afintin* en langue locale) chez les Adja et les Yoruba au Sud et au Centre Bénin (Figure 11). Une minorité de Ditammari se trouvant à Kouandé (Nord Bénin) en consomme également. Ce condiment utilisé particulièrement pour préparer les légumes gluants donne la saveur d'une sauce faite à base de viande de gibier. Selon les populations locales, ce condiment (*afintin*) est plus nutritif que celui fait à base des graines de *Parkia biglobosa*. Les feuilles et les gousses sont très appétées par les ruminants surtout les bovidés.

Prosopis africana, en dehors de l'usage alimentaire et médicinal, est d'une grande importance socio-culturelle et mythologique pour les populations locales. Ses différents usages dans ces domaines sont résumés dans le tableau 6. En effet, le bois de *P. africana* est modérément dur (Nygard et Elving, 2000) et très résistant contre les attaques des termites et des champignons (Gérardin et al., 2004). Pour cette raison, le bois est utilisé comme matériaux de construction d'habitations (Figure 12 a,b) et d'ouvrages traditionnels (pieux pour les huttes, dalle pour les Wc et les ponts de fortune et les Tatas-somba), dans la fabrication de mortiers (Figure 12 c) et de manches d'outils agricoles. Prosopis est utilisé comme une espèce phare pour la carbonisation chez tous les groupes socio-culturels du Bénin sauf les Peulh qui l'utilisent comme fagot de bois.

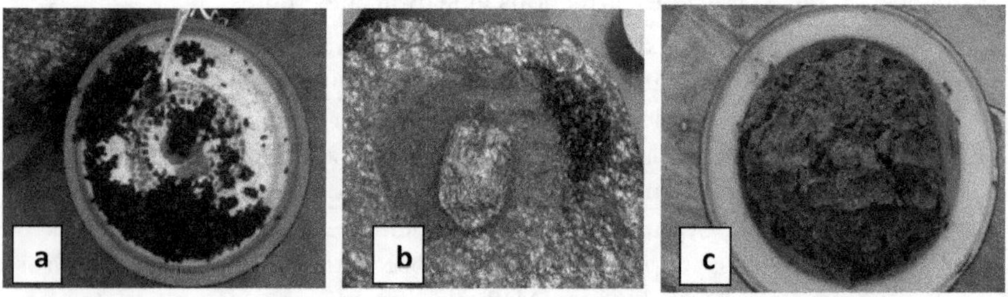

Figure 11. Étapes de fabrication du condiment *afintin* à base de graines de *P. africana*. **a-** Graines bouillies de P. africana ; **b-** Graines bouillies de *P. africana* en mouture ; **c-** Pâte obtenue des gaines moulues (*afintin*)

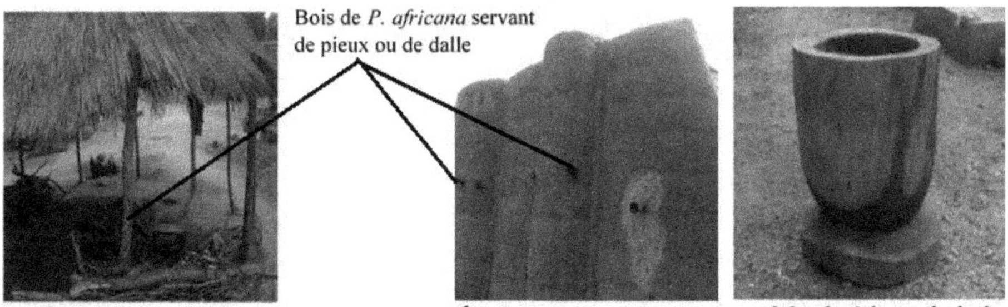

a-Hutte à base du bois de *P. africana* — b-Tata-somba à base du bois de *P. africana* — c-Mortierà base du bois de *P. africana*

Figure 12. Autres formes d'utilisation du bois de *Prosopis africana*

Tableau 6. Différentes utilisations non médicinales des organes de *Prosopis africana*

Organes	Domaine d'utilisation	Usages non médicinaux
Tiges	Magico-thérapeute	Protection de produits agricoles contre les attaques des termites, Anti-boxe, Prolifération de troupeaux, Envoûtement, Contre-attaque sorcière, Purification pour entrer dans une nouvelle année, Longévité, Avances aux filles, Antialcoolisme
	Énergie	Charbon de forge, Charbon de bois à usage domestique, Bois de chauffe
	Construction immobilière	Lit, Plafond, Dalle de WC, Pont, Dalle de maison, Paillote, Grenier, Clôture, Véranda
	Artisanat	Mortier, Pilon, Manche de houe, Manche de daba, Manche de hache et hachette, Échelle, Pieux, Statut
	Cultuel	Sexe de divinité (Tolègba),
Feuilles	Magico-thérapeute	Maintien de la femme au foyer, Contre esprits maléfiques, Déposséder par esprits maléfiques (serpent), Vœux, Puissance physique et financière, Être apprécié, chance
	Inspection phytosanitaire	Conservation des produits agricoles
Graines	Culturel	Instrument de danse de Tèkè ou de Sinsinnou
Fleurs	Magico-thérapeute	Rêves effrayants
Fruit (gousse)	Culturel	Jouet des enfants
	Produit de pêche	Piler et éparpiller dans les cours d'eau pour saouler les poissons

4.2.2 Importance socio-économique de *Prosopis africana*

Certains organes de *P. africana* font objet de commerce dont l'importance est non négligeable. Il s'agit des graines et des tiges. Ces organes sont vendus respectivement pour leur usage en préparation d'Afintin et comme brosse végétale sur les marchés au sud du Bénin (Effèoutèdji dans Kétou, Godohou dans Aplahoué, Lanta dans Klouékanmmè, Dassa-Zoumé, Glazoué, etc.) et au Nord (Bassila, Djougou, Ouaké, Natitingou, Boukoumbé, etc.). Le prix de la mesure locale "Sôgô" qui correspond à trois kilogrammes de graines de *P. africana* varie de 1500 FCFA à 3000 FCFA au moment où cette même quantité pour le néré varie de 1000 FCFA à 2000 FCFA. Le prix du mortier varie de 2000 FCFA à 5000 FCFA. Quant au charbon, le prix du sac varie de 1000 FCFA à 3000 FCFA. Les grands mortiers au Niger se vendent entre 6000 et 12000 FCFA, les petits mortiers avec leurs pilons à 2500 FCFA en moyenne et les pilons entre 1500 et 2500 FCFA. Le pied d'un prosopis selon sa taille s'achète chez les paysans au Niger à un prix variant entre 10000 FCFA et 20000 FCFA (Laouali et al., 2014).

4.3 Statut écologique de *Prosopis africana*

4.3.1 Caractéristiques démographiques du peuplement naturel de *P. africana*

Les caractéristiques dendrométriques des populations de *P. africana* ont été analysées suivant le type d'occupation du sol (Tableau 7) et suivant les zones climatiques (Tableau 8).

Par rapport aux types d'occupations du sol, la densité de *P. africana* varie de 52 pieds.ha^{-1} dans la savane ; de 35 pieds.ha^{-1} dans la jachère et dans le champ avec une moyenne de 41 pieds.ha^{-1}. Le diamètre, la surface terrière, la hauteur de Lorey des populations de l'espèce varient respectivement de 30 à 37cm ; 3 à 4 m².ha^{-1} et 9 à 11 m entre ces types d'occupations avec les valeurs élevées au niveau du champ pour les deux premiers paramètres et au niveau de la jachère pour le dernier paramètre (Tableau 7).

Par rapport aux zones climatiques, la densité, le diamètre, la hauteur de Lorey et la surface terrière de *P. africana* ont présenté une différence significative ($p < 0,001$) au seuil de 5%. En effet, la densité a varié de 58 pieds.ha^{-1} dans la zone soudano-guinéenne à 28 pieds.ha^{-1} dans la zone guinéenne. Le diamètre a varié de 23 cm en zone soudanienne à 40 cm en zone guinéenne et la hauteur de Lorey a varié de 9 m dans les zones soudanienne et soudano-guinéenne à 11 m dans la zone guinéenne. Quant à la surface terrière moyenne, elle a varié de 1 $m^2.ha^{-1}$ en zone soudanienne à 6 $m^2.ha^{-1}$ en zone soudano-guinéenne (Tableau 8).

Tableau 7. Caractérisations dendrométriques des peuplements à *P. africana* suivant le type d'occupations du sol

Paramètres	Champ	Jachère	Savane	Probabilité
Densité (Pieds/ha)	34,95ab	34,74b	52,39a	0,022
Diamètre (cm)	37,02a	33,66a	29,61a	0,067
Surface terrière (m^2/ha)	4,47a	3,01a	3,31a	0,303
Hauteur de Lorey (m)	9,25a	10,72b	8,66b	0,001

Tableau 8. Caractérisations dendrométriques des peuplements à *P. africana* suivant les zones climatiques (moyennes issues des moindres carrés).

Paramètres	Zone guinéenne	Zone soudano-guinéenne	Zone soudanienne	Prob.
Densité (Pieds.ha^{-1})	28,45b	58,21a	35,41b	0,000
Diamètre (cm)	40,38a	37,28a	22,63b	0,000
Surface terrière ($m^2.ha^{-1}$)	3,33b	6,08a	1,38b	0,000
Hauteur de Lorey (m)	11,25a	8,51b	8,88b	0,000

4.3.2 Structure en diamètre et en hauteur de *P. africana*

L'analyse de la structure diamétrique des populations de *P. africana* a révélé en zones soudanienne et guinéenne, une distribution asymétrique positive ou asymétrique gauche (Figure 13), caractéristique des peuplements monospécifiques avec prédominance d'individus jeunes ou de faibles diamètres (Houètchégnon et al., 2015b). Par contre en zone soudano-guinéenne, elle est en « *J* renversé » (Figure 13), caractéristique des peuplements multispécifiques ou inéquiennes. Au niveau des populations de la zone guinéenne, les individus de diamètres compris entre 50 cm et 60 cm sont largement les plus dominants. Par contre, les individus de diamètre supérieur à 80 cm sont quasi absents au sein de cette population. Par ailleurs, ce sont les individus de diamètres compris entre 10 cm à 20 cm qui sont largement les plus dominants au niveau des populations de la zone soudano-guinéenne. Les individus de la population de la zone soudanienne présentant des diamètres compris entre 10 cm et

30 cm sont largement dominants. Les individus de diamètre supérieur à 90 cm sont quasi absents au sein de cette population.

La structure en hauteur quant à elle, a montré une distribution asymétrique gauche, caractéristique des peuplements avec prédominance d'individus de faibles hauteurs pour toutes les zones climatiques (Figure 14). En effet, les individus les plus représentés ont des hauteurs appartenant aux classes de hauteur 8 m à 12 m dans la zone guinéenne ; 6 m à 10 m dans la zone soudano-guinéenne et 6 m à 12 m dans la zone soudanienne (Figure 14). Les classes de hauteur supérieure à 21 m sont quasi absentes dans la zone guinéenne. Elles sont par contre absentes à plus de 23 m dans la zone soudano-guinéenne. Quant à la zone soudanienne, les classes de hauteur supérieure à 22 m sont quasi absentes.

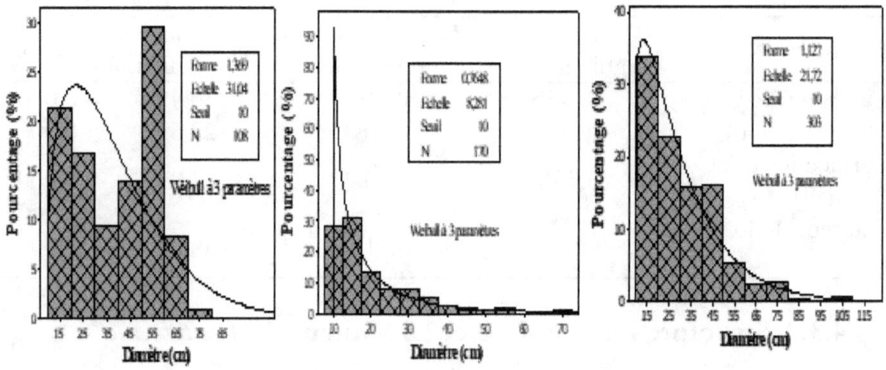

ZG **ZSG** **ZS**

Figure 13. Répartition par classes de diamètre des populations de *P. africana* dans les différentes zones climatiques. Zone guinéenne (**ZG**) ; zone soudano-guinéenne (**ZSG**) ; zone soudanienne (**ZS**)

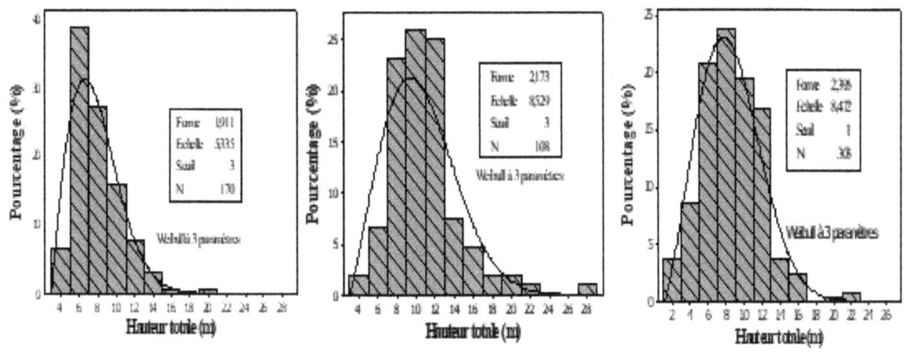

ZG ZSG ZS

Figure 14. Répartition par classes de hauteur des populations de *P. africana* dans les différentes zones climatiques. Zone guinéenne (**ZG**) ; zone soudano-guinéenne (**ZSG**) ; zone soudanienne (**ZS**)

4.3.3 État de la régénération naturelle de *P. africana*

L'analyse de la régénération naturelle de *P. africana* a révélé des densités globalement faibles. Cependant, les milieux les moins anthropisés ont montré des densités relativement plus importantes (Houètchégnon et al., 2015b)

Suivant le type d'occupation du sol, la densité de la régénération naturelle a varié entre 7 et 28 tiges.ha^{-1}. Elle est en moyenne de 28 tiges.ha^{-1} au niveau de la savane, 23 pieds.ha^{-1} au niveau de la jachère et 7 tiges.ha^{-1} au niveau du champ. En ce qui concerne les zones climatiques, la densité de régénération naturelle a varié entre 5 et 43 tiges.ha^{-1}. Elle est plus élevée dans la zone soudano-guinéenne (43 tiges.ha^{-1}) et faible dans les zones soudanienne (11 tiges.ha^{-1}) et guinéenne (5 tiges.ha^{-1}).

4.4 Diversité morphologique et génétique de *P. africana*

4.4.1 Caractérisation morphologique de *P. africana* au Bénin

L'analyse de la variabilité morphologique de *P. africana* réalisée par Houètchégnon et al. (2015c) a révélé une variabilité globalement élevée au sein des individus. La plus grande variabilité entre zones climatiques est observée au niveau de la longueur des foliolules. Il ressort que la plus grande variabilité de prosopis est observée entre les pieds de prosopis et non entre les types d'occupations de sol, ni entre les localités, ni entre les communes, ni entre les départements et encore moins entre les zones climatiques. Le diamètre à hauteur de poitrine (DBH), la hauteur du fût, la hauteur à première ramification, le diamètre du houppier, la longueur de foliole et le nombre de foliolules ainsi que le nombre de folioles, de graines puis le diamètre de gousse ont une plus grande variabilité au sein des zones climatiques alors que les autres variables : la longueur des feuilles, le diamètre du pétiole, la longueur de gousse et le nombre de ramifications ont leur plus grande variabilité au sein des types d'occupations du sol. Il existe donc une grande hétérogénéité au sein des arbres de *P. africana* d'une même zone climatique, Département, Commune, localité et type d'occupations de sol.

A l'échelle des zones climatiques, 12 caractères morphométriques ont été les plus discriminants. Il s'agit de : la hauteur houppier, la longueur foliolule, la longueur foliole, le poids total du fruit, la hauteur à la première ramification, le nombre de graines, le poids pulpe, le nombre de foliolules, le DBH, la hauteur fût, le diamètre pétiole et le nombre de ramifications. Ainsi, par rapport à chacune des variables (morphométries), il ressort les spécificités suivantes (Houètchégnon et al., 2015c) :

- *Diamètre à hauteur de poitrine (DBH)* : la zone guinéenne a le plus grand DBH 40,8 cm±42,1% tandis que les zones soudano-guinéenne et soudanienne ont les plus petits qui sont respectivement de 23 cm±54,8% et 28 cm±63,7%.
- *Hauteur fût* : la zone guinéenne a la plus grande hauteur fût 4,6 m±48,3% alors que les zones soudanienne et soudano-guinéenne ont les plus petites hauteurs qui sont respectivement : 2,3 m±33,1% et 3 m±37,3%.
- *Hauteur houppier* : zone guinéenne a la plus grande hauteur houppier 7,8 m±47,9% et les zones soudano-guinéenne et soudanienne ont les plus petites hauteurs qui sont respectivement : 5,3 m±%27,3 et 5,9 m±38,2%.
- *Diamètre houppier* : le plus grand diamètre est observé dans la zone guinéenne (7,2 m±43,2%) et les plus petits dans les zones soudanienne 5,7 m±46,3% et soudano-guinéenne 6,3 m±30,6%.
- *Hauteur à la première ramification* : la zone guinéenne a la plus grande hauteur 3,8 m ± 47,5% et les zones soudanienne et soudano-guinéenne ont les plus petites hauteurs à la première ramification qui sont respectivement de 2,2 m ± 40% et 2,5 m ± 39,7%.
- *Nombre de ramifications* : le plus grand nombre provient de la zone guinéenne 4,6 ± 68,8 et les plus petits proviennent respectivement des zones soudano-guinéenne 2,9 ± 19,6% et soudanienne 4,5 ± 70,3%.
- *Longueur feuille* : la plus grande longueur se trouve dans la zone guinéenne 10,7 cm ± 32,4% et les plus petites se trouvent respectivement

dans la zone soudano-guinéenne 9,3 cm ± 19,3% et soudanienne 10,1 cm ± 17,2%.

- *Longueur foliolule* : la plus grande longueur foliolule est dans la zone soudano-guinéenne 16,2 mm ± 11,3% et les plus petites sont respectivement dans la zone soudanienne 13,1 mm ± 12,3% et guinéenne 15 mm ± 11,9%.
- *Longueur foliole* : les plus grandes longueurs sortent des zones guinéenne 8,2 cm±18,9 et soudano-guinéenne 8,2 cm±10,1 puis la plus petite longueur vient de la zone soudanienne 7,3 cm ± 16,2%.
- *Nombre de folioles* : il est plus grand dans la zone soudano-guinéenne 3,5 ± 17,8% et plus petits dans les zones guinéenne 3,4 ± 22,4% et soudanienne 3,4 ± 13,9%.
- *Nombre de foliolules* : le plus grand se trouve dans la zone soudano-guinéenne 11,8 ± 11,6% et les plus petits se trouvent dans les zones soudanienne 11,5 ± 17,4% et guinéenne 11,7 ± 15,8%.
- *Diamètre pétiole* : le plus grand diamètre est dans la zone guinéenne 15,4 mm ± 9,4% et les plus petits sont dans les zones soudanienne 10,4 mm ± 60,4% et soudano-guinéenne 12,1 mm ± 42,1%.
- *Longueur gousse* : la plus grande longueur gousse se situe dans la zone soudano-guinéenne 19,3 cm ± 17,9% et les plus petites se situent dans les zones guinéenne 18,4 cm ± 7,4% et soudanienne 19,1 cm ± 16,8%.
- *Diamètre gousse* : le plus grand diamètre gousse est dans la zone soudanienne 7,6 mm ± 126,4% et les plus petits sont dans les zones guinéenne 0,6 mm ± 27,5% et soudano-guinéenne 5 mm ± 165,1%.
- *Poids total fruit* : le plus grand poids est dans la zone guinéenne 15 g ± 29,2% et les plus petits poids sont dans les zones soudanienne 9 g ± 83,2% et soudano-guinéenne 10 g ± 61,4%.
- *Nombre de graines par gousse* : le nombre le plus grand se situe dans la zone guinéenne 14±43% et les nombres les plus petits se situent dans les zones soudanienne 11,89 ± 136,3% et soudano-guinéenne 12 ± 191,7%.
- *Poids d'une graine* : toutes les zones guinéenne 0,3 g±45% ; soudano-guinéenne 0,3 g ± 48,3% et soudanienne 0,3 g ± 52,4% sont égales en matière du poids d'une graine.
- *Poids pulpe* : le plus grand poids se trouve dans la zone guinéenne 5,4 g ± 10% et les plus petits poids se trouvent dans les zones soudanienne 3,4 g ± 75,6% et soudano-guinéenne 3,9 ± 50,4%.

4.4.2 Connaissances sur la diversité génétique de *P. africana* au Bénin

Très peu d'études ont été réalisées sur la diversité génétique de *P. africana*. L'une des rares études réalisées, a porté sur la variation génétique, la densité du bois et corrélations avec la croissance de l'arbre provenant du Burkina Faso et du Niger (Montes & Weber, 2009). La variation de la densité du bois et sa corrélation avec la croissance de l'arbre ont été étudiées à l'âge de 13 ans dans un essai de provenances/descendances de *P. africana* au Niger. L'essai a inclus les descendances de 256 arbres mères provenant de 24 provenances de l'écozone sahélienne du Burkina Faso et du Niger. La variation de la densité du bois a été significative en relation avec les provenances et les familles. L'héritabilité a été plus élevée pour la densité que pour les caractères de croissance de l'arbre. Les corrélations phénotypiques ont montré que les plus grands arbres ont tendance à avoir le bois le plus dense. Les corrélations et les héritabilités estimées suggèrent que la sélection d'arbres à croissance rapide peut produire un faible gain en volume de bois et très peu de gain en densité du bois dans la génération suivante.

Tableau 9. Variations de dix-huit paramètres morphométriques de *P. africana* suivant les zones climatiques : moyenne (M) et coefficient de variation (CV en %)

Zones climatiques		dbh	Hf	Hh	dh	hr	nr	LF	Lfol	Lfoli	Nfoli	Nfol	Dp	Lg	Dg	PT	Ngr	Pgr	Ppu
G	m	40,8	4,6	7,8	7,2	3,8	4,6	10,7	15	8,2	3,4	11,7	15,4	18,4	0,6	15,3	14,46	0,3	5,4
	cv(%)	42,1	48,3	47,9	43,2	47,5	68,8	32,4	11,9	18,9	22,4	15,8	9,4	7,4	27,5	29,2	43	45	10
S	m	28	2,3	5,9	5,7	2,2	4,5	10,1	13,1	7,3	3,4	11,5	10,4	19,1	7,6	9,5	11,89	0,3	3,4
	cv(%)	63,7	33,1	38,2	46,3	40	70,3	17,2	12,3	16,2	13,9	17,4	60,4	16,8	126,4	83,2	136,3	52,4	75,6
SG	m	23	3	5,3	6,3	2,5	2,9	9,3	16,2	8,2	3,5	11,8	12,1	19,3	5	9,8	11,91	0,3	3,9
	cv(%)	54,8	37,3	27,3	30,6	39,7	19,6	19,3	11,3	10,1	17,8	11,6	42,1	17,9	165,1	61,4	191,7	48,2	50,4

Légende : G : zone guinéenne, **S** : zone soudanienne, **SG** : zone soudano-guinéenne, **m** : moyenne, **cv** : coefficient de variation, **DBH** : Diamètre à hauteur de poitrine, **Hf** : Hauteur fût, **Hh** : Hauteur houppier, **dh** : diamètre houppier, **hr** : hauteur à la première ramification, **nr** : nombre de ramifications, **LF** : Longueur feuille, **Lfol** : Longueur foliolule, **Lfoli** : Longueur foliole, **Nfoli** : Nombre de folioles, **Nfol** : Nombre de foliolules, **Dp** : Diamètre pétiole, **Lg** : Longueur gousse, **Dg** : Diamètre gousse, **PT** : Poids total fruit, **Ngr** : Nombre de graines par gousse, **Pgr** : Poids d'une graine et **Ppu** : Poids pulpe.

4.5 Biologie de la graine de *P. africana*

Pour favoriser une levée plus rapide des graines, quelques travaux ont été effectués. Il s'agit des travaux de Ahoton et al. (2009) et de Niang-Diop et al. (2010). Les premiers ont montré que la scarification des graines à la lame de rasoir, de même que leur ébouillantage se sont révélés les prétraitements les plus efficaces pour favoriser une germination rapide et homogène de *P. africana.* Ces deux prétraitements peuvent être recommandés aux planteurs et aux pépiniéristes parce qu'ils sont peu coûteux et simples à réaliser. Les seconds quant à eux ont signalé que malgré l'existence d'une dormance tégumentaire, les graines de *Prosopis africana* ont la possibilité de germer *in situ* en l'absence de feu et du bétail mais avec un temps de latence assez long. *P. africana* est aussi capable de germer après le passage des graines à de hautes températures et aussi avec l'arrosage des graines avec de l'eau à pH élevé. Le passage des graines dans le tractus digestif des animaux ne semble pas améliorer leur capacité de germination.

4.6 Mesures de conservation de *P. africana*

Prosopis africana est conservé dans les champs, les jachères et les forêts/savanes. Les Adja préservent plus prosopis dans les champs (55,54%) suivis des groupes socio-culturels Bariba (39,58%), Dendi (38,30%), Lokpa (37,78%) et Yoruba (36,67%). Quant à la négligence de la préservation de l'espèce, les Peulh sont les premiers (100%). Ils sont suivis des Ditamari (77,59%) et les Fon (60,38%). Ils font recours en cas de besoin de l'espèce dans les savanes/forêts : milieu où l'espèce pousse naturellement.

La principale motivation pour conserver prosopis est son utilisation médicinale (77% chez les Bariba, 73% chez les Adja, 72% chez les Peulh, 70% chez les Ditamari, 69% chez les Fon, 63% chez les Yoruba et les Lokpa puis 27% chez les Dendi). Quarante-trois pour cent (43%) des Adja ainsi que trente-huit pour cent (38%) des Yoruba conservent *P. africana* à des fins alimentaires. Par contre trente-huit pour cent (38%) des Lokpa, trente-sept pour cent (37%) des Ditamari et vingt-cinq pour cent (25%) des Fon préservent *P. africana* pour des fins commerciales. Au total, 29% des enquêtés n'ont pas de raison pour la conservation de l'espèce.

4.7 Gaps de connaissance et perspectives pour la sylviculture de *P. africana*

Eu égard des travaux effectués sur *P. africana* au Bénin, il est recommandé les recherches ci-après :

- Screening phytochimique de *P. africana* afin d'obtenir un maximum d'informations relatives sur la plante à son efficacité toxicologique, physiologique, pharmacodynamique, corrélée par les principes actifs que contient l'espèce. De telles études doivent permettre la mise au point des médicaments utilisables dans les soins de santé primaires à moindre coût. Elles doivent permettre de mettre en exergue les connaissances locales collectées sur la valeur médicinale de la plante ;
- Analyse de la diversité génétique de la plante afin d'apprécier la variabilité intra et inter population de la plante au Bénin ;
- Caractérisation biochimique de la plante en considérant différents génotypes pour confirmer ou infirmer la corrélation positive entre le poids des fruits et des feuilles puis leur teneur en éléments nutritifs ;
- Analyse de la variabilité du comportement germinatif des graines de *P. africana* en relation avec la durée de stockage ;
- Analyse de la dynamique de séquestration de carbone des pieds de *P. africana* de différents génotypes ;
- Introduction de l'espèce dans les programmes de reboisement au Bénin.

Conclusion

Les quelques ressources forestières disponibles au Bénin sont en exploitation excessive. Ceci compromet la conservation de la biodiversité. Ce cas général d'exploitation est aussi observé chez *P. africana* où l'espèce est utilisée dans au moins huit (08) domaines et surtout est utilisée pour traiter plus de cinquante (50) maladies et symptômes. La population ayant les morphotypes les plus intéressants (fruits plus longs et plus pesants, individus ayant de fût, de diamètre houppier et diamètre à hauteur de poitrine plus grands) est au Sud-Bénin (zone guinéenne). Cette population connaît une très faible régénération naturelle. Les habitats les plus favorables (jachère et savane) deviennent de plus en plus inexistants dans cette région du Bénin. Ceci compromet la survie de l'espèce, sa diversité génétique et de surcroît la biodiversité.

SECTION 5 :
Haematostaphis barteri Hook F. Anacardiaceae (prune rouge)

Sourou Kuiga B.N.[1] & Ouinsavi C.A.I.N.[1]

[1]*Laboratoire d'Études et de Recherches Forestières (LERF), Faculté d'Agronomie, Université de Parakou, BP 123 Parakou, Bénin*

Résumé

L'étude porte sur l'importance socio-économique et la caractérisation structurale, morphologique et génétique moléculaire de la prune rouge (*Haematostaphis barteri Hook F.*) au Bénin. Le but global est de contribuer à la domestication de cette espèce, et spécifiquement : (i) d'étudier l'importance ethnobotanique de *H. barteri* au niveau des grands groupes sociolinguistiques du Nord-Bénin ; (ii) d'évaluer la contribution financière de la vente des fruits de *H. barteri* au revenu des populations ; (iii) faire la caractérisation dendrométrique de *H. barteri* du Bénin suivant la géomorphologie des sites et en fonction du sexe des individus ; (iv) quantifier la production fruitière de *H. barteri* au Bénin ; (v) évaluer la variabilité morphologique de *H. barteri* du Bénin suivant la provenance et la géomorphologie ; (vi) évaluer la variabilité génétique intra-sous-population et inter-sous-populations de *H. barteri* du Bénin. L'approche méthodologique a été fondée sur des enquêtes ethnobotaniques et socio-économiques, des inventaires forestiers, des mesures réalisées sur les descripteurs morphologiques des panicules, des fruits, des feuilles et des folioles et l'utilisation des marqueurs moléculaires de type RAPD (Random Amplified Polymorphic DNA) pour l'étude de la variabilité génétique moléculaire. Les résultats ont montré que *H. barteri* est une espèce à usages multiples. Le revenu moyen annuel obtenu de la vente des fruits de *H. barteri* est faible (10 077 FCFA). L'étude a aussi montré que les caractéristiques structurales et morphologiques ont varié significativement ($p<0,001$) suivant la géomorphologie des sites. Les individus de *H. barteri* ayant les valeurs moyennes les plus élevées de diamètre (17,46±0,73 cm), de hauteur totale (4,56±0,14 m) et de diamètre houppier (4,60±0,22 m) ont été notés sur les hauts versants et sommets de collines. De même, les fruits les plus gros (27,74±0,09 cm de longueur et 24,73±0,09 cm de largeur) et ayant une importante quantité de pulpe (5,93±0,07) ont été aussi notés dans ce même peuplement. Quatre morphotypes différents ont été identifiés avec cependant une faible variabilité ($0 < CV < 10\%$) intra- et inter- sous-populations pour la plupart des descripteurs morphologiques étudiés. L'étude de la variabilité génétique moléculaire de *H. barteri* par les marqueurs RAPD a montré une diversité génétique intra-sous-population relativement importante ($h = 0{,}250$) et une différentiation génétique inter sous-populations relativement faible ($\Phi_{PT} = 0{,}170$) avec un flux de gènes modéré ($N_m = 2{,}345$). En outre, trois groupes génétiques différents ont été obtenus avec une différenciation plus ou moins marquée des accessions du groupe génétique de Boukombé par rapport aux autres groupes, et qui se révèlent très intéressants pour des programmes futurs de sélection et d'amélioration génétique.

Mots clés : ethnobotanique, rentabilité économique, structure dendrométrique, variabilité morphologique, diversité génétique, marqueurs RAPD, *Haematostaphis barteri*, Bénin

Introduction

Haematostaphis barteri Hook. F. est une espèce forestière dont l'importance est multiple et bien reconnue au niveau régional. C'est une espèce dioïque qui se rencontre exclusivement dans les savanes soudaniennes et guinéennes de l'Afrique tropicale, allant de la Côte d'Ivoire au Soudan, sur des collines rocheuses ou cuirassées. C'est une espèce alimentaire dont les fruits très riches en éléments nutritifs tels que le calcium, le magnésium, le phosphore, la vitamine C et le fer (Houndji et al., 2018 ; Amouzou et al., 2006) peuvent être consommés sans restriction (Umaru et al., 2007). *Haematostaphis barteri* est classée parmi les 16 premiers fruitiers locaux les plus appréciés par les paysans au nord du Cameroun (Mapongmetsem et al., 2012). Au Bénin, les fruits de l'espèce sont systématiquement collectés grâce à une main d'œuvre familiale (femmes et enfants) par les populations rurales puis commercialisés frais sur certains marchés locaux du nord-ouest du département de l'Atacora. Ainsi, l'intérêt socio-économique qu'offre *H. barteri* aux populations rurales entraîne une forte pression sur l'espèce et sa surexploitation qui, pourraient compromettre à long terme la disponibilité de la ressource, et donc la survie de l'espèce.

En dépit de son importance, *H. barteri* ne bénéficie d'aucune attention particulière en termes de conservation. Les peuplements de *H. barteri* sont caractérisés par une forte présence d'arbres relativement vieux, révélant une faible régénération des peuplements (Agbogan et al., 2012) et une régression de l'aire de répartition dans les savanes soudaniennes et guinéennes (Arbonnier, 2005). Au Bénin, les travaux antérieurs d'inventaires floristiques et forestiers ont permis de détecter des populations fragmentées et des individus isolés de *H. barteri* dans le phytodistrict de la chaîne de l'Atacora (Akoègninou et al., 2006 ; Adomou, 2005), où elle est confinée. Cette fragmentation de l'habitat de *H. barteri* induit une réduction de la taille de ses populations, ce qui pourrait conduire à une baisse de la diversité génétique de l'espèce, et donc constituer une menace à sa survie. La fragmentation des forêts et l'isolement spatial des espèces d'arbres qui en résultent, peuvent modifier l'activité des pollinisateurs et influencer ainsi négativement sur leur reproduction (Quesada et al., 2004).

En outre, le caractère assez fluctuant du climat soudanien, marqué par des sécheresses récurrentes, et associé aux conditions écologiques extrêmes dans lesquelles pousse *H. barteri* (collines rocheuses ou cuirassées), rend l'espèce vulnérable et l'expose à une dégradation continue. Biaou et al. (2017) ont recommandé d'ailleurs que *H. barteri* soit inscrite sur la liste des espèces menacées du Bénin.

Dans un tel contexte, la prise de mesures visant tout au moins à rompre la dynamique de dégradation sinon à inverser la tendance apparaît aussi urgente que vitale. Mais pour être efficaces, ces mesures à prendre devraient s'appuyer sur des données relatives à l'importance ethnobotanique et socio-économique, l'écologie et les variabilités morphologique et génétique de l'espèce. L'objectif de ce chapitre est de contribuer à la conservation, la valorisation et la gestion rationnelle de *H. barteri* en combinant les facteurs ethnobotanique, socio-économique, écologique et génétique. Spécifiquement, il s'agit: (i) d'évaluer l'importance ethnobotanique de *H. barteri* au niveau des grands groupes sociolinguistiques du Nord-Bénin, (ii) d'évaluer la contribution financière de la vente des fruits de *H. barteri* au revenu des populations rurales du Bénin, (iii) de caractériser la structure dendrométrique de *H. barteri* du Bénin suivant la topographie des sites et en fonction du sexe des individus, (iv) d'analyser la variabilité morphologique de *H. barteri* du Bénin suivant la provenance des individus et la topographie des sites, (v) d'analyser la variabilité génétique intra-population et inter-populations de *H. barteri* du Bénin.

5.1 Distribution et description géographique de *H. barteri*

5.1.1 Distribution géographique

Le genre *Haematostaphis* appartient à la famille Anacardiaceae, à l'ordre Sapindales, au superordre Rosanae, à la sous-classe Rosidae ou Eudicots, à la classe Magnoliopsida ou Eudicots, au sous-embranchement Magnoliophyta ou Angiospermes et à l'embranchement Spermaphytes (Guignard & Dupont, 2004 ; Pell, 2004). Dans ce genre, on note une seule espèce (*H. barteri*) connue en Afrique tropicale de l'ouest (Hooker, 1860).

Haematostaphis barteri est une espèce africaine décrite pour la première fois en 1860 dans le journal « Translations of the Linnean Society of London » par Hooker Joseph Dalton. C'est une espèce peu commune et disséminée qu'on retrouve dans les savanes boisées, sur des sols rocailleux, rocheux et surtout sur les collines rocheuses et éboulées en zone soudanienne et guinéenne (Arbonnier, 2005). La Figure 15 montre la zone de répartition naturelle de *H. barteri* qui se retrouve exclusivement en Afrique tropicale, allant de la Côte d'Ivoire au Soudan, en passant par le Ghana, le Togo, le Bénin, le Nigéria, le Cameroun et le Tchad (Arbonnier, 2005). Au Bénin, elle a été signalée exclusivement dans le district phytogéographique de la chaîne de l'Atacora dans le nord du pays (Adomou, 2005 ; Akoègninou et al., 2006 ; Wala, 2006). Plus précisément, Sourou (2017) a inventorié exclusivement des populations et des pieds disséminés de *H. barteri* dans les communes de Natitingou, Toucountouna et Boukombé au nord-ouest du département de l'Atacora (Figure 16).

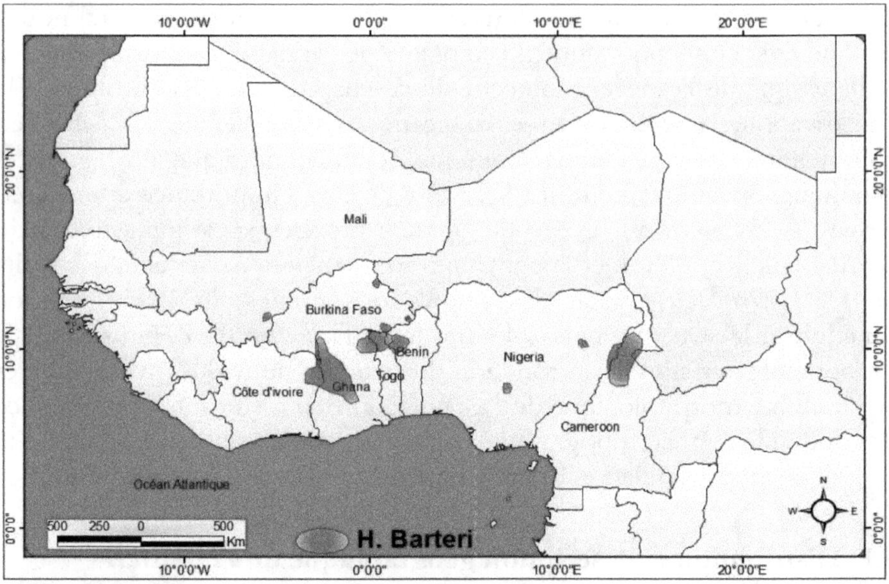

Figure 15. Distribution géographique de *Haematostaphis barteri* en Afrique. (**Source** : Adaptée de Arbonnier, 2005)

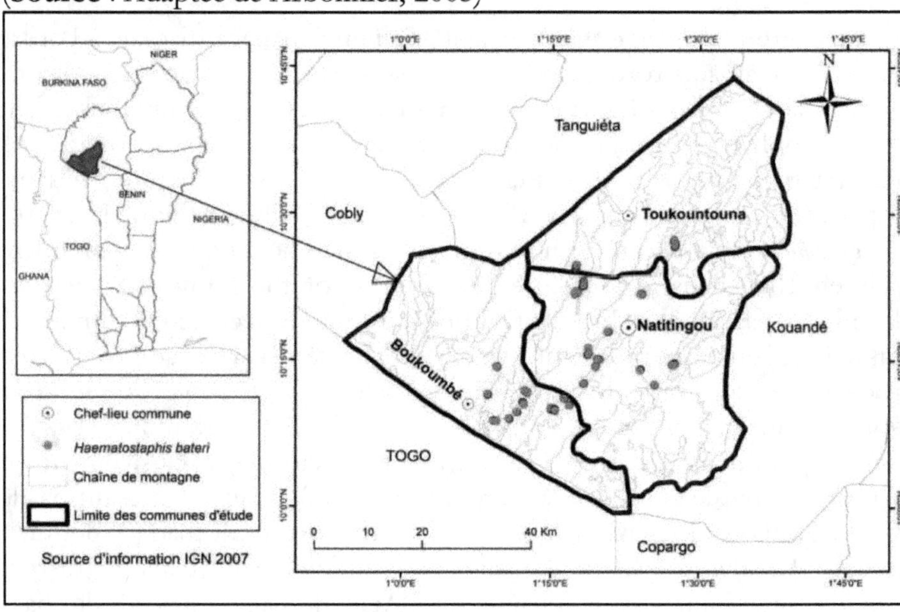

Figure 16. Distribution de *Haematostaphis barteri* au Bénin

5.1.2 Description de l'espèce

Haematostaphis barteri est un petit arbre ou un arbuste pouvant atteindre rarement 8 mètres de haut. La cime est étalée et ouverte avec des feuilles regroupées au bout des branches (Figure 17a). Le fût généralement droit, moins développé, court et cylindrique dépasse rarement 35 cm de diamètre (Sourou et al., 2016b). Le tronc est peu développé et souvent recouvert d'une écorce écailleuse, brun-gris (Figure 17b) avec des branches brunâtres. Les feuilles sont glabres, alternes, imparipennées et ayant 21 à 57 cm de long (Figure 17c). Elles sont également composées de 10 à 31 folioles alternes ou subopposées étroitement elliptiques ou oblongues de 3-12 × 1,2-5,6 cm à sommet échancré et à base arrondie ou en coin (Sourou et al., 2020a). Le jeune feuillage est souvent rouge (Figure 17d).

Figure 17. Caractéristiques du port, tronc et des feuilles de *Haematostaphis barteri* (**a**-pied, **b**- tronc, **c**- feuilles âgées et **d**- jeunes feuilles)

Haematostaphis barteri est une espèce dioïque dont les inflorescences sont terminales, pendantes, grêles, glabres et ayant la forme de panicule atteignant 30 cm de long (Arbonnier 2005). Les fleurs mâles, d'une couleur crème et de 3 mm de diamètre, comportent trois sépales et trois pétales imbriqués avec six étamines (Figure 18a). Par contre les fleurs femelles sont apétales avec environ 3 mm de diamètre (Figure 18b). Elles renferment un ovaire glabre, surmonté par des étamines stériles de taille très réduite (Hutchinson, 1958 ; Arbonnier, 2005).

Les fruits sont portés par de longues grappes pendantes mesurant 6 à 71 cm de long (Figure 19). Ce sont des drupes ellipsoïdes, glabres, de couleur pourpre à maturité et ayant environ 2 à 3,7 cm de long et 1,8 à 3,2 cm de large (Figure 19). Ils renferment un noyau dur noyé dans une pulpe mince, comestible avec un goût acide mais résineux (Sourou et al., 2020a ; Sourou, 2017). Débarrassé de sa pulpe charnue, le fruit de *H. barteri* laisse apparaître un noyau très dur en raison de son endocarpe lignifié (Figure 20), constitué d'une loge contenant une graine. La graine est allongée, de forme conique, composée d'une enveloppe très mince recouvrant la partie charnue formée de deux cotylédons (Figure 20) renfermant une huile comestible.

Figure 18. Inflorescences de *Haematostaphis barteri* (**a-** Fleurs mâles, **b-** Fleurs femelles)

Figure 19. Fruits de *Haematostaphis barteri* (**a-** fruits immatures, **b-** fruits mûrs

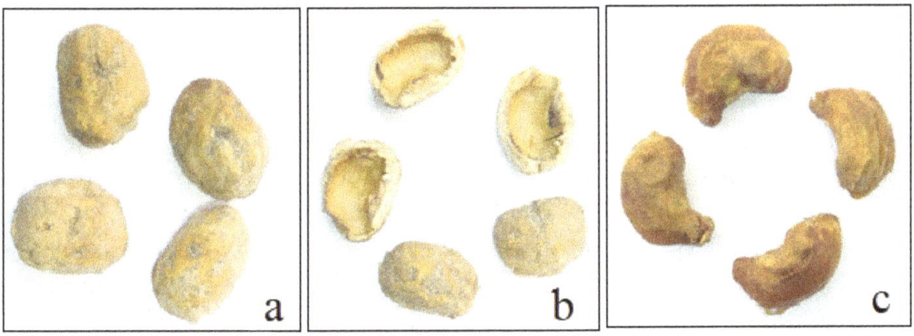

Figure 20. Fruits et graines de *Haematostaphis barteri* (**a-** noyaux, **b-** Endocarpe lignifié, **c-** Graines)

5.2 Importance ethnobotanique et Statut socioéconomique de *H. barteri*

Les enquêtes ethnobotanique et socioéconomique réalisées au Bénin par Sourou et al. (2016b) ont permis de collecter des données sur les connaissances et utilisations de *H. barteri* ainsi que la contribution de la commercialisation dans les marchés locaux de ses fruits à l'amélioration des revenus des populations rurales du Bénin.

5.2.1 Connaissances ethnobotaniques et utilisations de *H. barteri*

L'espèce *Haematostaphis barteri* couramment appelée « prune rouge » en français et « blood plum » en anglais, porte différents noms locaux suivant les groupes socio-lingustiques. Les noms locaux de « Sanmoru » chez les Dendi et « éyégninrè » chez les bètammaribè évoquent le goût acide des fruits tel que perçu par ces populations locales. Par contre, l'appellation locale « tangninringnirimbou » chez les Waaba se rapporte à l'habitat naturel de l'espèce identifié par ces populations comme étant les collines rocheuses. Chez les Natimba le nom local « Tangnayibou » combine à la fois le goût acidulé des fruits et l'habitat naturel de l'espèce (collines rocheuses).

L'étude a montré que *H. barteri* est une espèce végétale sauvage dont les principaux organes, notamment les fruits (31%), les feuilles (28%), les racines (19%), les écorces (19%) et les tiges (3%) (Figure 21) sont employés dans divers usages au nord-ouest du Bénin à savoir : usage alimentaire, usage médicinal et usage bois-énergie (Tableau 10). Par ailleurs, l'usage à des fins rituelles a été signalé par Biaou et al. (2017) dans la même zone d'étude.

La pulpe des fruits de *H. barteri* est exclusivement consommée par les populations locales et donc constituent une source excellente d'éléments nutritifs vitaux. En témoignent les résultats obtenus par Houndji et al. (2018) et Amouzou et al. (2006) sur la composition en éléments nutritifs des fruits de *H. barteri*. Ces résultats révèlent que les fruits de *H. barteri* renferment en proportions appréciables de l'azote, des protéines brutes, des sucres réducteurs, quelques vitamines et des éléments minéraux. En effet, la grande période de fructification de cette espèce coïncide avec le début des activités champêtres de la saison pluvieuse (mai et juin). Cette période est considérée comme période de soudure dans le département de l'Atacora, marquée par une faible disponibilité alimentaire. La maturation des fruits de *H. barteri* à cette période contribue donc efficacement à l'alimentation des populations. Les autres organes sont employés dans le traitement de treize maladies et affection (Tableau 10).

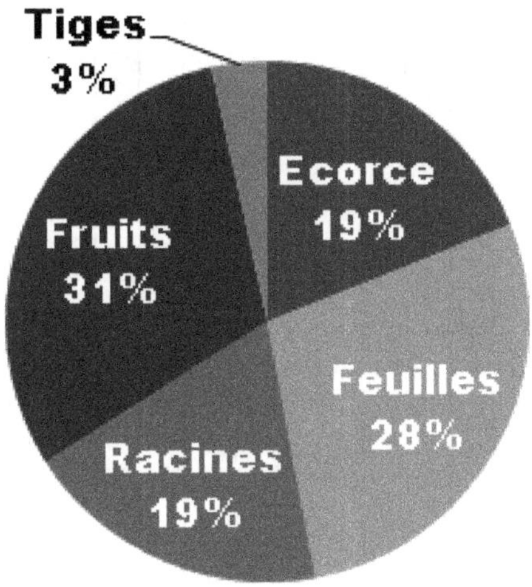

Figure 21. Fréquence d'utilisation des principaux organes de *Haematostaphis barteri* par les populations locales

La plupart des formes d'utilisation de *H. barteri* varient significativement en fonction des groupes socio-linguistiques (Figure 22). Ainsi, les Waaba utilisent les écorces et les racines de l'espèce pour traiter les morsures de serpents et d'araignées, la varicelle, les douleurs des côtes et de la hanche dues au rhumatisme, les entorses et pour lutter contre l'asthénie. Les Natimba quant à eux utilisent les mêmes organes de l'espèce que les Waaba pour traiter les hépatites, les hémorroïdes, les maux de ventre, l'anémie, la fièvre et les convulsions. Par contre les Bètammaribè utilisent le plus les feuilles de l'espèce pour traiter le paludisme.

Les propriétés médicinales de *H. barteri* ont été d'ailleurs confirmées grâce aux travaux de Ogbiko et al. (2019), Boampong et al. (2015b) et Tadzabia et al. (2013) qui ont révélé la présence de certaines substances chimiques (flavonoïdes, saponines et alcaloïdes) dans les racines, les écorces et les feuilles de l'espèce ayant des actions antifongique et antibactérienne avérées. Aussi, Mohammed et al. (2017) et El-Ishaq et al. (2014) ont respectivement prouvé expérimentalement que la consommation des fruits de *H. barteri* fortifie le système immunitaire et l'extrait de l'écorce des tiges de l'espèce possède des propriétés hépato-protectrices avérées.

Tableau 10. Les différentes utilisations de *Haematostaphis barteri*

Organe	Domaine d'utilisation	Forme d'utilisation	But de l'utilisation	Taux de réponse par ethnie		
				Waaba (n = 80)	Bètammaribè (n = 90)	Natimba (n = 60)
Feuilles	Médicinale	Décoction	Maux de ventre	-	11,1	86,7
			Paludisme	95*	74,5	90*
			Anti-venimeux (serpent et araignée)	56,3	16,7	-
			Fièvre	-	-	83,3
			Convulsions	2,5	-	66,7
			Varisèle	47,5	-	-
			Hémorroïde	-	-	56,7
Écorces	Médicinale	Décoction - Poudre	Malaria	77,5*	4,4	90*
			Anti-venimeux (serpent et araignée)	57,5	11,1	-
			Maux de ventre	-	13,33	86,7
			Fièvre	-	-	83,3
			Convulsions	2,5	-	66,7
			Hémorroïde	7,5	-	60
			Varisèle	47,5	-	-
			Carie dentaire	2,5*	-	3,3*
Racines	Médicinale	Décoction - Poudre	Paludisme	7,5*	4,5*	26,7
			Anti-venimeux (serpent et araignée)	57,5	2,2	-
			Hémorroïde	5	-	56,7

			Asthénie	47,5	4,4	-
			Douleur	57,5	-	6,7
			Entorses	47,5	-	6,7
			Anémie	-	-	70
			Hépatites	-	-	46,7
Fruits	Médicinale	Jus de fruit	Anémie	-	-	80
	Alimentaire	pulpe	Aliment	100*	100*	100*
Tiges	Énergétique	-	Source d'énergie	-	12	-

Les taux de réponse par ethnie d'une même ligne suivis d'un (*) ne sont pas significativement différents au seuil de 5% suivant le test khi² de Pearson.

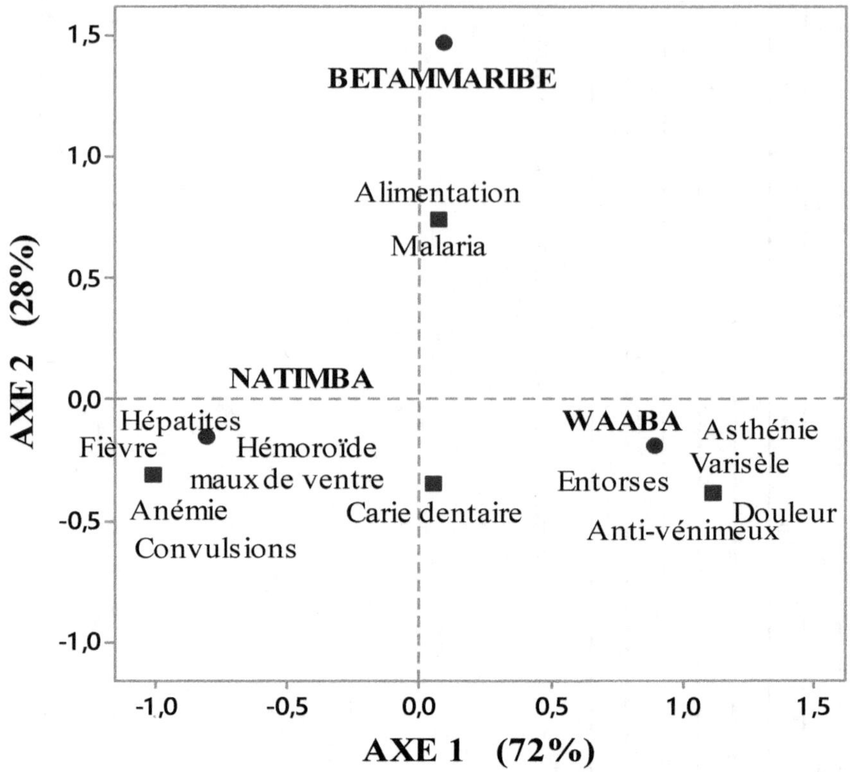

Figure 22. Relations des différentes maladies traitées par les organes de *Haematostaphis barteri* et les groupes sociolinguistiques

5.2.2 Importance économique de *H. barteri*

Au Bénin, les fruits de *H. barteri* font l'objet de commercialisation au niveau local. Les principaux acteurs de cette commercialisation sont des femmes (97%) des villages, qui collectent directement les fruits de l'espèce dans les différents habitats (jardin de case, champs, jachère et savane) et les vendent sur les marchés des chefs-lieux de communes sauf à Toucountouna où ils ne sont vendus qu'au marché de Wansokou. Ces vendeurs des fruits de *H. barteri* appartiennent essentiellement au groupe socio-linguistique Bètammaribè (73%) et les 27% restant appartiennent aux groupes socio-linguistiques des Waaba et des Natimba. Il n'existe aucun instrument local de mesure pour cette commercialisation. Les fruits récoltés avec leurs pédoncules sont vendus en de petits tas à 25 FCFA. Les différentes pesées effectuées ont permis d'estimer la masse moyenne d'un tas de fruits de *H. barteri* à 216,903±4,436 g sur le marché de

Natitingou ; 343,285±16,292 g sur le marché wansokou et 507,428±31,525 g sur le marché de Boukoumbé.

Les résultats de l'enquête économique ont révélé que la vente des fruits de *H. barteri* apparaît économiquement plus rentable pour les vendeurs du marché de Natitingou car la marge nette moyenne sur un kilogramme de fruits vendus et le profit annuel moyen de ces derniers sont significativement plus élevés que ceux des vendeurs des marchés de Toucountouna et de Boukombé (Tableau 11). Ceci peut s'expliquer par le fait que Natitingou est la plus grande ville du département de l'Atacora où les activités économiques sont développées : notamment, les fruits de *H. barteri* sont utilisés par certaines femmes pour la fabrication d'une boisson naturellement colorée en rouge au vin et vendue frais aux populations. Le profit moyen annuel issu de la vente des fruits de *H. barteri* est de 10 077 FCFA dans la zone d'étude. Ce profit paraît dérisoire. Mais lorsqu'on tient compte d'une part du fait que l'activité de commercialisation ne couvre que deux mois environ, et d'autre part des statistiques du service de l'analyse de la sécurité alimentaire du Programme Alimentaire Mondial qui indiquent que la médiane des dépenses du ménage par personne par mois est de moins de 10 000 CFA dans l'Atacora en 2013 (Programme Alimentaire mondial, 2014), on se rend compte que ce profit n'est pas du tout négligeable.

Tableau 11. Compte d'exploitation du vendeur de fruits de *Haematostaphis barteri* suivant le marché.

Marchés	Quantité de fruits collectés (Kg) sur 2 mois (juin-juillet 2014)	Prix moyen de vente (fcfa/Kg)	Charges totales (fcfa/Kg)	Marge nette (fcfa/Kg) sur 2 mois (juin-juillet 2014)	Profit moyen annuel (fcfa) (juin-juillet 2014)
Natitingou (n = 35)	220,32a (±13,5)	115,26a (±0,001)	25,67a (±3,2)	89,59a (±3,2)	19154a (±1204)
Boukoumbé (n = 35)	111,58b (±7,04)	49,27b (±0,001)	2,94b (±0,064)	46,33c (±0,064)	5180b (±332)
Toucountouna (n = 30)	74,15c (±2,42)	72,43b (±0,001)	2,79b (±0,001)	70,03b (±0,001)	5200b (±177)
Moyenne	138 (±8,20)	79,23 (±2,81)	10,85 (±1,61)	68,58 (±2,14)	10077 (±795)

Les nombres entre parenthèses représentent les erreurs standards ; les nombres de la même colonne suivis d'une même lettre ne sont pas significativement différents au seuil de 5%

5.3 Statut écologique

5.3.1 Caractéristiques dendrométriques de *H. barteri* suivant la topographie des sites et le sexe des individus d'arbre

L'inventaire forestier réalisé dans les peuplements naturels a montré que *H. barteri* est présente aussi bien sur les hauts versants et sommets, les mi-versants, les bas versants de collines que sur les plateaux du Nord-Ouest de la chaîne de l'Atacora. Les peuplements de *H. barteri* de ces quatre unités topographiques ont présenté des caractéristiques dendrométriques significativement différentes ($p < 0,001$) en ce qui concerne le diamètre à hauteur de poitrine (DBH) moyen, le diamètre houppier moyen et la hauteur totale moyenne. Ce qui n'est le cas de la densité, de la surface terrière et du diamètre de l'arbre de surface terrière moyenne (Tableau 12).

Les arbres de *H. barteri* les plus gros (17,46 cm), les plus hauts (4,56 m) et ayant le plus grand diamètre houppier ont été observés dans le peuplement des hauts versants et sommets de collines alors que les arbres les moins gros (15,23 cm) ont été notés au niveau des peuplements des mi-versants et des plateaux. Les individus les moins hauts (4,61 m) avec un faible diamètre du houppier ont été notés au niveau des bas versants.

La densité des individus de *H. barteri* varie de 13 $tiges.ha^{-1}$ (peuplements des bas versants et des plateaux) à 18 $tiges.ha^{-1}$ (peuplements des mi-versants et des hauts versants et sommets). La surface terrière varie de 0,27 $m^2.ha^{-1}$ (peuplement des plateaux) à 0,48 $m^2.ha^{-1}$ (peuplement des hauts versants et sommets). Pour les peuplements des mi-versants et des bas versants, la surface terrière est respectivement de 0,37 $m^2.ha^{-1}$ et 0,36 $m^2.ha^{-1}$. Le diamètre de l'arbre de surface terrière moyenne varie de 15,83 cm (peuplement des plateaux) à 19,57 cm (peuplement des bas versants). Le diamètre à hauteur de poitrine (DBH) et la hauteur totale (Ht) sont respectivement de 15,22 cm et 04,19 m dans les peuplements des plateaux ; 17,46 cm et 04,56 m dans les peuplements des hauts versants et sommets ; 15,23 cm et 04,49 m dans les peuplements des mi-versants ; 17,03 cm et 04,07 m dans ceux des bas versants.

Les mêmes paramètres dendrométriques n'ont montré aucune différence significative au seuil de 5% de probabilité suivant le sexe des individus. Les pieds mâles et les pieds femelles de *H. barteri* présentent alors globalement les mêmes caractéristiques dendrométriques (Tableau 13).

Tableau 12. Caractéristiques dendrométriques des peuplements de *Haematostaphis barteri* suivant la topographie des sites

Peuplement de *H. barteri*	DBH (cm)		Ht (m)		Dcime (m)		N (tiges/ha)		G (m^2/ha)		Dg (cm)	
	moy	se	moy	se	moy	se	moy	se	moy	se	moy	se
Haut versant et sommet	17,46a	0,737	4,56a	0,141	4,60a	0,221	18a	4,675	0,48a	0,12	17,5a	2,433
Mi-Versant	15,23b	0,347	4,49a	0,066	3,97b	0,104	18a	2,204	0,37a	0,056	16,67a	1,147
Bas versant	17,03ab	0,395	4,07b	0,076	3,70b	0,118	13a	2,145	0,36a	0,055	19,57a	1,117
Plateau	15,22b	0,717	4,19ab	0,139	3,94ab	0,215	13a	3,817	0,27a	0,098	15,83a	1,987
Moyenne	16,23	0,289	4,33	0,055	4,05	0,087	15	1,693	0,37	0,043	17,395	0,881
Probabilité	0,001***		< 0,001***		0,005***		0,383ns		0,597ns		0,227ns	

(*) : Différence significative au seuil de 5% ; (**) : Différence significative au seuil de 1% ; (***) : Différence significative au seuil de 0,1% ; **ns** = non significative ; **moy** = moyenne ; **se** = écartype. Les moyennes des caractéristiques par colonne entre les différents regroupements de *Haematostaphis barteri* suivies de la même lettre ne sont pas significativement différentes au seuil de 5%. **N** = nombre d'arbres ; **DBH** = Diamètre ; **Ht** = hauteur totale ; **N** = Densité ; **G** = surface terrière ; **Dg** = Diamètre de l'arbre de surface terrière moyenne.

Tableau 13. Caractéristiques dendrométriques des peuplements de *Haematostaphis barteri* suivant le sexe des pieds

Peuplement de *H. barteri*	DBH (cm)		Ht (m)		Dcime (m)		N (tiges/ha)		G (m^2/ha)		Dg (cm)	
	moy	se	moy	se	moy	se	moy	se	moy	se	moy	se
Mâle	16,23a	0,314	4,26a	0,06	3,91a	0,094	9a	0,805	0,215a	0,023	16,29a	0,9
Femelle	15,87a	0,353	4,41a	0,067	3,97a	0,106	7a	0,805	0,155a	0,023	16,77a	0,9
Global	16,23	0,289	4,33	0,055	4,05	0,087	15	1,693	0,37	0,043	17,4	0,881
Probabilité	0,446 ns		0,101ns		0,642ns		0,112ns		0,066ns		0,705ns	

ns = non significative ; **moy** = moyenne ; **se** = écartype. Les moyennes des caractéristiques par colonne entre les pieds mâle et femelle de *Haematostaphis barteri* suivies de la même lettre ne sont pas significativement différentes au seuil de 5%. **DBH**= Diamètre ; **Ht**= hauteur totale ; **N**= Densité ; **G**= surface terrière ; **Dg**= Diamètre de l'arbre de surface.

5.3.2 Structure démographique du peuplement naturel

L'analyse de la structure démographique des peuplements de *H. barteri* suivant les 4 unités topographiques, au moyen de données ponctuelles, a révélé que toutes les distributions ont une allure en cloche et présentent une valeur du paramètre de forme (c) de la fonction de densité de Weibull à 3 paramètres comprise entre 1 et 3,6 (Figure 23). La distribution est alors asymétrique positive ou asymétrique droite, caractéristique des populations d'arbres avec prédominance d'individus jeunes ou de faible diamètre, centrée sur la classe [10-20[. Cependant, cela ne saurait être interprété comme un bon état de conservation spécifique des peuplements de l'espèce, bien au contraire. Elle serait probablement liée à la physiologie de l'espèce, qui, est un arbuste (2 à 6 m) dont le diamètre dépasse rarement 35 cm (Sourou et al., 2016a ; Agbogan et al., 2012 ; Arbonnier, 2005), mais aussi au fait que le DBH défini pour la régénération (DBH $\geq$ 10) dans cette étude paraît relativement élevé pour une telle espèce. Des observations faites sur le terrain révèlent le vieillissement des populations de *H. barteri.* D'autres études ont aussi révélé des allures régressives de populations vieillissantes de la même espèce sur la chaîne de l'Atakora au Togo (Agbogan et al., 2012). En ce qui concerne la distribution en hauteur des arbres, elle a présenté une allure en cloche avec une dissymétrie gauche avec une prédominance d'individus de faibles hauteurs (Figure 24).

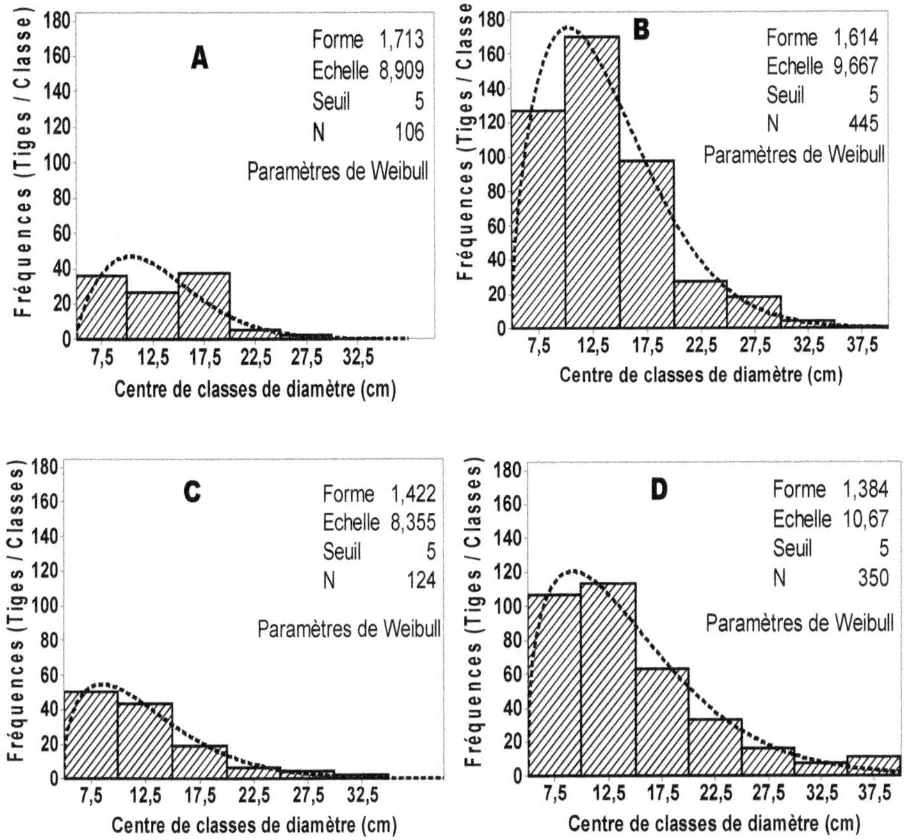

Figure 23. Répartition par classes de diamètre des pieds de *Haematostaphis barteri*

A : Haut versant et sommet de colline **B :** Mi-versant **C :** Plateau **D :** Bas versant

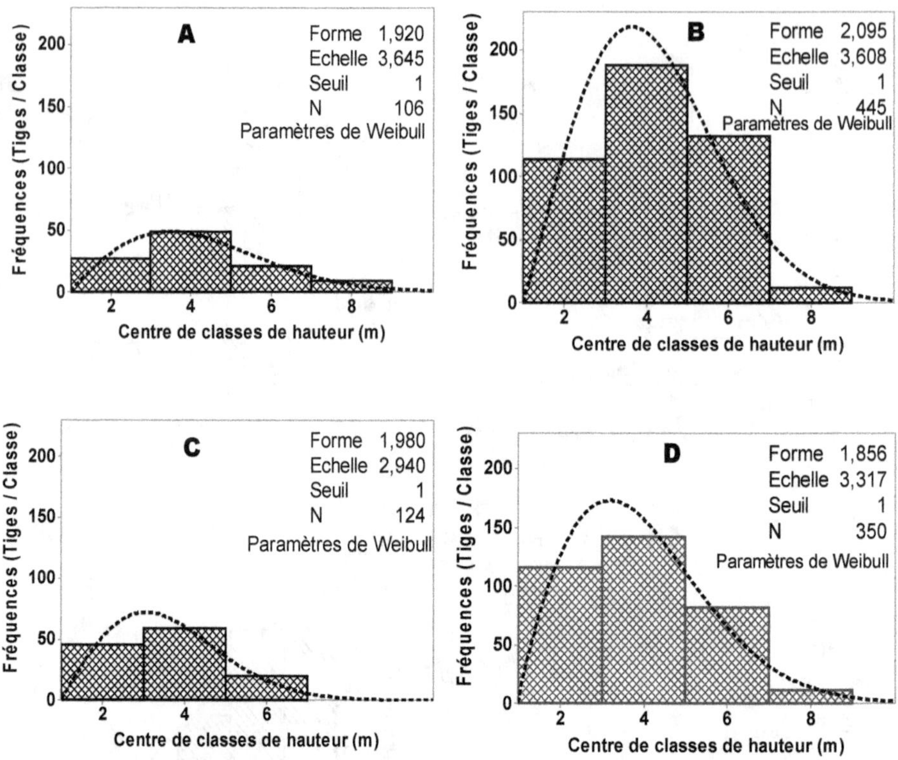

Figure 24. Répartition par classes de hauteur totale des pieds de *Haematostaphis barteri*
A : Haut versant et sommet de colline **B** : Mi-versant **C** : Plateau **D** : Bas versant

5.3.3 État de la régénération naturelle

L'analyse de la régénération naturelle a révélé que les semis (brins francs) sont quasi-inexistants sous les semenciers et hors semenciers. La densité par hectare des semis varie entre 1 tige sur les mi-versants de collines et 3 tiges sur les hauts versants et sommets des collines (Sourou, 2017). En effet, les excavations effectuées délicatement autour des jeunes plants ont montré qu'ils proviennent presque tous de rejets de souches et de racines d'anciens semis. Les rejets de souches ont été plus abondants sur les bas versants (67%) que sur les autres sites (33% cumul). Cette forte capacité de multiplication végétative de l'espèce a été aussi observée par Mèdéton et al. (2017) dans la même zone d'étude et Agbogan et al. (2012) au Togo et pourrait expliquer en partie le maintien de l'espèce malgré ses réelles difficultés de régénération naturelle. Par ailleurs, la clonalité de l'espèce induit une faible diversité génétique au sein des populations et entre les populations.

La mauvaise régénération de l'espèce peut d'une part s'expliquer par la prédation de ses graines par des rongeurs et d'autre part par les téguments épais et très durs de la graine qui retardent sa germination (Agbogan et al., 2014). Mèdéton et al. (2017) ont montré que la faible régénération naturelle de *H. barteri* serait due à la faible production de semences et à la mauvaise qualité des semences disponibles.

5.4 Diversité morphologique et génétique

5.4.1 Caractéristiques morphologiques des organes de *Haematostaphis barteri*

Les différents descripteurs choisis sont basés sur des paramètres quantitatifs. Le tableau 14 présente la description de onze (11) descripteurs morphologiques des panicules, des fruits et des feuilles de *H. barteri* de toutes les provenances. Toutes provenances confondues, la longueur des panicules varie de 6 à 71 cm avec une moyenne de 29,42 (± 9,62) cm. Le nombre de fruits par panicule est compris entre 2 et 130 fruits avec une moyenne d'environ 21 (± 14) fruits. Toutes provenances confondues, la longueur des fruits de *H. barteri* varie de 20,40 à 36,90 mm avec une moyenne de 27,49 (± 2,15) mm et la largeur varie de 18,25 à 32,25 mm avec une moyenne de 24,43 (± 1,87) mm. La masse du fruit entier frais varie de 4,33 à 20,93 g avec une moyenne de 9,83 (± 2,06) g et la masse de la pulpe de fruit varie de 0,96 à 14,45 g avec une moyenne de 5,79 (± 1,66) g. La longueur des feuilles est comprise entre 21,50 et 57 cm, toutes provenances confondues avec une moyenne de 35,98 (± 4,14) cm. La longueur du pétiole varie de 2,00 à 14,20 cm avec une moyenne de 8,08 (± 1,65) cm, quant au nombre de folioles par feuille, il est compris entre 10 et 31 avec une moyenne de 19 (± 2) folioles. La longueur des folioles varie de 3 à 12 cm avec une moyenne de 7,34 (± 1,13) cm alors que la largeur des folioles varie de 1,20 à 5,60 cm avec une moyenne de 2,86 (± 0,56) cm.

Tableau 14. Caractéristiques morphologiques de *Haematostaphis barteri*

Variables	Moyenne	Écart-type	Minimum	Maximum
Longueur panicule (cm)	29,42	9,62	6,00	71,00
Nombre de fruits par panicule	21,00	14,00	2,00	130,00
Longueur fruit (mm)	27,49	2,15	20,40	36,90
Largeur fruit (mm)	24,43	1,87	18,25	32,25
Masse fraîche du fruit (g)	9,83	2,06	4,33	20,93
Masse de la pulpe (g)	5,79	1,66	0,96	14,45
Longueur feuille (cm)	35,98	4,41	21,50	57,00
Longueur pétiole (cm)	8,08	1,65	2,00	14,20
Nombre de folioles par feuille	19,00	2,00	10,00	31,00
Longueur foliole (cm)	7,34	1,13	3,00	12,00
Largeur Foliole (cm)	2,86	0,56	1,20	5,60

5.4.2 Variabilité morphologique de *Haematostaphis barteri* suivant la provenance

L'analyse de la variance a mis en évidence des différences hautement significatives au seuil de 0,1% ($p < 0,001$) entre les provenances pour tous les descripteurs morphologiques des panicules, des fruits et des feuilles étudiés suivant le test de Student-Newman-Keuls (Tableau 15).

Les panicules les plus longues (35,28 cm) ont été notées à Kota et les plus courtes (22,47 cm) à Bérécingou. Les panicules portant le plus grand nombre de fruits (27 fruits) ont été rencontrées à Maco et les panicules ayant le plus faible nombre de fruits (13 fruits) à Borna. Les plus gros fruits (28,8 mm de long et 25,59 mm de large) et ayant le poids frais le plus élevé (11,23 g) avec une importante masse de la pulpe (6,87 g) ont été distingués à Bérécingou. Par contre, les plus petits fruits (26,81 mm de long et 23,86 mm de large) ayant le poids frais le plus faible (9,15 g) avec la masse de la pulpe la moins importante (5,13 g) ont été notés à Pèpèrikou. Les feuilles les plus longues (37,45 cm) ont été observées à Kota, et les feuilles à long pétiole (8,34 cm) ont été enregistrées à Tipéti alors que les feuilles les plus courtes (34,24 cm) ont été notées à Maco et les feuilles à courts pétioles (7,60 cm) ont été notées à Pèpèrikou. Les feuilles constituées des plus grandes folioles (8,09 cm de long et 3,09 cm de large) ont été distinguées à Pèpèrikou, alors que les folioles les moins longues (6,67 cm) et les moins larges (2,63 cm) ont été observées respectivement à Maco et à Koussou.

La variabilité intra-provenance pour la longueur des panicules a été assez importante (15 < CV< 44%) dans toutes les provenances alors qu'elle a été importante (CV > 44%) pour le nombre de fruits par panicule dans toutes les provenances (Tableau 15). La variabilité intra-provenance de la longueur et de la largeur des fruits a été moyenne (10% < CV < 15%) à Bérécingou et faible (0% < CV < 10%) dans toutes les autres provenances. La variabilité intra-provenance de la masse du fruit entier frais a été moyenne (10% < CV < 15%) à Borna et Kota mais assez importante (15% < CV < 44%) dans les autres provenances alors qu'elle a été assez importante pour la masse de la pulpe dans toutes les provenances.

La variabilité intra-provenance de la longueur des feuilles a été assez importante (15 < CV< 44%) à Bérécingou et Borna mais moyenne (10% < CV < 15%) dans les autres provenances alors qu'elle a été assez importante (15 < CV< 44%) pour la longueur du pétiole dans toutes les provenances. Pour le nombre de folioles par feuille, la variabilité intra-provenance a été faible (0% < CV < 10%) à Bérécingou et Kougnangou mais moyenne (10% < CV < 15%) dans les autres provenances. La variabilité intra-provenance pour la longueur des folioles a été assez importante (15 < CV< 44%) à Bérécingou, Kota et Maco mais moyenne (10% < CV < 15%) dans les autres provenances. Par contre, la variabilité intra-provenance de la largeur des folioles a été moyenne (10% < CV < 15%) à Pèpèrikou et assez importante (15 < CV< 44%) dans les autres provenances.

L'importante variabilité intra-provenance observée au niveau de certains caractères tels que la longueur de la panicule, le nombre de fruits par panicule et la masse de la pulpe pourrait être liée à des facteurs génotypiques. Cette justification trouve son fondement dans le fait qu'il existe une corrélation partielle entre les traits morphologiques quantitatifs et les données génétiques des individus de l'espèce (Pompelli et al., 2012).

A ce facteur principal, peuvent s'ajouter d'autres facteurs secondaires notamment les micro-variations des caractéristiques du sol (Jongschaap et al., 2007) et dans une certaine mesure, les effets anthropiques et les attaques parasitaires qui peuvent rendre la plante rabougrie (Gbèmavo, 2014). Par contre, la faible variabilité intra- et inter-sous-populations observée pour les descripteurs morphologiques des fruits (longueur et largeur des fruits) à l'exception de la masse des fruits et de la pulpe, pourrait être expliquée par la fécondation croisée (allogamie), étant donné que *H. barteri* est une espèce dioïque. La variabilité de la masse des fruits et de la pulpe observée entre sous-populations est probablement due aux effets de l'environnement (Roach & Wulff, 1987 cités par Diallo, 2001 ; Kouyaté, 2005).

5.4.3 Variabilité morphologique de *Haematostaphis barteri* suivant la géomorphologie

L'analyse de la variance a mis en évidence des différences hautement significatives au seuil de 0,1% ($p < 0{,}001$) suivant les formes géomorphologiques des sites pour tous les descripteurs morphologiques des panicules, fruits et feuilles de *H. barteri* étudiés (Tableau 16).

Les panicules les plus courtes (25,93 cm) et portant le plus faible nombre de fruits (16 fruits) ont été observées au niveau des Hauts versants et sommets des collines. Cependant, elles portent les plus gros fruits (28,27 mm de long et 25,14 mm de large), ayant la masse la plus élevée (10,46 g) avec une importante masse de la pulpe (6,24 g). Les plus longues panicules (32,68 cm) portant un nombre moyen de fruits (20 fruits) et, les feuilles les plus longues (36,72 cm) avec de grandes folioles (7,98 cm de long et 3,06 cm de large) ont été notées au niveau des plateaux avec cependant, de petits fruits (26,86 mm de long et 23,94 mm de large) et une faible masse de pulpe (5,34 g).

Quelle que soit la géomorphologie des sites, la variabilité intra-géomorphologie a été importante (CV > 44%) pour le nombre de fruits par panicule, mais assez importante (15 < CV< 44%) pour la longueur des panicules, la masse du fruit entier frais et la masse de la pulpe et la longueur du pétiole. La variabilité intra-géomorphologie a été faible (0% < CV < 10%) pour la longueur et la largeur des fruits, la longueur des feuilles et le nombre de folioles par feuille quelle que soit la géomorphologie des sites. La variabilité intra géomorphologie de la longueur des folioles a été moyenne (10% < CV < 15%) au niveau des hauts versants et sommets, des plateaux et des bas-versants de colline mais assez importante (15 < CV< 44%) au niveau des mi-versants de colline. Par contre pour la largeur des folioles, la variabilité intra-géomorphologie a été moyenne au niveau des plateaux et assez importante (15 < CV< 44%) au niveau des autres formes géomorphologiques.

Tableau 15. Descripteurs morphologiques des panicules, fruits et feuilles de *Haematostaphis barteri* étudiés par provenance

Provenance	Paramètres	Lpan (cm)	Nfruit	Lfruit (mm)	Lafruit (mm)	MFruit (g)	Mpulpe (g)	Lfeuille (cm)	Lpétiole (cm)	Nfoliole	Lfoliole (cm)	Lafoliole (cm)
Bérécingou	Moy	22,47e	14,26c	28,80a	25.59a	11,23a	6,87a	36,61abc	7,97ab	19,47bc	7,98a	2,81 c
	SE	0,57	0,87	0,25	0,24	0,27	0,22	0,64	0,17	0,2	0,16	0,08
	CV(%)	29,48	70,66	10,23	10,77	27,57	36,53	15,51	19,77	9,39	39,78	18,71
Borna	Moy	24,05e	12,50c	28,10b	25,27a	10,21b	6,28b	35,22cd	8,08ab	20,24ab	7,27c	2,94 b
	SE	0,66	0,59	0,11	0,12	0,13	0,1	0,51	0,18	0,3	0,04	0,07
	CV(%)	31,70	54,51	4,74	5,66	14,87	17,99	15,48	21,15	14,65	12,94	50,61
Kota	Moy	35,28a	20,33b	27,05c	24,22c	10,59b	6,05bc	37,45a	8,21ab	20,38a	7,60b	2,92 b
	SE	1,4	1,43	0,2	0,21	0,18	0,14	0,9	0,35	0,41	0,09	0,03
	CV(%)	30,83	54,52	5,72	6,86	13,20	17,65	13,98	24,68	14,18	15,84	16,90
Tipéti	Moy	32,15b	26,64a	27,13c	23,95c	9,50c	5,67cd	35,62bcd	8,34a	18,81c	7,29c	2,96 b
	SE	0,5	0,87	0,01	0,1	0,09	0,22	0,24	0,09	0,11	0,03	0,002
	CV(%)	28,23	59,52	6,57	6,82	16,98	20,22	10,03	17,14	10,63	13,65	20,98
Kougnagou	Moy	26,14d	15,21c	26,92c	24,13c	9,27c	5,40de	37,11ab	8,34a	18,9c	7,15c	2,90 b
	SE	0,68	0,76	0,18	0,15	0,17	0,01	0,43	0,13	0,2	0,05	0,03
	CV(%)	30,29	57,74	7,88	7,00	20,83	31,32	11,43	22,17	9,67	13,43	19,56
Koussou	Moy	28,46c	18,27b	28,09b	24,86b	10,21b	5,92bc	36,77abc	7,93ab	19,63ab	7,19c	2,63 d
	SE	0,58	0,69	0,13	0,1	0,12	0,1	0,28	0,13	0,15	0,03	0,14
	CV(%)	34,39	63,30	7,88	6,69	20,06	29,92	11,69	22,95	11,02	13,72	16,96
Maco	Moy	32,45b	27,38a	27,12c	24,09c	9,46c	5,59cd	34,24d	7,94ab	19,76ab	6,67d	2,74 c

	SE	0,75	1,35	0,14	0,12	0,13	0,11	0,33	0,14	0,19	0,04	0,03
	CV(%)	32,40	68,90	7,25	6,76	18,97	27,68	10,95	18,01	10,31	16,45	23,50
Pèpèrikou	Moy	31,94b	20,25b	26,81c	23,86c	9,15c	5,13e	36,12abc	7,60b	18,77c	8,09a	3,09 a
	SE	0,54	0,62	0,15	0,12	0,14	0,11	0,34	0,1	0,17	0,04	0,02
	CV(%)	24,41	44,32	7,84	7,28	22,01	30,19	10,45	18,63	10,07	13,51	13,27
Probabilité (P)		< 0,001	<0,001	<0,001	<0,001	<0,001	<0,001	<0,001	0,0025	<0,001	<0,001	<0,001
Minimum Général		06,00	02,00	20,40	18,25	04,33	0,96	21,50	02,00	10,00	3,00	01,20
Moyenne Générale		29,42	20,52	27,49	24,43	9,82	5,79	35,98	8,08	19,00	7,34	2,86
Maximum Général		71,00	130,0	36,9	32,25	20,93	14,45	57,00	14,20	31,00	12,00	05,60
Erreur-type Générale		0,25	0,36	0,06	0,05	0,05	0,04	0,12	0,05	0,06	0,02	0,008
CV Général (%)		32,70	67,50	7,83	7,63	20,95	28,65	12,25	20,42	11,04	15,39	19,69

Les arbres de *H. barteri* échantillonnés au niveau des Hauts versants et sommets ont présenté les plus gros fruits, avec, cependant, des panicules moins longues et portant un faible nombre de fruits. Ce constat a été aussi fait au niveau des provenances Bérécingou et Borna dont la quasi-totalité des arbres de *H. barteri* ont été échantillonnés sur les Hauts versants et sommets. Ceci pourrait s'expliquer par la faible action anthropique (feux de végétation, agriculture) au niveau de ce type de relief. Selon Agbogan et al. (2012, 2015), le faible impact de l'emprise humaine sur la population de *H. barteri* des flancs de l'Atacora au Togo s'explique par les positions topographiques que l'espèce occupe (principalement sur les enchevêtrements rocheux en altitude) ainsi que par l'éloignement des agglomérations contrairement à celle située sur les cuestas qui font objet d'anthropisation croissante.

5.4.4 Classification des provenances suivant les caractéristiques étudiées

Le dendrogramme issu de la classification hiérarchique ascendante fait à partir des caractéristiques des panicules, des fruits et des feuilles de *H. barteri* observés dans huit différentes provenances du Bénin a mis en évidence quatre morphotypes (Figure 25).

Un premier morphotype, constitué des provenances de Bérécingou et Borna dans la Commune de Natitingou. Ce morphotype se caractérise par la production de gros fruits ayant un poids élevé (10,72 g) avec une masse de pulpe plus importante (6,58 g). Les panicules sont cependant courtes (23,26 cm) et portent un faible nombre de fruits (13 fruits), les feuilles portent en moyenne 20 folioles beaucoup plus longues (7,63 cm) et de largeur (2,88 cm) moyenne (Tableau 17). Ce morphotype a été nommé sous-population de Natitingou I.

Un deuxième morphotype, représenté par les provenances Kota et Pèpèrikou. Les fruits des individus de ce morphotype sont de petite taille (26,93 cm de long et 24,04 cm de large), avec une faible quantité de pulpe (05,59 g). Les panicules sont assez longues (33,61 cm) mais portant un nombre moyen de fruits (20 fruits). Les feuilles sont de grande taille (36,78 cm) et constituées de 20 folioles aussi longues (7,85 cm) que larges (03 cm) (Tableau 17). Ce morphotype constitué d'un mélange de tous les individus de la Commune de Toucountouna et ceux de Kota (Commune de Natitingou), a été baptisé sous-population Mixte.

Tableau 16. Descripteurs morphologiques des panicules, fruits et feuilles de *Haematostaphis barteri* étudiés suivant la géomorphologie

Géomorphologie	Paramètres	Lpan (cm)	Nfruit	Lfruit (mm)	Lafruit (mm)	MFruit (g)	Mpul (g)	Lf (cm)	Lp (cm)	Nfol	Lfol (cm)	Lafol (cm)
Hautversantetsommet	Moy	25,93b	15,89c	28,27a	25,14a	10,46a	6,24a	36,30a	7,89b	19,81a	7,35b	2,73c
	SE	0,38	0,55	0,09	0,08	0,09	0,07	0,22	0,08	0,19	0,03	0,01
	CV (%)	34,67	66,21	8,01	7,80	21,84	30,39	14,02	21,76	12,14	14,81	18,49
Mi-versant	Moy	32,27a	26,91a	27,12b	24,00b	9,48b	5,64b	34,94b	8,20ab	19,13b	7,06c	2,88ab
	SE	0,39	0,56	0,09	0,08	0,09	0,07	0,21	0,08	0,10	0,03	0,01
	CV (%)	29,84	63,25	6,83	6,80	17,72	23,19	10,60	17,64	9,79	15,25	22,19
Bas-versant	Moy	26,14b	15,21c	26,92b	24,13b	9,27b	5,40b	36,73a	8,47a	19,21b	7,15c	2,90ab
	SE	0,78	1,11	0,18	0,15	0,17	0,14	0,38	0,14	0,19	0,05	0,03
	CV (%)	30,29	57,74	7,88	7,00	20,83	31,32	11,43	22,17	9,67	13,43	19,56
Plateau	Moy	32,68a	20,27b	26,86b	23,94b	9,47b	5,34b	36,72a	7,98b	18,99b	7,98a	3,06a
	SE	0,55	0,79	0,13	0,11	0,12	0,1	0,24	0,09	0,12	0,04	0,02
	CV (%)	26,52	46,68	7,42	7,20	20,96	28,19	11,47	21,21	11,18	14,24	14,27
Probabilité		<0,001	<0,001	<0,001	<0,001	<0,001	<0,001	<0,001	0,001	<0,001	<0,001	<0,001
MinimumGénéral		06,00	02,00	20,40	18,25	04,33	0,96	21,50	02,00	10,00	3,00	01,20
MoyenneGénérale		29,42	20,52	27,49	24,43	9,82	5,79	35,98	8,08	19,00	7,34	2,86
MaximumGénéral		71,00	130,0	36,9	32,25	20,93	14,45	57,00	14,20	31,00	12,00	05,60
Erreur-typeGénérale		0,25	0,36	0,06	0,05	0,05	0,04	0,12	0,05	0,06	0,02	0,01
CVGénéral (%)		32,70	67,50	7,83	7,63	20,95	28,65	12,25	20,42	11,04	15,39	19,69

Légende : Moy : moyenne ; **SP** : Provenance ; **Lpan** : longueur panicule ; **Nfruit** : fruit par panicule ; **Lfruit** : longueur fruit ; **Lafruit** : largeur fruit ; **Mfruit** : masse fruit ; **Mpul** : masse Pulpe ; **Lf** : longueur feuille ; **Lp** : longueur pétiole ; **Nfol** : nombre de foliole par feuille ; **Lfol** : longueur foliole ; **Lafol** : largueur foliole ; **Moy** : moyenne ; **SE** : erreur standard ; **CV** : coefficient de variation

Tableau 17. Descripteurs morphologiques des panicules, fruits et feuilles des quatre morphotypes de *Haematostaphis barteri* identifiés

Morphotypes	Paramètres	Lpan (cm)	Nfruit	Lfruit (mm)	Lafruit (mm)	MFruit (g)	Mpul (g)	Lf (cm)	Lp (cm)	Nfol	Lfol (cm)	Lafol (cm)
I	Moy	23,26	13,38	28,45	25,43	10,72	6,58	35,92	8,03	19,86	7,63	2,88
	SE	0,79	0,88	0,35	0,16	0,51	0,295	0,695	0,055	0,385	0,355	0,065
	CV (%)	4,80	9,30	1,74	0,89	6,73	6,35	2,74	0,97	2,74	6,58	3,20
II	Moy	33,61	20,29	26,93	24,04	9,87	5,6	36,79	7,91	19,58	7,63	3,01
	SE	1,67	0,04	0,12	0,18	0,72	0,46	0,67	0,31	0,81	0,25	0,09
	CV (%)	7,03	0,28	0,63	1,06	10,32	11,64	2,56	5,46	5,82	4,42	4,00
III	Moy	32,3	27,01	27,13	24,02	9,48	5,63	34,93	8,14	19,29	6,98	2,85
	SE	0,15	0,37	0,01	0,07	0,02	0,04	0,69	0,20	0,48	0,31	0,11
	CV (%)	0,66	1,94	0,03	0,41	0,30	1,00	2,79	3,47	3,48	6,28	5,46
IV	Moy	27,3	16,74	27,51	24,5	9,74	5,66	36,94	8,14	19,27	7,17	2,77
	SE	1,16	1,53	0,59	0,37	0,47	0,26	0,17	0,21	0,37	0,02	0,14
	CV (%)	6,01	12,93	3,01	2,11	6,82	6,50	0,65	3,56	2,68	0,39	6,90
Moyenne Générale		29,12	19,36	27,50	24,50	9,95	5,86	36,14	8,05	19,50	7,41	2,87
Erreur Standard Générale		1,61	1,94	0,26	0,23	0,26	0,19	0,38	0,09	0,22	0,16	0,05
CV (%) Général		15,65	28,33	2,64	2,68	7,33	9,32	2,96	3,08	3,23	6,29	4,97

Moy : moyenne ; **Lpan** : longueur panicule ; **Nfruit** : fruit par panicule ; **Lfruit** : longueur fruit ; **Lafruit** : largeur fruit ; **Mfruit** : masse fruit ; **Mpul** : masse pulpe ; **Lf** : longueur feuille ; **Lp** : longueur pétiole ; **Nfol** : nombre de foliole par feuille ; **Lfol** : longueur foliole ; **Lafol** : largeur foliole ; **Moy** : moyenne ; **SE** : erreur standard ; **CV** : coefficient de variation

Un troisième morphotype, formé par les provenances Tipéti et Maco dans la Commune de Natitingou. Les panicules sont ici de taille moyenne (32,3 cm) avec cependant un nombre très élevé de fruits (27 fruits), de petite taille avec une faible masse de la pulpe (5,6 g). Les feuilles de petite taille (34,93 cm) avec des folioles de taille moyenne (6,98 cm de long et 2, 85 cm de large). Ce morphotype a été nommé sous-population Natitingou II.

Un quatrième morphotype, constitué des provenances de Kougnangou et Koussou dans la Commune de Boukombé. Les arbres de ce dernier morphotype présentent des fruits de taille moyenne (27,51 mm de long et 24,5 mm de large) avec une masse de pulpe et du fruit entier moyenne. Les feuilles sont longues (36,94 cm) et composées de 19 folioles environ de taille aussi moyenne. Ce morphotype a été nommé sous-population de Boukombé.

En dehors du nombre de fruits par panicule et la longueur des panicules qui ont présenté une variabilité inter sous-populations assez importante (15% < CV < 44%), les autres descripteurs morphologiques des fruits et des feuilles ont révélé une faible variabilité (0% < CV < 10%) intra et inter sous-populations indiquant que ces quatre groupes de *H. barteri* sont donc assez proches phénotypiquement les uns des autres.

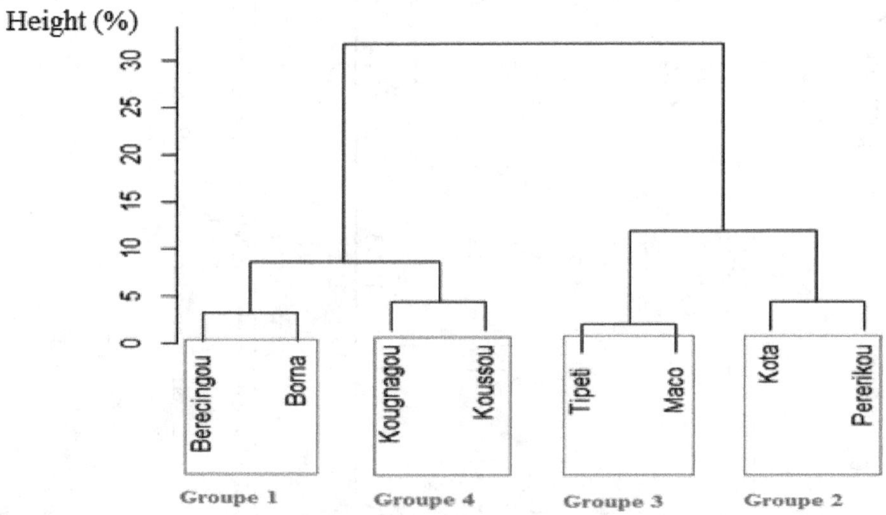

Figure 25. Classification hiérarchique ascendante de huit localités, effectuée à partir de l'étude de caractères morphologiques de la feuille et du fruit de *Haematostaphis barteri* échantillonnés au Bénin.

5.5 Diversité génétique moléculaire de *H. barteri* par les marqueurs RAPD

5.5.1 Polymorphisme des marqueurs RAPD utilisés

Sur un total de 26 amorces RAPD testées sur un échantillon de 12 individus de *H. barteri* répartis dans les quatre sous-populations, 04 n'ont généré aucune amplification, quel que soit l'accession analysée et 10 amorces ont généré des amplifications variables avec seulement quelques-unes des accessions. Sur les 12 amorces ayant produit des bandes reproductibles et intenses, 10 ont permis de générer un très grand nombre de bandes polymorphes et ont été donc utilisées dans le reste de l'étude (Figure 26). Au total, 59 bandes ont été obtenues à partir des 10 amorces RAPD utilisées pour génotyper les 108 individus de *H. barteri* échantillonnés. Le nombre de bandes varie de 2 (OPN-06) à 8 (OPF-08) avec une moyenne de 6 bandes par amorce (Tableau 18). Tous les marqueurs ont été polymorphes et le taux de polymorphisme variant de 75% (OPF-08) à 100% (OPA-10, OPR-15), avec une moyenne de 94,83%.

Tableau 18. Pourcentage de polymorphisme révélé par les marqueurs RAPD utilisés

Nom des Amorces	Séquence Nucléotidique des amorces	Nombre total de Bandes	Nombre de bandes polymorphes	Pourcentage de Polymorphisme
OPA-10	GTG-ATC-GCA-G	5	5	100
OPE-18	GGA-CTG-CAG-A	6	6	100
OPF-08	GGG-ATA-TCG-G	8	6	75
OPG-14	GGA-TGA-GAC-C	5	5	100
OPI-06	AAG-GCG-GCA-G	6	6	100
OPL-01	GGC-ATG-ACC-T	5	4	80
OPL-12	GGG-CGG-TAC-T	7	7	100
OPN-06	GAG-ACG-CAC-A	2	2	100
OPO-07	CAG-CAC-TGA-C	7	7	100
OPR-15	GGA-CAA-CGA-G	7	7	100
Moyenne		5,8	5,5	94,83

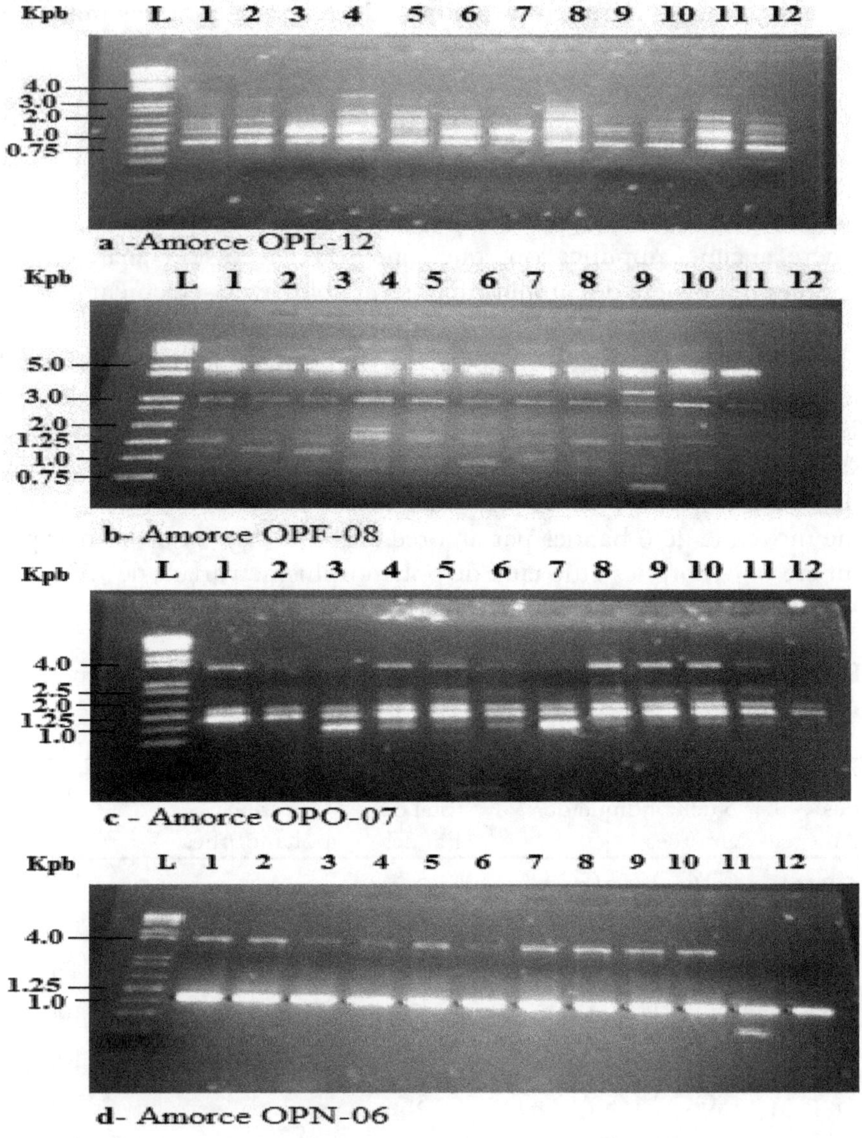

Figure 26. Exemple de polymorphisme d'ADN génomique de *H. barteri* détecté par des marqueurs RAPD. (**L** : marqueur de poids moléculaire « Ladder », 1 à 12 : différents échantillons d'ADN utilisé).

La figure 26 illustre bien quelques exemples de profil génomique de 12 accessions sélectionnées au hasard dans les 4 sous-populations de *H. barteri* et qui ont servi au screening des amorces RAPD.

Le taux de polymorphisme de 94,83% traduit l'efficacité des marqueurs RAPD utilisés pour l'étude de la diversité génétique des sous-populations de *H. barteri.* Dans cette étude, la reproductibilité a été assurée par la répétition des amplifications d'au moins deux fois, et seules les bandes reproductibles et ayant montré des profils clairs ont été sélectionnées pour les analyses.

5.5.2 Diversité génétique intra sous-population de *H. barteri*

L'analyse de la diversité intra-population a montré que la fréquence d'allèles majeurs (FAM) varie de 0,818 ± 0,017 (sous-population de Natitingou II) à 0,831 ± 0,017 (sous-population de Natitingou I) avec une moyenne de 0,825 ± 0,009 et la fréquence des allèles privés (FAP) varie de 0 (sous-population de Natitingou I, Natitingou II) à 0,051 ± 0,029 (sous-population de Boukombé) avec une moyenne de 0,015 ± 0,017 (Sous-population Mixte ; Tableau 19). La diversité génétique de Nei (h) varie de 0,238 ± 0,024 (sous-population de Boukombé) à 0,265 ± 0,020 (Sous-population Mixte) avec une moyenne de 0,250 ± 0.011. L'estimation de la diversité génétique de Nei a révélé une diversité génétique totale de H_T = 0,295 ± 0,020 et l'estimation de la variation génétique intra sous-population est de H_S = 0,245 ± 0,011 (Tableau 20). Cette valeur de la diversité génétique intra sous-population est relativement importante mais reste bien comprise dans les limites (0,103 et 0,266) attendues pour les plantes allogames (Hamrick & Godt, 1997). Ce résultat pourrait être lié à la migration non moins importante notée entre les paires de sous-populations de l'espèce (N_m > 2 migrants par génération ; Tableau 20). En effet, la migration augmente le niveau de diversité génétique au niveau intra-population en apportant de nouveaux allèles qui peuvent contribuer à augmenter le taux d'hétérozygotes dès la génération suivante (Mush et Valadon, 2004 ; Office National des Forêts, 2004).

Tableau 19. Résumé des Statistiques de la Diversité Génétique de quatre sous-populations de *Haematostaphis barteri.*

Sous-populations	Nombre d'arbres	h (± SE)	FAM (± SE)	FAP (± SE)
Natitingou I	23	0,246 (±0,021)	0,831 (±0,017)	0,000
Natitingou II	30	0,250 (±0,021)	0,818 (±0,017)	0,000
Mixte	23	0,265 (±0,020)	0,829 (±0,017)	0,017 (±0,015)
Boukombé	32	0,238 (±0,024)	0,824 (±0,021)	0,051 (±0,029)
Moyenne (± SE)		0,250 (±0,011)	0,825 (±0,009)	0,017 (±0,012)

h= diversité génétique de Nei, **FAM**= Fréquence d'allèles majeurs, **FAP**= Fréquence d'allèles privés.

Tableau 20. Statistiques de la diversité génétique de Nei (1973) et différenciation génétique inter sous-populations via l'analyse moléculaire de la variance (AMOVA).

Paramètres	Données haplotypes			
	H_T	H_S	Φ_{PT}	N_m
Différenciation génétique inter populations via AMOVA	0,295 ± 0,020	0,245 ± 0,011	0,170***	2,435

H_T= Diversité génétique totale, **H_S**= Diversité génétique intra sous-populations, **Φ_{PT}** = Coefficient de différenciation entre populations, **N_m**= Flux de gènes ; *** = significatif au seuil de 0,1%

5.5.3 Différenciation génétique inter sous-populations de *H. barteri*

La différenciation génétique entre sous-populations a été estimée à Φ_{PT} = 0,170 (Tableau 20). Cela signifie que 17% de la variabilité génétique totale est inter-sous-population. Toutefois, lorsqu'on considère les paires de sous-populations, les valeurs les plus élevées du coefficient de différenciation Φ_{PT} = 0,93 et Φ_{PT} = 0,227) ont été notées avec les paires de sous-populations de Boukombé (Tableau 20). Le flux de gènes estimé à partir de Φ_{PT} (Frankham et al., 2002) est égal à N_m = 2,435, ce qui montre qu'environ 3 migrants passent d'une sous-population à l'autre au cours d'une génération (Tableau 20). Cependant, lorsqu'on considère les paires de sous-populations, les valeurs les plus faibles du nombre de migrants par génération (N_m = 1,207 et N_m = 1,701) ont été notées avec les paires de sous-populations de Boukombé (Tableau 21). La distance génétique (GD) déterminée par paire de sous-populations a varié de 0,036 à 0,162 (Tableau 22). Les plus grandes distances génétiques ont été notées au niveau des paires de sous-populations de Boukombé : GD = 0,162 pour la paire sous-population de Boukombé - sous-population de Natitingou I et GD = 0,121 pour la paire sous-population de Boukombé - Sous-population Mixte. Par contre, la plus faible distance génétique a été observée entre la Sous-population Mixte et celle de Natitingou II (GD = 0,036 ; Tableau 22).

Le coefficient de différenciation entre sous-populations de *H. barteri* (Φ_{PT} = 0,17) est faible. En considérant les caractéristiques bioécologiques de l'espèce (espèce tropicale, aire de répartition réduite, allogamie, pollinisation entomophile), on s'attend à ce qu'elle présente un coefficient de différenciation plus élevé que celui obtenu. En effet, (Hamrick & Godt, 1992) ont montré que pour un même niveau de diversité total, les espèces ligneuses endémiques présentent une différenciation plus de 4 fois supérieure à celle des espèces à aire de répartition plus large. Toutefois, les mêmes auteurs précisent que les caractéristiques bioécologiques des arbres n'expliquent qu'en partie la différenciation entre populations. La valeur relativement faible du coefficient de différenciation pourrait s'expliquer par le fait que les 4 sous-populations de *H. barteri* seraient relativement proches génétiquement en raison de la forte clonalité de l'espèce. Cette explication est soutenue par le flux de gènes entre sous-populations relativement modérées, allant de 2 à 8 migrants par génération. En effet, contrairement au niveau intra-population, la migration limite, au niveau inter-population, la divergence génétique entre populations et s'oppose à l'adaptation locale et à la dérive génétique par l'apport d'allèles nouveaux (Mush & Valadon, 2004). Par ailleurs, lorsqu'on considère les paires de sous-populations, les valeurs les plus élevées du coefficient de différenciation et les plus faibles valeurs du nombre de migrants par génération ont été notées avec les paires de sous-populations de Boukombé. Ce résultat permet de penser à une différenciation relativement bien marquée de la sous-population de Boukombé par rapport aux autres sous-populations.

Tableau 21. Coefficient de différenciation et flux de gènes entre les sous-populations de *Haematostaphis barteri.*

Sous-populations ($\Phi_{PT} - N_m$)	Natitingou I	Sous-population Mixte	Natitingou II	Boukombé
Natitingou I	****	4,148	2,681	1,207
Sous-population Mixte	0,108	****	8,288	1,701
Natitingou II	0,157	0,057	****	3,313
Boukombé	0,293	0,227	0,131	****

Φ_{PT} = Coefficient de différenciation entre populations (en dessous de la diagonale), **N_m**= Flux de gènes (en dessus de la diagonale).

Tableau 22. Distances génétiques impartiales et les identités génétiques de Néi entre les sous-populations de *Haematostaphis barteri.*

Sous-populations (GD-GID)	Natitingou I	Natitingou II	Sous-population Mixte	Boukombé
Natitingou I	*****	0,923	0,941	0,851
Natitingou II	0,080	*****	0,965	0,939
Sous-population Mixte	0,060	0,036	*****	0,886
Boukombé	0,162	0,063	0,121	*****

GD = Distances génétiques impartiales de Néi (en dessous de la diagonale), **GID** = Identités génétiques de Néi (en dessus de la diagonale)

L'analyse en Coordonnées Principales (PCoA) réalisée à partir des distances génétiques entre les paires d'individus de l'ensemble des 04 sous-populations explique, sur les 2 premiers axes, 38,50% de la variance totale. On distingue 03 groupes génétiques nettement constitués et un ensemble d'individus intermédiaires répartis en 02 autres groupes GI 1 et GI 2 ; Figure 27). L'axe 1 sépare nettement le groupe 1 des groupes 2 et 3, et l'axe 2 sépare nettement le groupe 3 du groupe 1. Le même axe (axe 2) sépare également le groupe intermédiaire 1 du groupe intermédiaire 2. Le groupe génétique 2 peut être divisé en deux sous-groupes dont l'un est négativement corrélé avec l'axe 1 et, l'autre positivement corrélé avec l'axe 2.

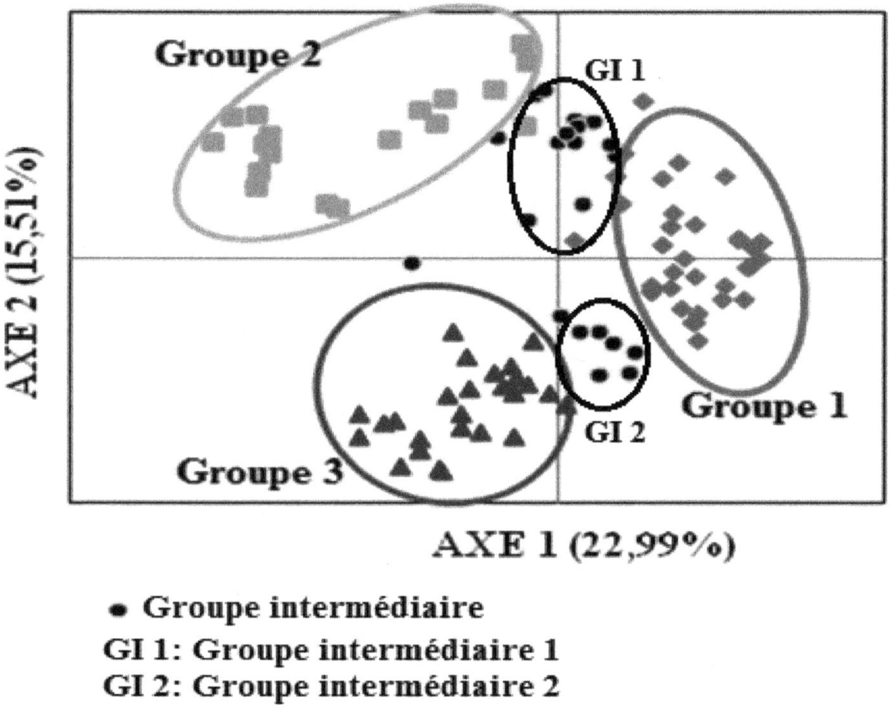

Figure 27. Représentation graphique de la structure génétique de *Haematostaphis barteri* sur les axes 1 et 2 de l'Analyse en Coordonnées Principales

La procédure d'Evanno (2005), qui permet d'évaluer le nombre probable K de groupes en se basant sur le ΔK, montre que la structure génétique la plus représentative est obtenue pour K=2 (ΔK=87), K=2 (ΔK=370), K=3 (ΔK=85) et K=3 (ΔK =203,33) respectivement pour les Sous-populations Mixte, Natitingou II, Natitingou I et Boukombé (Tableau 23). En considérant l'ensemble des sous-populations comme une seule population, le nombre de groupes K=3 a été choisi comme définissant le mieux la structure génétique de *H. barteri*, sur la base du paramètre ΔK d'Evanno.

Tableau 23. Évolution du nombre K de groupes en fonction de delta K.

K	Reps	Delta K			
		Sous-population Natitingou I	Sous-population Natitingou II	Sous-population Mixte	Sous-population Boukombé
1	10	—	—	—	—
2	10	8,579896	369,717128	86,870285	0,957309
3	10	85,061509	171,1631	2,605585	203,333816
4	10	64,227671	8,717255	7,660238	58,603729
5	10	1,909251	0,315674	0,525729	0,631278
6	10	3,339149	0,431156	2,771314	0,335034
7	10	0,341137	0,059145	0,258789	0,801624
8	10	—	—	—	—

Avec ce modèle, les groupes obtenus sont les suivants (Figure 28) :

- Le groupe 1 « en rouge » (52 accessions) est principalement composé de la quasi-totalité des accessions de la sous-population de Natitingou II, de la moitié des accessions de la sous-population de Natitingou I, de la moitié des accessions de la Sous-population Mixte et de quelques accessions de la sous-population de Boukombé ;
- Le groupe 2 « en vert » (15 accessions), rassemble environ le quart des accessions de la Sous-population Mixte et quelques accessions provenant des trois autres sous-populations ;
- Le groupe 3 « en bleu » (23 accessions) est constitué presque exclusivement des accessions de la sous-population de Boukombé plus quelques accessions de la sous-population de Natitingou I.

Au total, 90 accessions sur 108 sont clairement assignées, affectées à des groupes (probabilité d'assignation supérieure à 0,70). Les 18 accessions restantes sont en « admixture », c'est-à-dire dont le génotype provient de la recombinaison entre les 3 groupes génétiques clairement constitués. On note 34% d'accessions en « admixture » (11/32) pour la sous-population de Boukombé, 26% d'accessions en « admixture » (06/23) pour la population Mixte, 04% d'accessions en « admixture » (01/23) pour la sous-population de Nattitingou I et 00% d'accessions en « admixture » pour la sous-population de Natitingou II. Le groupe intermédiaire 1 est essentiellement composé des individus intermédiaires génétiquement proches des groupes 1 et 2 que du groupe 3 alors que le groupe intermédiaire 2 est principalement composé des individus intermédiaires génétiquement proches des groupes 1 et 3 que du groupe 2.

Les 3 groupes génétiques ne correspondent pas exactement avec les 4 morphogroupes (sous-populations) de départ. Cependant, le groupe 3 coïncide bien avec le morphogroupe de Boukombé. Ce résultat conforte bien l'idée que la sous-population de Boukombé présenterait une structure génétique plus ou moins bien différenciée des autres sous-populations. Ce qui est soutenu par les fortes valeurs de Φ_{PT} et les faibles valeurs de N_m enregistrées au niveau des paires du groupe génétique 3 (Tableau 24 ; sous-population de Boukombé).

La relative différenciation du groupe génétique de Boukombé par rapport aux deux autres groupes génétiques suggère l'existence d'une barrière génétique déterminée probablement par la chaîne de l'Atacora, limitant la dispersion des grains de pollen et des graines entre le groupe génétique de Boukombé et les autres groupes

Tableau 24. Coefficient de différenciation et flux de gènes entre les trois groupes génétiques de *Haematostaphis barteri*

Groupes génétiques (Φ_{PT}, N_m)	Groupe 1	Groupe 2	Groupe 3 (sous-population Boukombé)
Groupe 1	****	1,150	0,962
Groupe 2	0,465	****	0,360
Groupe 3 (sous-population Boukombé)	0,509	0,735	****

Φ_{PT} = Coefficient de différenciation entre populations (en dessous de la diagonale), **N_m**= Flux de gènes (en dessus de la diagonale).

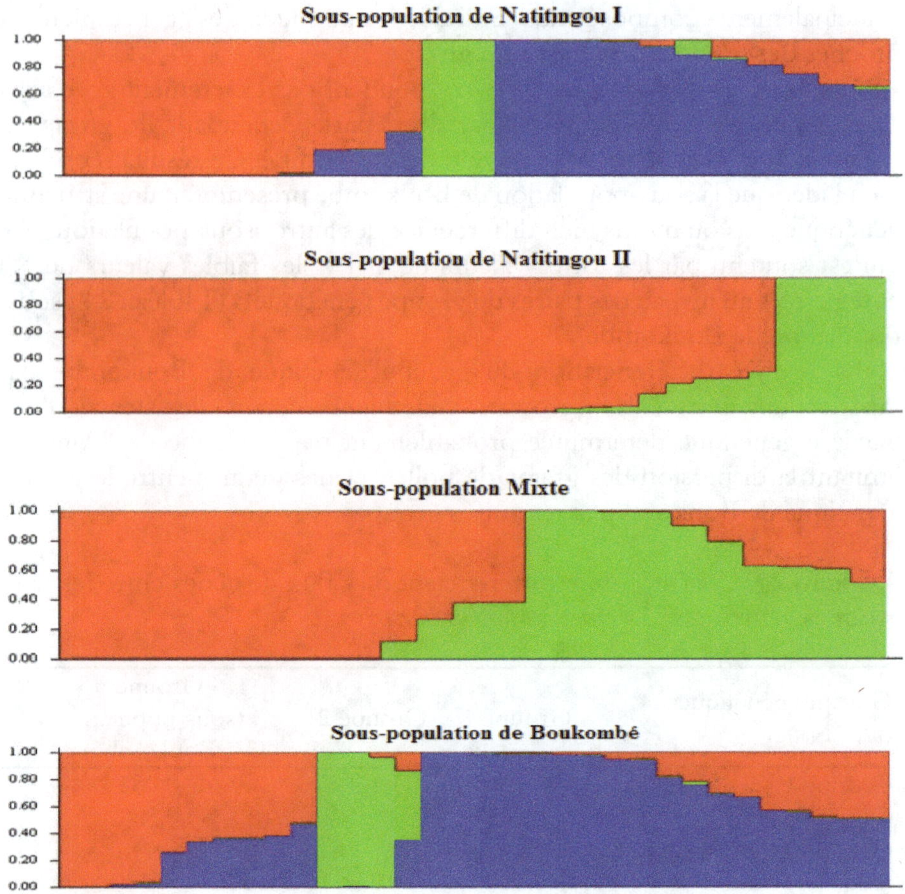

Figure 28 : Structure génétique de *Haematostaphis barteri* obtenue sur la base de l'analyse bayésienne avec le logiciel STRUCTURE

5.6 Biologie de la graine

Très peu de recherches ont été orientées vers la biologie de la graine. Au Bénin, aucune étude publiée sur la biologie de la reproduction et particulièrement celle de la graine n'est disponible à ce jour. L'une des rares études sur la biologie a été conduite au Togo par Agbogan et al. (2014). Cette étude a montré un très faible taux de germination de *H. barteri* : 10% pour les graines fraîches, 23% pour des graines conservées pendant 3 mois et 8% pour les graines conservées durant un an.

5.7 Mesures de conservation

5.7.1 Zones favorables à la conservation de *H. barteri* au Bénin

Au Bénin, les habitats actuels et futurs de conservation de *H. barteri* ont été étudiés par Moutouama et al. (2016). Ils ont trouvé qu'actuellement, l'étendue des habitats convenables pour *H. barteri* ne couvre que 0,51% du territoire national (hors îles du fleuve Niger). Ces zones appropriées étaient confinées sur la chaîne de montagnes de l'Atacora, avec la plus forte probabilité d'occurrence conditionnellement à l'échelle de la zone d'étude, soit 0,0032 (Figure 27a). De plus, la majorité des zones appropriées se trouvent en dehors du réseau national d'aires protégées. Les Projections à l'horizon 2055 des habitats convenables suivant les scénarios RCP4.5 et RCP8.5, suggèrent une légère augmentation des zones propices à *H. barteri* vers le nord-est de 0,12% pour RCP4.5 et 0,05% pour RCP8.5 (Figures 27b et 27c).

5.7.2 Stratégie de conservation de *H. barteri* au Bénin

La conservation des ressources génétiques d'une espèce vise essentiellement trois objectifs à savoir, assurer le maintien de la variation génétique présente au sein de l'espèce, piéger la variation nécessaire pour répondre aux changements futurs de l'environnement et assurer les processus évolutifs en cours, tels que le flux de gènes et la sélection naturelle, tout en évitant de tomber dans la dérive génétique (Assogbadjo, 2006). Deux formes de conservation sont bien connues, à savoir la conservation *in situ* et la conservation *ex situ.*

Pour Rajora et Mosseler (2001), la conservation *in situ* consiste à maintenir les espèces menacées dans leur milieu naturel, où elles ont développé leurs caractères distinctifs. Selon Sina (2006), cette méthode est capable d'assurer une adaptation continue aux conditions locales, même si celles-ci viennent à se modifier dans des limites compatibles avec la survie de l'espèce (évolution des facteurs physico-chimiques de l'environnement, réchauffement et pollution de l'atmosphère, modification rapide du paysage phytosanitaire). Toutefois, le même auteur indique que cette forme de conservation n'est efficace que si les espèces en conservation *in situ* sont protégées et bien suivies. Mais face à la diversité des menaces qui pèsent sur les espèces, certaines d'entre elles sont condamnées à la disparition si des mesures ne sont pas prises en dehors de la conservation *in situ.*

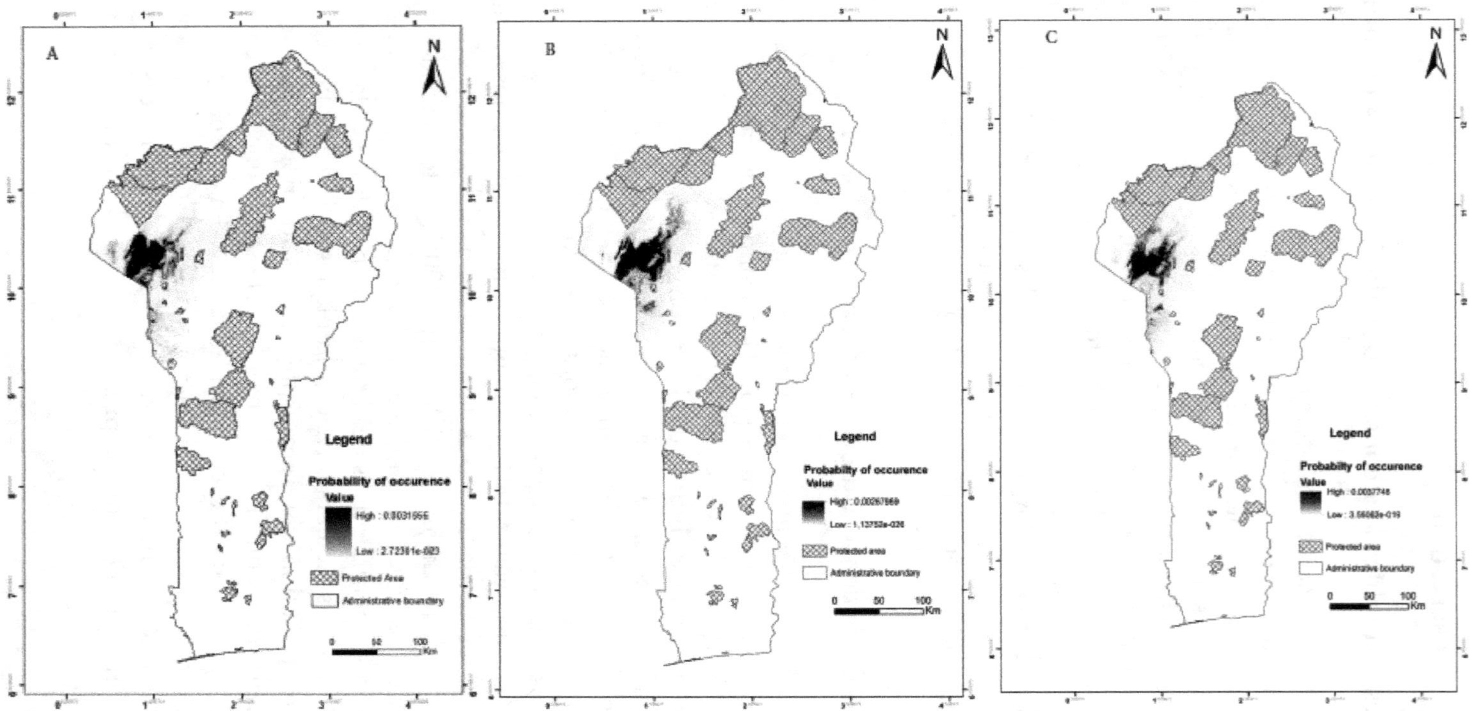

Figure 27. Cartes montrant les habitats appropriés pour *Haematostaphis barteri* et le réseau des aires protégées : habitats actuels **(A)**, projection en 2055 suivant RCP 4.5 **(B)** et RCP 8.5 **(C)** **(Source :** Moutouama et al., 2016)

La conservation *ex situ*, quant à elle devient une nécessité lorsque la conservation *in situ* ne peut être pratiquée ou lorsqu'elle est insuffisante pour assurer une protection adéquate des ressources génétiques. Elle consiste donc à préserver les ressources génétiques hors de leur habitat naturel. Au sens strict du terme, la conservation *ex situ* des ressources génétiques peut être faite en tenant compte des propriétés de ces dernières dans une banque de gènes, de graines (Linington & Pritchard, 2000), un arboretum, une collection plantée dans un champ spécifique, ou *in vitro* sous la forme d'embryons. Cependant, cette méthode a l'inconvénient de supprimer l'influence de l'environnement naturel sur les espèces qui sont alors soumises à l'activité humaine. Ce qui ne garantit pas le maintien de leur diversité génétique et donc de leur survie (El-Kassaby, 1992).

Pour Assogbadjo (2006), la conservation *ex situ* "à la ferme" ou "au champ" constitue un intermédiaire entre la conservation *in situ* et la conservation *ex situ*, *stricto sensu*. Elle permet de conserver des variétés cultivées sur pied dans leur région et leur système de culture d'origine, ce qui les laisse subir les contraintes du milieu.

La présente étude a permis de montrer l'importance socio-économique de *H. barteri* pour les populations locales. Elle a également montré que l'exploitation de l'espèce affecte la régénération, et donc sa survie. En plus de cette pression humaine sur *H. barteri*, la structure diamétrique en cloche et les difficultés de régénération naturelle montrent une précarité de l'état des peuplements de l'espèce dans tous les sites. Au vu de ces résultats, des mesures doivent donc être prises pour l'aménagement et la gestion durable de *H. barteri* dans le milieu d'étude. A ce titre, tous les acteurs du système forestier devraient s'intéresser à la gestion de l'espèce par la sensibilisation des populations sur les pratiques traditionnelles de conservation *in situ* telles que la préservation des jeunes pieds lors du défrichage, les feux de végétation précoces, la réalisation du pare-feu autour des jeunes plants, la non-récolte systématique des fruits et la protection des semis et des brins francs contre les coupes de bois, mais aussi des semenciers dispersés dans les champs.

Toutefois, cette mesure paraît insuffisante pour garantir la conservation de l'espèce dans la mesure où l'aire de distribution de *H. barteri* est en dehors des zones protégées du nord-ouest du Bénin. De plus, l'étude de la variabilité génétique moléculaire a mis en exergue l'existence probable d'une barrière génétique limitant les échanges de pollens et de graines entre le groupe génétique de Boukombé et les deux autres groupes. Aussi, l'étude de la régénération a révélé une forte clonalité de l'espèce. Ces situations pourraient aboutir à long terme à l'isolement de la sous-population de Boukombé, et aboutir à une réduction de la variabilité génétique de *H. barteri,* préjudiciable à sa survie, si rien n'est fait pour tout au moins maintenir le niveau du flux de gène actuel. Il parait donc plus judicieux de combiner les deux formes de conservation (Conservation *in situ* et *ex situ*) à l'image de ce que Assogbadjo (2006) a qualifié de « conservation *ex situ* au champ » (dans le cas de *Adansonia digitata* L.) pour garantir le maintien de la diversité génétique de *H. barteri* et donc de sa survie. D'une manière pratique, cette stratégie consistera à conserver des variétés de *H. barteri* cultivées sur pied dans des régions judicieusement choisies à l'intérieur de la niche écologique de l'espèce, et de sorte que cette nouvelle population établisse un pont en termes de flux de gènes entre les différentes sous-populations préexistantes.

Dans ce contexte, l'échantillonnage des populations et des individus à conserver constitue une étape importante dans le processus d'utilisation des ressources génétiques forestières. Ainsi, Brown et Hardner (2000) cité par Assogbadjo (2006) recommandent d'éviter 3 pièges, notamment (i) un échantillon trop limité, qui ne couvrirait pas la variation existante au sein de la population ; (ii) un échantillon biaisé soit au niveau de la population soit au niveau des individus avec le risque d'omission de certaines variantes ; (iii) un échantillon trop grand et difficile à gérer, occasionnant une perte d'énergie et d'argent.

L'analyse de la diversité génétique de *H. barteri* conduite dans cette étude a montré que les individus des quatre sous-populations de *H. barteri* ont été répartis dans trois pools de gènes distincts. Le coefficient de différenciation entre sous-populations a été estimé à 0,17. Ce qui signifie que 17% de la variation totale est inter sous-population et donc 83% de la variation totale est intra-sous-populations c'est-à-dire que la grande majorité de la composition génétique de *H. barteri* est présente au sein des sous-populations. Sur la base de ces résultats, un échantillonnage au niveau intra- sous-populations devrait permettre de piéger la variation génétique de base existant au sein de l'espèce. Et la conservation *in situ* des ressources génétiques de la prune rouge au Bénin devra consister à définir pour toute la population de l'espèce des unités de conservation. À l'instar de la proposition faite par Assogbadjo (2006) pour le baobab, il ne s'agira pas d'une protection absolue de domaine sous forme d'aire protégée, mais plutôt d'un nouveau système de production valorisant d'une part, les populations naturelles de la prune rouge à travers leur protection et d'autre part, les cultures annuelles non polluantes de l'environnement. Quant à la conservation *ex situ,* elle pourrait se faire, soit à travers la création d'une banque de gènes des ressources génétiques de la prune rouge soit par extension de son habitat à travers son introduction dans des habitats similaires grâce aux plantations à conserver sous forme de systèmes agroforestiers.

Par ailleurs, les sous-populations de Natitingou I et de Bouboumbé abritent en leur sein les individus de tous les pools de gènes inférés. De plus, dans la sous-population de Natitingou I, on note la présence des pieds de *H. barteri* les plus gros et produisant de gros fruits avec une quantité de pulpe importante et dans la sous-population de Boukoumbé, on note l'existence d'une fréquence d'allèles privés au niveau de certains individus de *H. barteri.* Ces deux sous-populations mériteraient donc une attention particulière durant les opérations d'échantillonnage des graines et de conservation *in situ.* Aussi, l'étude a révélé une variation relativement importante des traits morphologiques liés à l'espèce en fonction du relief. La sélection des individus à échantillonner devra tenir compte de leur localisation soit sur les sommets de colline soit sur les versants de colline soit sur les plateaux afin de maximiser la chance d'avoir des génotypes différents.

5.8 Gaps de connaissance et perspectives pour la sylviculture

Haematostaphis barteri est une espèce fruitière spontanée et mineure. Elle fait objet de peu d'attention aussi bien pour la recherche scientifique que pour la consommation et la valorisation de ses différentes ressources. Si les travaux de recherche sur l'espèce ont été relativement plus importants en ethnobotanique (Asase et al., 2005 ; Aremu et al., 2015 ; Nwodo et al., 2015 ; Boampong et al., 2015a ; Sourou et al., 2016a ; Aremu et al., 2017 ; Mohammed et al., 2017 ; Biaou et al., 2017) et en chimique et biochimie (Houndji et al., 2018 ; Mathew et al., 2018 ; Ishaka et al., 2019 ; Ogbiko et al., 2019), ils le sont moins dans les domaines de l'écologie (Agbogan et al., 2012 ; Sourou et al., 2016b), de la diversité morphologique et génétique (Sourou et al., 2020a,b) et presque inexistants dans le domaine de la biologie de reproduction de l'espèce (Agbogan et al., 2014).

Concernant l'écologie de l'espèce, les travaux de Sourou et al. (2016b) au Bénin et de Agbogan et al. (2012) au Togo ont décrit la structure démographique et caractérisé l'habitat privilégié de *H. barteri.* Cependant, l'endémisme local de *H. barteri* et ses relations avec les autres espèces constituent un champ entièrement non exploré et qui mérite d'être bien investigué. Quant à la diversité génétique, elle a été abordée par Sourou et al. (2020b) mais avec des marqueurs moléculaires RAPD qui manquent de reproductibilité d'un laboratoire à un autre. Il est nécessaire d'affiner la structure génétique de *H. barteri* par l'usage de marqueurs microsatellites spécifiques isolés de l'espèce.

La biologie de la reproduction de *H. barteri* par graine demeure un domaine totalement vierge au Bénin. En effet, le comportement germinatif des graines de *H. barteri* en relation avec la durée de stockage, les différents traitements pré-germinatifs, les provenances, la topographie des sites et les 3 pools de gènes identifiés au Bénin n'est pas encore connu. Aussi, la capacité de reproduction végétative de *H. barteri* reste à être prouvée même si les travaux de Sourou (2017) et de Mèdéton (2017) ont souligné une forte clonalité de l'espèce. *H. barteri* est une plante allogame dont les agents pollinisateurs sont mal connus. Pourtant, tous ces aspects de la biologie de reproduction représentent des connaissances de base pour une meilleure sylviculture de l'espèce.

Conclusion

L'étude conduite sur *Haematostaphis barteri* a permis d'obtenir des avancées importantes pour la gestion efficiente de l'espèce au Bénin. Il s'agit notamment : (i) l'identification des groupes sociolinguistiques des populations locales comme un facteur déterminant l'utilisation durable de *H. barteri* ; (ii) l'identification de la quantité totale de la main-d'œuvre et la quantité totale du capital comme les facteurs déterminants significativement le revenu net issu de la vente des fruits par les populations locales ; (iii) les structures démographiques de *H. barteri* ont révélé une précarité de l'état de ces peuplements dans tous les sites (vieillissement des peuplements et difficultés de régénération naturelle), toutefois, les hauts versants et sommets de colline apparaissent comme l'habitat privilégié de *H. barteri* ; (iv) l'identification de la topographie des sites comme un facteur influençant les caractéristiques dendrométrique et morphologique de *H. barteri* ; (v) la révélation de quatre morphotypes dont celui de Natitingou I particulièrement intéressant pour les éventuels programmes de sélection au vu des caractéristiques des fruits de ses populations ; (vi) la révélation de trois groupes génétiques différents avec une différenciation plus ou moins marquée du groupe génétique de Boukombé par rapport aux deux autres groupes. La mise en évidence dans ce groupe d'une fréquence d'allèles privés, quoique faible, le rend particulièrement intéressant à la création de programmes de sélection et d'amélioration génétique.

Au regard de ses avancées, il est indispensable que des travaux de recherches sur la biologie de reproduction de *H. barteri* soient entrepris pour une meilleure maîtrise de sa sylviculture dans une perspective de conservation et de gestion durable de l'espèce.

SECTION 6 : *Mansonia altissima* A. Chev.

Wédjangnon A.A.[1] & Ouinsavi C.A.I.N.[1]

[1]*Laboratoire d'Études et de Recherches Forestières (LERF), Faculté d'Agronomie, Université de Parakou, BP 13 Parakou, Bénin*

Résumé

Mansonia altissima A. Chev. est une espèce de bois d'œuvre et de service, présente dans les forêts denses semi-décidues en Afrique de l'Ouest et Centrale. L'espèce est retrouvée dans la forêt semi-décidue d'Adakplamè au Sud-Bénin et fortement menacée de disparition à cause de la dégradation de la forêt et l'importance du bois dans la construction des maisons. La population est dominée par des sujets de petit diamètre < 10 cm (53,4%) et des sujets de diamètre compris entre 10 cm et 20 cm (31,7%) à cause de la surexploitation de l'espèce dans la construction des maisons. Le taux de mortalité de la population est estimé à 6,79% par an et concerne toutes les classes de diamètre. Le degré de perturbation de la forêt influence significativement le taux de mortalité des individus (prob. <0,000). *Mansonia altissima* fructifie régulièrement et abondamment avec une bonne capacité de régénération par graines pouvant permettre la production des plants à grande échelle pour le reboisement. Les fruits secs peuvent être collectés de janvier jusqu'à début mars sous les semenciers. Le taux de germination des graines est de l'ordre de 96% lorsqu'elles sont semées directement après la collecte. L'élevage des plants en pépinière doit se faire sous un léger ombrage. Le diamètre au collet des plants âgés de 6 mois varie de 0,4 cm à 0,8 cm et la hauteur varie de 10 cm à 25 cm. Les plants de cet âge peuvent être plantés avec succès. La date de la plantation peut s'étendre jusqu'au début du mois de septembre dans la zone guinéenne au Sud-Bénin. Les vertisols de la dépression de la Lama sont propices pour la plantation *ex situ* de *M. altissima.* Toutefois, des études complémentaires sont nécessaires pour l'identification des zones favorables à la conservation de *M. altissima* sur toute l'étendue du territoire national.

Mots clés : pratique de conservation, renforcement de population, translocation, colonisation assistée, introduction d'espèces

Introduction

Environ un cinquième des espèces végétales dans le monde entier sont menacées d'extinction à l'état sauvage (Royal Botanic Gardens Kew, 2016) entraînant des besoins d'interventions de conservation et de restauration (Chapman et al., 2019). Selon l'Union Internationale pour la Conservation de la Nature (UICN), un but de la conservation est de sauvegarder la diversité génétique existante et les populations viables de toutes les espèces dans la nature afin de perpétuer les interactions biologiques, les processus écologiques et fonctionnels (UICN, 2002). Cependant, la biodiversité est constamment menacée *in situ* au point où des espèces doivent survivre dans des paysages fortement anthropisés avec des conditions de changements écologiques (Wédjangnon, 2020). L'exploitation continue du bois, associée à la pratique de l'agriculture extensive et l'urbanisation sont les principales causes de la dégradation des ressources végétales. Les modifications engendrées par ces facteurs dans la structure du paysage peuvent affecter les caractéristiques écologiques essentielles des populations végétales telles que, la dispersion et le recrutement (Collevatti et al., 2020). C'est le cas de *Mansonia altissima* A. Chev. au Bénin (Wédjangnon, 2020).

M. altissima est retrouvée dans les forêts denses semi-décidues en Afrique de l'Ouest et Centrale. Elle est l'une des espèces productrices de bois d'œuvre et de service en Afrique tropicale, qui a fait l'objet du commerce international de bois dans plusieurs pays tels que, le Cameroun, le Ghana, le Nigéria et la Côte d'Ivoire. Sa résistance aux attaques des termites et pourritures et sa valeur commerciale élevée (Ohene-Coffie, 2008) ont conduit à son exploitation abusive dans les forêts naturelles. En dépit de son statut de préoccupation mineure (LC) au niveau global (Botanic Gardens Conservation International & IUCN SSC Global Tree Specialist Group, 2018), l'espèce *M. altissima* est fortement menacée dans plusieurs pays de l'Afrique de l'Ouest tels que le Bénin (Wédjangnon et al., 2020a), le Ghana, le Nigeria et la Côte d'Ivoire. Une évaluation au niveau local a listé l'espèce comme en danger critique d'extinction au Bénin (Neuenschwander et al., 2011).

Le bois de *M. altissima* est exploité au Bénin dans la construction des maisons pour la charpente, les traverses et la fabrication de crosses de fusils artisanaux (Vitoékpon et al., 2018 ; Wédjangnon et al., 2016a). *M. altissima* est exploité non seulement pour la qualité de son bois mais, aussi pour des usages ethnopharmacologiques et artisanaux incluant la chasse, la médecine traditionnelle, la fabrication d'ustensiles de cuisine (Vitoékpon et al., 2018 ; Wédjangnon et al., 2016a ; Mensah et al., 2012). Ses usages traditionnels ont retenu l'attention des chercheurs, qui ont extrait de l'écorce une substance appelée la mansonine, principal composé purifié pouvant servir dans le traitement des pathologies cardiovasculaires (Adéoti et al., 2013 ; Guede-Guina et al., 1998).

Dans cette section nous avons présenté une synthèse des connaissances sur *M. altissima* au Bénin notamment, (i) sa distribution locale, (ii) son statut socioéconomique et importance ethnobotanique, (iii) son statut écologique, (iv) la biologie des graines, et (v) les mesures de conservation de l'espèce pour éviter sa disparition du territoire national.

6.1 Distribution géographique et description de *Mansonia altissima*

6.1.1 Distribution géographique de *Mansonia altissima*

L'espèce *M. altissima* est originaire de l'Afrique tropicale et croît naturellement dans les forêts semi-décidues. Son aire de distribution géographique inclut les pays suivants : Guinée, Sierra Léone, Côte d'Ivoire, Ghana, Togo, Bénin, Nigéria, Cameroun, Centrafrique et Congo. La variété *Mansonia altissima* var. kamerunica est beaucoup plus présente en Afrique Centrale tandis que la variété *Mansonia altissima* var. altissima est beaucoup plus présente en Afrique de l'Ouest.

Au Bénin, *M. altissima* est retrouvée en population naturelle dans un îlot de forêt dense semi-décidue au sud-ouest du pays, entre 7°27'–7°29' de latitude Nord et 2°33'–2°35' de longitude Est. La forêt est située dans l'arrondissement d'Adakplamè (Kétou), dans le district phytogéographique du Plateau, dans la zone écologique guinéenne.

Cet écosystème forestier, d'une superficie d'environ 738 ha, est situé dans un paysage fortement anthropisé, entouré d'habitations et de champs de cultures.

6.1.2 Description de *Mansonia altissima*

Mansonia altissima est une espèce de plante angiosperme dicotylédone, rangée dans l'ordre des Malvales, la famille Malvaceae et la sous-famille Sterculioideae (Angiosperm Phylogeny Group, 2009). Deux variétés de l'espèce existent en Afrique, *M. altissima* var. kamerunica Jac. F et *M. altissima* var. altissima A. Chev. La variété *M. altissima* var. altissima est celle présente au Bénin. Elle a des feuilles complètement couvertes de poils doux par-dessous du limbe jusqu'au pétiole.

Mansonia altissima est un arbre sempervirent de grande taille et cylindrique ; atteignant 20 à 40 m de haut et 1 m à 1,5 m de diamètre, à fût dépourvu de branches jusqu'à plus de la moitié de la hauteur de l'arbre (Figure 30). L'arbre peut avoir de petits contreforts courts, mais la cime est petite, arrondie et dense, avec des branches horizontales. Les feuilles, larges (15 – 30 cm) et longues (8 – 15 cm), sont légèrement pointues au sommet, avec des bords en petites dents et ondulés (Figure 30), souvent attaquées par des insectes ravageurs. Elles sont caduques, alternes, simples, palmatinervées à la base, offrant sur le même arbre une variabilité de dimension et de symétrie selon leur position sur la branche. Les inflorescences sont situées à l'extrémité des rameaux et les fleurs sont blanches et odorantes. Les fruits, en forme de samare, avec une aile développée au-dessus d'une graine de couleur marron et ovoïde, sont des follicules indéhiscents (Figure 30), insérés par 2 à 5 au sommet d'un pédoncule. La graine légère, pèse environ 0,2 mg avec une longueur d'environ 11,5 mm et une largeur d'environ 6,8 mm (Akaffou et al., 2019). L'écorce, brun-clair, fissurée longitudinalement est assez épaisse (1 à 1,5 cm). L'aubier, bien distinct, est de couleur blanchâtre, de 2 à 5 cm d'épaisseur. Le bois de cœur varie de brun jaunâtre à brun gris foncé à reflets violacés de veinage plus ou moins apparent (Ohene-Coffie, 2008 ; Foahom, 1990).

Figure 30. Traits morphologiques de *Mansonia altissima*

6.2 Importance ethnobotanique et statut socioéconomique de *M. altissima*

Les études ethnobotaniques ont révélé une forte utilisation du bois de *M. altissima* dans la construction des maisons et des utilisations thérapeutiques de l'écorce par les populations locales au Bénin (Vitoékpon et al., 2018 ; Wédjangnon et al., 2016a). L'espèce est connue dans son aire de distribution locale sous diverses appellations (Tableau 25). Le nom *sokpa* donné à l'espèce est associé à l'utilisation ancienne du bois pour la fabrication de crosse de fusils artisanaux (Wédjangnon et al., 2016a). Les usages faits de *M. altissima* par les populations riveraines sont regroupés en trois catégories : construction, médecine traditionnelle, et usage sous forme d'emballage (Wédjangnon et al., 2016a). Le tronc, les feuilles et l'écorce sont les organes utilisés. Le bois présente une plus grande importance en construction, reconnue par les populations riveraines de son aire de distribution locale (Figure 31). Un grand intérêt est accordé à l'espèce dans la confection des traverses et la charpente des toits à cause de la qualité du bois très résistant aux attaques des termites, imputrescible et facilement tranchable. L'écorce de *M. altissima* entre dans la recette de produits traditionnels pour le traitement de la fièvre pendant la dentition chez les enfants, la lèpre et comme tonifiant chez les bébés. Les feuilles servaient à emballer les boules d'akassa mais, cette utilisation est ancienne et s'est substituée à l'usage des feuilles de *Tectona grandis* L.f., plus accessibles et plus adaptées à cette forme d'usage.

Tableau 25. Noms locaux de *Mansonia altissima* au Bénin

Groupes ethniques	Noms locaux	Signification
Mahi	Sokpa	Crosses de fusils
	Adjakpo	Bois de traverse
Nago	Akporou	
Holli	Akoko	Premier bois

Figure 31. Traverses d'une vieille construction avec le bois Bété (*Mansonia altissima*) à Adakplamè

6.3 Statut écologique

6.3.1 Caractéristiques démographiques du peuplement naturel

L'analyse de la distribution par classes de diamètre des individus de *M. altissima* dans son aire de distribution locale a montré que les sujets de diamètre < 10 cm sont plus nombreux dans la forêt d'Adakplamè (53,4%) suivi des sujets de diamètre compris entre 10 cm et 20 cm (31,7%). Les sujets de diamètre plus gros > 20 cm sont peu représentés dans le peuplement (Wédjangnon et al., 2020a). La courbe de distribution de Weibull (individus de dbh ≥ 5 cm) a affiché une distribution exponentielle descendante avec un paramètre de forme égal à 1,109 (Figure 32). La forte exploitation de l'espèce dans la construction des maisons pourrait expliquer la faible densité des arbres de gros diamètre dans le peuplement.

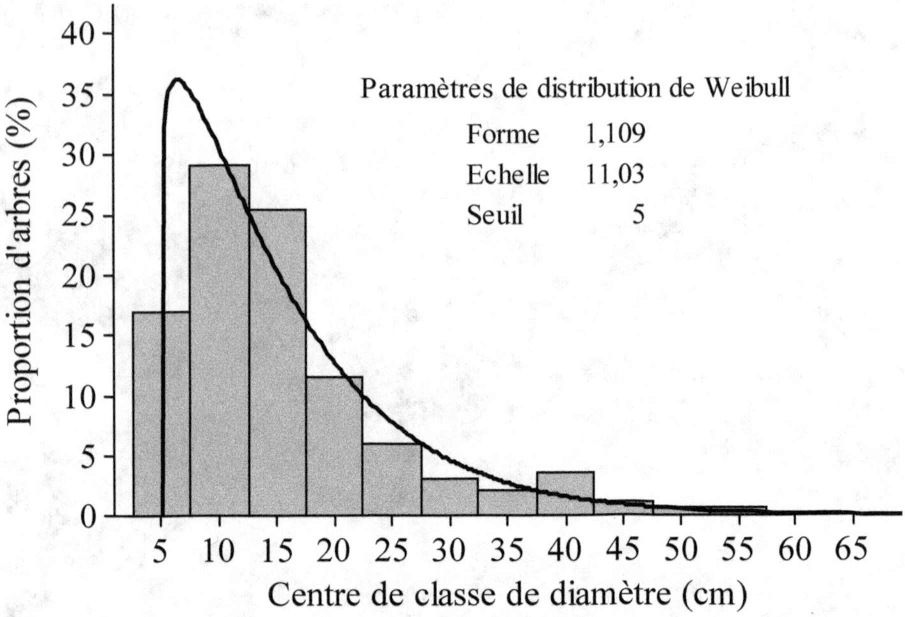

Figure 32. Distribution en diamètre des arbres de *Mansonia altissima* dans la forêt d'Adakplamè

L'analyse des paramètres démographiques tels que, l'abondance, l'accroissement diamétrique, le recrutement et la mortalité (Tableau 26) a révélé, pour l'ensemble des classes de diamètres, un taux de mortalité de 6,79% par an dans la population, conduisant à une décroissance du nombre d'individus dans les classes de diamètre (Wédjangnon et al., 2020a). Le taux d'accroissement diamétrique de *M. altissima* est négativement corrélé au diamètre des arbres (r = -0,37 ; prob. < 0,000) et varie significativement entre les classes de diamètre (prob. < 0,000). Le degré de perturbation de la forêt n'a pas influencé le taux d'accroissement diamétrique mais, a influencé significativement le taux de mortalité des individus (prob. <0,000). Dans les parcelles fortement perturbées par le passage des feux de brousse, le taux de mortalité de *M. altissima* était très élevé (Tableau 27).

Tableau 26. Caractéristiques démographiques de la population de *Mansonia altissima* dans la forêt d'Adakplamè suivant les classes de diamètre des arbres

Classe de diamètre	N_0	N_t	D_{incr}	Recrutement	Moralité
Semis (1 – 5 cm dbh)	19,04	16,69	0,80±0,19	3,14	3,92
Juvénile (5 – 10 cm dbh)	34,08	37,90	0,81±0,24	2,19	1,05
Prémature (10 – 20 cm dbh)	31,84	30,55	0,68±0,23	-	1,29
Mature (≥ 20 cm dbh)	15,04	14,86	0,50±0,23	-	0,40
Prob. (test de Kruskal-Wallis)			< 0,000		

N_0 = nombre d'individus au recensement initial (en % par an) ; **N_t** = nombre d'individus au dernier recensement (en % par an) ; **D_{incr}** = diamètre d'accroissement (en cm/an). Les recensements ont été faits en saison sèche dans le mois de février en 2017, 2018 et 2019.

Tableau 27. Caractéristiques démographiques de la population de *Mansonia altissima* dans la forêt d'Adakplamè suivant le degré de perturbation des parcelles

Degré de perturbation	N_0	N_t	D_{incr}	Recrutement	Mortalité
Faible	41,76	45,74	0,71± 0,27	2,54	0,48
Moyen	14,08	13,02	0,76± 0,25	0,42	0,80
Élevé	44,16	40,23	0,69± 0,23	2,37	5,43
Prob. (test de Kruskal-Wallis)			0,14		

N_0 = nombre d'individus au recensement initial (en % par an) ; **N_t** = nombre d'individus au dernier recensement (en % par an) ; **D_{incr}** = diamètre d'accroissement (en cm/an). Les resencements ont été faits en saison sèche dans le mois de février en 2017, 2018 et 2019.

6.3.2 État de la régénération naturelle

Mansonia altissima a une bonne capacité de régénération par graines (Figure 33). Wédjangnon et al. (2016b) ont estimé la densité de régénération (individus de diamètre < 10 cm) de la population du Bénin à 462 tiges.ha^{-1}, dont 314 tiges.ha^{-1} dans la classe de diamètre 0 – 5 cm et 148

tiges.ha^{-1} dans la classe de diamètre 5 – 10 cm. Toutefois, cette densité peut varier selon la période de collecte des données.

Les semis sont abondants sous les arbres semenciers en saison de pluies mais, disparaissent en saison sèche à cause des perturbations anthropiques par les feux de brousse (Figure 34) et la longue durée de déficit hydrique due à la saison sèche qui débute en novembre et prend fin en mars alors que, les plantules qui apparaissent entre juillet et août ont encore besoin des conditions propices pour s'établir (Wédjangnon et al., 2020a). Dans les environnements ouverts, l'ombrage des arbres pionniers sempervirents est important pour la régénération naturelle de *M altissima*, en ce sens qu'il pourrait améliorer les facteurs environnementaux extrêmes tels que, le déficit hydrique et l'irradiation solaire qui affectent le développement des plantules (Wédjangnon et al., 2020b). En pépinière, l'élevage des plants se fait sous un léger ombrage. Le diamètre au collet des plants âgés de 6 mois varie de 0,4 cm à 0,8 cm avec une moyenne de 0,55 ± 0,064 cm. La hauteur varie de 10 cm à 25 cm avec une moyenne de 17,8 ± 3,37 cm.

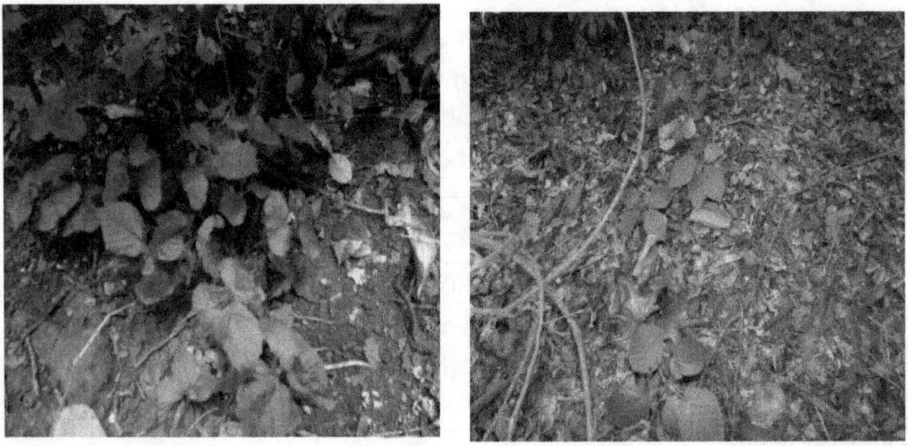

Figure 33. Semis de Bété (*Mansonia altissima*) en touffes dans la forêt d'Adakplamè

Figure 34. Action des feux de brousse sur les arbres **(A)** et la régénération **(B)** de *Mansonia altissima* dans la forêt d'Adakplamè.

6.4 Biologie de la graine

Mansonia altissima est une espèce d'arbre qui produit abondamment de graines chaque année et se multiplie naturellement par graines. La production des plants ne cause aucun problème. Cependant, les graines sont récalcitrantes et perdent leur pouvoir germinatif au bout de quelques mois. Les essais de production de plants (Figure 35) ont prouvé que les graines collectées sous les arbres semenciers peuvent être mises en germination sans aucun prétraitement lorsqu'elles n'ont pas été conservées pendant une longue durée. Le taux de germination est de l'ordre de 96% lorsque les graines sont semées directement après collecte. Les graines conservées dans une bouteille fermée et gardée dans les conditions ambiantes ont montré, au bout de 7 mois, des taux de germination aussi élevés de l'ordre de 71 à 81% avec une durée moyenne de germination qui varie de 14 à 23 jours après semis lorsqu'elles ont été pré-traitées avec de l'eau bouillante tandis que, les témoins ont affiché un taux de germination inférieur à 50% après 75 jours de mise en germination (Wédjangnon et al., 2016b). Les graines entreposées pendant une longue période d'environ 2 ans dans les conditions ambiantes sont pourries. Ce qui montre que *M. altissima* doit présenter des difficultés de conservation *ex situ* dans les banques de semences. Les fruits matures deviennent secs et persistants sur l'arbre. Ils ne se libèrent des arbres que dans des conditions de vents qui permettent leur abscision. Les fruits secs peuvent être collectés en janvier, février, jusqu'à début mars sous les semenciers. Les graines sont peu consommées par les rongeurs.

Figure 35. Pépinière de Bété (*Mansonia altissima*) (**A**) plants âgés de 7 semaines, (**B**) plants âgés de 6 mois

6.5 Mesures de conservation

L'aire de distribution naturelle de *M. altissima* au Bénin est un îlot de forêt dense semi-décidue d'une superficie d'environ 738 ha, situé dans un paysage fortement anthropisé, dominé par des cultures, des jachères et des savanes. La forêt est entourée d'agglomérations et des cultures, ce qui limite la capacité de l'espèce à coloniser d'autres habitats propices. En dehors de la sacralisation de la forêt qui l'abrite, *M. altissima* ne bénéficie d'aucune autre mesure spécifique de conservation dans son habitat naturel au Bénin. Alors qu'elle a été fortement exploitée pour la construction des maisons, son habitat est aussi menacé de disparition. Face à cette situation, l'État béninois a pris des dispositions en intégrant *M. altissima* dans la liste des espèces protégées sur toute l'étendue du territoire national à travers l'Article 36 de la loi 93-009 annexée au décret n°96-271 du 2 juillet 1996 interdisant l'exploitation de quelques espèces vulnérables en République du Bénin. Mais, ces mesures ne suffisent pas pour garantir la conservation de l'espèce. Une étude récente a révélé une dégradation alarmante de la forêt qui n'épargne pas la population de *M. altissima* (Wédjangnon et al., 2020a). La superficie des forêts denses semi-décidues, habitat d'occurrence de l'espèce, a décru de 243,7 ha à 103 ha au cours des trois dernières décennies, avec un taux annuel de perte de -2,6% de 2002 à 2017.

La distribution des individus dans les classes de diamètre présente l'allure d'une population en reconstitution mais les actions anthropiques dans le milieu continuent de causer des dégâts sur les individus dans toutes les classes de diamètre. Ainsi, il est nécessaire de combiner les deux formes de conservation *in situ* et *ex situ* pour éviter la disparition de *M. altissima* au Bénin.

Pour la conservation *in situ*, Wédjangnon et al. (2020a) ont suggéré le renforcement de la population naturelle existante dans la forêt d'Adakplamè, par l'ajout de nouveaux individus dans les peuplements pour la reconstitution des espaces dégradés. Les auteurs ont également suggéré le renforcement de la gestion de cet écosystème à travers une gestion pacifique du conflit autour de la forêt et le contrôle des feux de brousse et les empiétements de la forêt afin de maintenir cette population naturelle et en faire une source de graines. Les habitants des localités riveraines de la forêt d'Adakplamè manifestent la volonté de conserver *M. altissima* à travers la plantation des semis qu'ils vont majoritairement chercher en forêt mais, ils manquent de soutiens techniques des conservateurs et gestionnaires forestiers sur l'identification des plants en peuplement. Ce qui fait qu'ils se trompent parfois en mettant des plants d'autres essences forestières (Figure 36). Il faut noter que quelques rares personnes produisent les plants à partir des graines pour la plantation dans un système agroforestier. Ces personnes ont besoin d'appuis financier et technique pour la restauration de *M. altissima.*

Figure 36. Espèces forestières confondues à Bété (*Mansonia altissima*) par des habitants des localités riveraines de la forêt d'Adakplamè. (**A**) plantation installée à Adakplamè, image du 21 août 2017(**B**) plantation installée à Ewè, image du 26 août 2015

Pour la conservation *ex situ*, il urge d'étendre la niche de dispersion de l'espèce en promouvant sa dispersion dans d'autres écosystèmes forestiers, en particulier les habitats mieux protégés des pressions anthropiques qui pèsent sur la forêt d'Adakplamè. Des essais de translocation doivent être entrepris dans d'autres forêts denses semi-décidues proches de la population existante. Ces travaux de recherche expérimentale sur la translocation pour la compréhension des exigences de la niche de régénération de l'espèce peuvent aider pour la sélection des microsites propices. Les travaux de Wédjangnon (2020) sur les essais de colonisation assistée par la méthode de plantation d'enrichissement dans trois forêts au Sud-Bénin : la Forêt Classée de la Lama, la Réserve Forestière de Pobè et la Forêt classée d'Itchèdè, en constituent un cas d'étude. Les résultats préliminaires de cette étude ont révélé des possibilités de croissance et de survie de l'espèce dans des habitats où elle n'a jamais été retrouvée. L'évaluation des caractéristiques des sites a révélé une croissance initiale plus élevée de *M. altissima* sur les sols à forte teneur en argile et d'éléments nutritifs (Tableau 28). Il en ressort de cette étude que *M. altissima* serait une espèce prometteuse pour l'enrichissement dans la Forêt Classée de la Lama, compte tenu de sa croissance initiale élevée dans cette forêt (Figure 37). Ces essais de plantation dans des peuplements naturels ont montré que les plants issus des graines et élevés en pépinière pendant six mois peuvent être transplantés avec succès (Wédjangnon, 2020). Les plants de cet âge ont montré une bonne capacité de reprise dans les trouées sous un léger ombrage fourni par la végétation existante. La date de la plantation peut s'étendre jusqu'au début du mois de septembre dans la zone guinéenne au Sud-Bénin. Cette date correspond généralement au début de la seconde saison pluvieuse qui s'étend de septembre à octobre voire novembre avec des pluies plus abondantes et fréquentes.

Figure 37. Plantation de Bété (*Mansonia altissima*) âgée de 4,6 ans au sud du Bénin (**A**) dans la Forêt classée de la Lama, (**B**) dans la Forêt Classée d'Itchèdè, (**C**) dans la Réserve Forestière de Pobè

Tableau 28. Caractéristiques du sol des sites de translocation (colonisation assistée) et du site de la population naturelle de *Mansonia altissima*

Variables	Forêt Classée de Lama	Forêt Classée d'Itchèdè	Réserve Forestière de Pobè	Population naturelle de *M. altissima*	Tests statistiques
Argile (%)	60,6 ± 3,4a	6,43 ± 0,95d	14,56 ± 3,55c	36,46 ± 6,98b	F = 95,89 ; p =1,3e-6
Limon (%)	21,86 ± 1,62a	6,13 ± 1,05b	7 ± 0,3b	28,26 ± 4,79a	χ^2 = 9,7 ; p =0,021
Sable (%)	17,53 ± 4,07c	87,43 ± 0,15a	78,43 ± 3,25a	35,26 ± 2,19b	χ^2 = 10,42 ; p =0,015
pH_{eau} (1/2,5)	6,7 ± 0,55ab	5,76 ± 0,21b	5,7 ± 0,00b	7,1 ± 0,00a	χ^2 = 8,85 ; p =0,031
pH_{KCl} (1/2,5)	5,7 ± 0,82a	4,73 ± 0,61b	4,63 ± 0,05b	6,63 ± 0,05a	χ^2 = 8,46 ; p =0,037
N (%)	0,11 ± 0,05ab	0,04 ± 0,01b	0,04 ± 0,01b	0,28 ± 0,12a	χ^2 = 9,16; p =0,027
C (%)	1,19 ± 0,33	0,35 ± 0,16	0,39 ± 0,12	1,21 ± 0,97	F = 2,49 ; p =0,134
C/N	11,38 ± 2,91	7,94 ± 0,91	9,71 ± 0,7	5,69 ± 4,74	χ^2 = 8,46 ; p =0,037
M.O. (%)	2,05 ± 0,58ab	0,61 ± 0,27b	0,68 ± 0,21b	4,78 ± 2,50a	χ^2 = 9,35 ; p =0,024
P.ass (ppm)	40,59 ± 7,18b	11,92 ± 5,53b	16,02 ± 7,63b	188,90 ± 67,89a	χ^2 = 9,49 ; p =0,023
K (méq/100g)	0,32 ± 0,17ab	0,08 ± 0,02b	0,05 ± $5,7^{-3}$b	0,59 ± 0,21a	χ^2 = 9,54 ; p =0,022
Ca (méq/100g)	39,63 ± 15,64a	0,91 ± 0,62b	1,44 ± 0,06b	21,51 ± 8,88ab	χ^2 = 9,08 ; p =0,028
Mg (méq/100g)	18,05 ± 2,68a	0,55 ± 0,34c	0,25 ± 0,02c	6,88 ± 0,47b	χ^2 = 10,42 ; p = 0,015
Na (méq/100g)	0,27 ± 0,01b	0,18 ± 0,02a	0,33 ± 0,14ab	0,18 ± 0,04ab	χ^2 = 8,14 ; p = 0,043
Cat méq/100g)	58,27 ± 13,07a	1,73 ± 0,99c	1,99 ± 0,12c	29,17 ± 9,61b	χ^2 = 9,49 ; p = 0,023
CEC	53,96 ± 4,88a	6,18 ± 0,74c	6,68 ± 0,12c	23,2 ± 6,1b	χ^2 = 9,49 ; p = 0,024

N : azote ; **C** : carbone ; **M.O** : matière organique ; **P.ass** : phosphore assimilable ; **K** : potassium ; **Ca** : calcium ; **Mg** : magnésium ; **Na** : sodium ; **Cat** : somme des cations ; **CEC** : capacité d'échange cationique. Les valeurs partageant une même lettre indiquent que les sites concernés ne sont pas significativement différents pour cette variable du sol.

6.6 Gaps de connaissances et perspectives pour la sylviculture

Cette synthèse des connaissances sur *M. altissima* au Bénin a révélé des lacunes de connaissances sur certains aspects dont les plus importants pour la conservation et la restauration de l'espèce sont : (i) la performance de croissance initiale des plants dans sa forêt naturelle comparée à la croissance initiale des plants en translocation hors de sa forêt naturelle ; (ii) les zones favorables pour la plantation et la conservation de *M. altissima* sur toute l'étendue du territoire national ; (iii) le contrôle des attaques des insectes ravageurs de *M. altissima* ; (iv) la diversité génétique au sein de la population existante dans la forêt d'Adakplamè ; (v) la dispersion initiale et la post-dispersion des graines de *M. altissima* et leur influence sur la distribution de l'espèce à l'échelle locale.

Comme perspectives pour la sylviculture de *M. altissima*, l'analyse des modèles d'associations spatiales interspécifiques a révélé la possibilité d'associer les plants de *M. altissima* aux plants de *Ceiba pentandra* (L.) Gaertn. pour des plantations mixtes pouvant être bénéfiques pour l'établissement de *M. altissima* (Wédjangnon et al., 2020b). La fructification abondante et régulière de *M. altissima* facilite la disponibilité des graines pour la multiplication à grande échelle. L'espèce est aussi prometteuse pour l'enrichissement des forêts semi-décidues, l'afforestation et la restauration des écosystèmes forestiers sur les vertisols de la dépression de la Lama au Sud-Bénin.

Conclusion

L'analyse des connaissances sur *M. altissima* au Bénin a révélé trois catégories d'usage de l'espèce : la construction, la médecine traditionnelle, et l'usage sous forme d'emballage. Le tronc, les feuilles et l'écorce sont les organes utilisés. *M. altissima* a une grande importance dans la confection des traverses et la charpente des toits. Concernant son statut écologique, l'espèce *M. altissima* est fortement représentée par des individus de faible diamètre dans sa forêt naturelle au Bénin. *M. altissima* a une bonne capacité de régénération par graines mais, le taux de recrutement des semis est faible dans sa forêt naturelle. Les feux de brousse et la dégradation de sa forêt naturelle sont les menaces de disparition de l'espèce à l'état sauvage au Bénin. Les deux formes de conservation *in situ* et *ex situ* doivent être combinées pour éviter la disparition de l'espèce. Le renforcement de la population naturelle existante par l'ajout de nouveaux individus dans les peuplements dégradés, la protection de la forêt des feux de brousse et le soutien technique des agriculteurs ayant une volonté manifeste de planter

M. altissima sont des actions urgentes pour sa conservation *in situ*. La conservation *ex situ* de *M. altissima* passe par la conservation des collections d'individus dans les aires protégées et jardins botaniques et son introduction dans les plans de reboisement. La fructification régulière et abondante et le fort taux de germination des graines sont des atouts pour la production des plants à grande échelle.

SECTION 7 : *Cola millenii* K. Schum

Lawin F.[1] & Ouinsavi C.A.I.N.[1]

[1] *Laboratoire d'Études et de Recherches Forestières (LERF), Faculté d'Agronomie, Université de Parakou, BP 123 Parakou, Bénin*

Résumé

Cola millenii K. Schum est un arbre dont la pulpe du fruit est comestible. La domestication de l'espèce est apparue comme l'une des formes de sa gestion durable au regard des menaces sur ses peuplements naturels. L'étude a pour objectif général de contribuer à une meilleure connaissance, à la domestication et conservation de *C. millenii* au Bénin en vue de sa gestion durable. L'approche méthodologique a été fondée sur une synthèse bibliographique, des enquêtes ethnobotaniques, des inventaires forestiers et des mesures réalisées sur les descripteurs morphologiques des fruits de l'espèce. Il ressort des travaux qu'il existe un gap de connaissances et un besoin de recherche sur l'espèce pour l'élaboration de stratégies de conservation et de gestion durable de ses populations. L'étude ethnobotanique a montré que *C. millenii* relève de huit catégories d'usage (médicinale, alimentaire, brosse végétale, emballage, magique, bois de service, bois énergie et bois d'œuvre). L'étude a aussi montré que les forêts denses sèches et les forêts denses humides semi-décidues présentent les densités les plus élevées de sujets adultes et de régénération de *C. millenii.* Cependant, les formations saxicoles (à faciès savane arborée) hébergent les individus adultes ayant un diamètre moyen plus élevé ; mais les densités de régénération y restent faibles. Les caractères morphologiques des fruits ont varié significativement entre les phytodistricts. La plus grande variation des traits étudiés est exprimée entre phytodistricts (55,44-89,13%) qu'entre individus au sein des phytodistricts (9,52-34,32%). La survie de l'espèce en formations saxicoles nécessite la régénération assistée, l'allumage des feux précoces de végétation dans les environs de cet habitat et la sensibilisation des populations riveraines. Des axes de recherche future, entre autres l'évaluation de la diversité génétique de l'espèce pour une stratégie globale de sa conservation, l'étude de la morphologie florale et des agents pollinisateurs de l'espèce et la caractérisation biochimique de la pulpe des fruits suivant la provenance des arbres, ont été suggérés.

Mots clés : *Cola millenii*, ethnobotanique, groupes socioculturels, structure écologique, variabilité morphologique, phytodistrict, Bénin.

Introduction

Les forêts du monde suscitent aujourd'hui un intérêt sans précédent, en particulier du fait de la prise de conscience croissante de leurs bienfaits pour l'humanité. On évalue la perte totale des forêts mondiales à 47 millions d'hectares durant la période 2010-2020 (FAO, 2020a). Au cours de la même période, une perte totale de 500 000 ha de la couverture forestière a été enregistrée au Bénin (FAO, 2020b) et comme conséquence, beaucoup d'espèces de plantes sont perturbées de plus en plus dans leurs écosystèmes naturels (Adomou, 2005). *Cola millenii* est l'une de ces espèces qui subissent des pressions au Bénin (Lawin et al., 2019). C'est un arbre dont la pulpe du fruit est comestible. Auparavant de la famille des Sterculiaceae (classification classique), cette espèce a été reclassée dans la famille des Malvaceae (classification phylogénétique) (Angiosperm Phylogeny Group, 2009). Elle est l'une des 50 espèces prioritaires fournissant des produits forestiers non ligneux identifiées au Bénin (Assogbadjo et al., 2017). C'est une plante à nombreux usages. Les feuilles en décoction ou en macération soignent les ictères (Adjanohoun et al, 1989 ; Akoègninou et al., 2006 ; Assogbadjo et al., 2011), les abcès et les éruptions cutanées diverses (Adjanohoun et al, 1989 ; Akoègninou et al., 2006 ; Adeogun et al., 2014). La plante intervient dans le traitement traditionnel des affections hépathiques (Sangaré et al., 2012). Originaire de l'Afrique de l'Ouest, *C. millenii* est une espèce rencontrée en forêt dense humide semi-décidue, en forêt dense sèche, en forêt galerie, en forêt inondable, en forêt marécageuse et en formations saxicoles à faciès savane arborée. Malgré son statut « d'espèce non évaluée (NE) » par l'UICN (2022), *C. millenii* a été rapportée comme une espèce menacée au Bénin (Dansi et al., 2010). La plante est peu connue et négligée en Afrique de l'Ouest.

L'objectif du chapitre est de contribuer à une meilleure connaissance, à la domestication et conservation de *C. millenii* au Bénin en vue de sa gestion durable. De façon spécifique, il s'agit (i) d'évaluer les connaissances ethnobotaniques de *C. millenii* par les groupes socioculturels du Bénin ; (ii) de caractériser la structure des populations de *C. millenii* dans différents habitats naturels au Bénin ; (iii) d'évaluer la variabilité morphologique des fruits de *C. millenii* selon leur provenance.

7.1 Distribution géographique et description de l'espèce

7.1.1 Distribution géographique de l'espèce

C. millenii est rencontrée de la Côte d'Ivoire au Nigéria (Akoègninou et al., 2006 ; Adekunle & Olagoke, 2008). L'espèce est également signalée au Libéria (Odugbemi, 2006), en Centrafrique (Motte, 1980) et au Cameroun (Ndah et al., 2013) (Figure 38). Au Bénin, l'espèce est présente dans les districts phytogéographiques côtiers, Pobè, Plateau, Vallée de l'Ouémé, Bassila, Zou et Borgou-Sud (Figure 39) (Adomou, 2005 ; Akoègninou et al., 2006 ; Dansi et al., 2010). Elle se trouve dans les zones guinéenne et soudano-guinéenne (Akoègninou et al., 2006 ; Achigan-Dako et al., 2010 ; Assogbadjo et al., 2012).

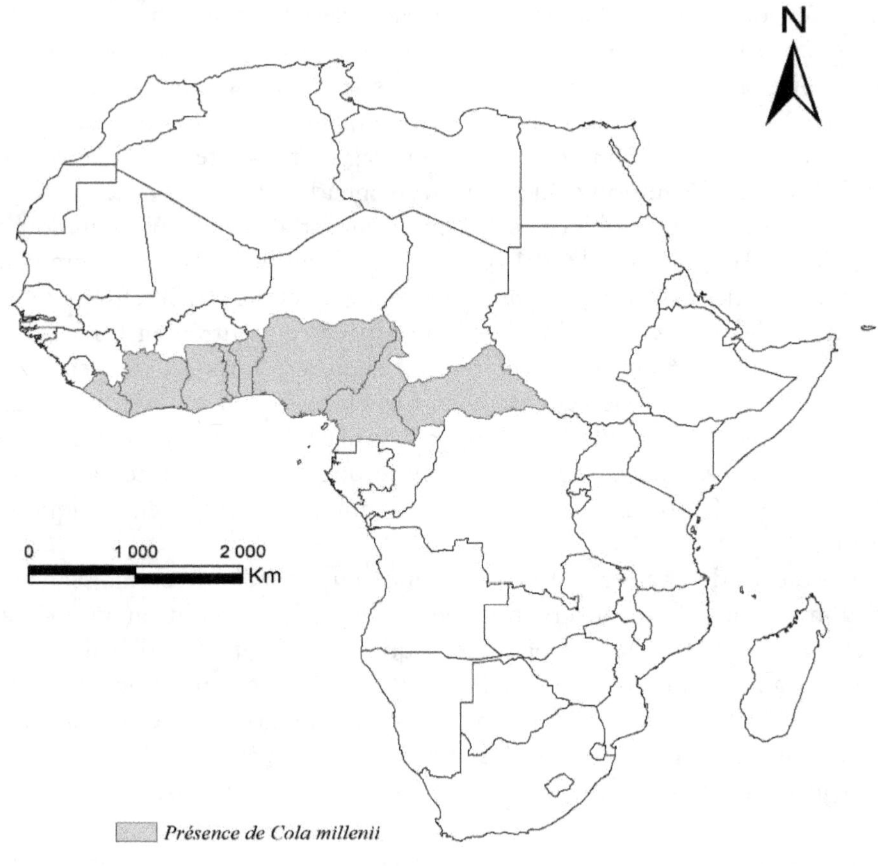

Figure 38. Répartition géographique des populations naturelles de *Cola milleni* en Afrique

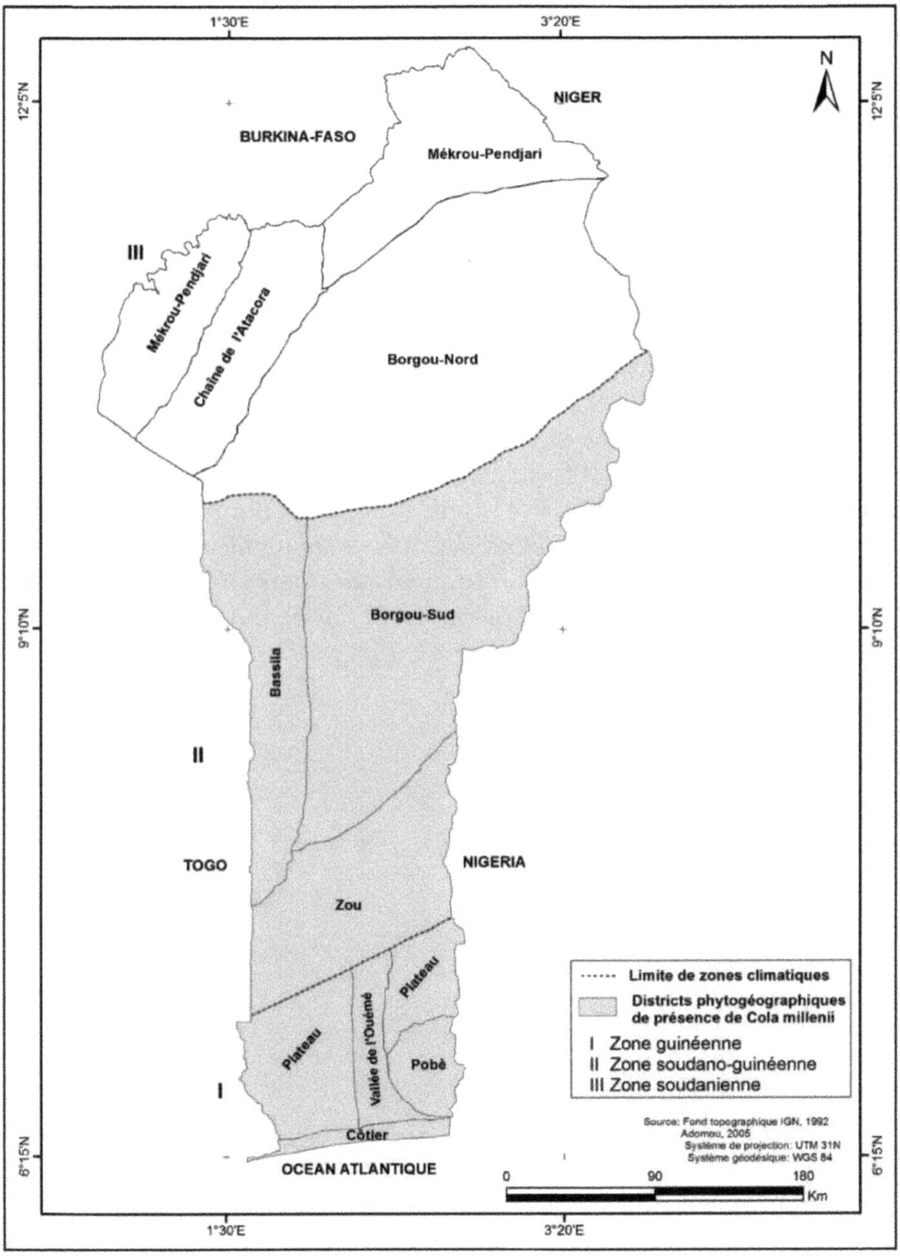

Figure 39. Répartition géographique des populations naturelles de *Cola millenii* au Bénin

7.1.2 Description de l'espèce

C. millenii est un arbre pouvant atteindre 18 m de hauteur (Hutchinson & Dalziel, 1958 ; Akoègninou et al., 2006), voire 20 m, mais rarement (Adegoke et al., 1968 ; Nkongmeneck, 1982 ; Burkill, 2004) avec un fût atteignant 50 cm de diamètre (Burkill, 2004) (Figure 40). Les feuilles sont simples et lobées (Figure 41a) (Akoègninou et al., 2006). Les lobes sont faiblement acuminés. Les inflorescences en cymes sont très courtes et axillaires. Les fleurs sont courtement pédicellées avec des sépales verdâtres à l'extérieur, rouge brun ou pourpres à l'intérieur (Figure 41b) (Akoègninou et al., 2006). Elles sont aussi jaunâtres mais rarement (Figure 41c) (Hutchinson & Dalziel, 1958). Les fruits sont constitués de follicules rouges (Figure 41d) (Adjanohoun et al., 1989), rose-riche ou rouge-orange (Hutchinson & Dalziel, 1958 ; Adebola & Morakinyo, 2006), disposés en étoiles à rayons courts (Figure 41d) plus ou moins nombreux au sommet d'un pédoncule commun et contenant plusieurs graines (Adjanohoun et al., 1989). Les graines (Figure 41e) sont enfouies dans une pulpe blanchâtre (Arbonnier, 2005) (Figure 41f) acidulée (Houenon, 1980) et sucrée (Arbonnier, 2005). L'écorce est fibreuse (Figure 41g) et le bois est blanc et tendre (Hutchinson & Dalziel, 1958).

Figure 40. Arbre de *Cola millenii*

Figure 41. Différents organes de *Cola millenii*
a. Feuille, **b.** Fleurs rouge brun, **c.** Fleurs jaunâtres, **d.** Fruit, **e.** graine, **f.** Fruit ouvert montrant les graines enfouies dans la pulpe, **g.** Écorce

7.2 Importance ethnobotanique et statut socioéconomique de *C. millenii*

La plante est utilisée à des fins médicinales, alimentaires, magiques mais aussi comme brosse végétale, emballage, bois de service, bois énergie et bois d'œuvre. L'usage alimentaire de la pulpe est le plus fréquent avec une fréquence relative de citation (FRC = 96,9%), suivi de l'usage médicinal (FRC = 66,6%) et du bois énergie (FRC = 58,6%) (Tableau 29). Plusieurs parties de la plante ont un usage médicinal. Elle contribue au traitement de 60 maladies et symptômes, au nombre desquels, on peut citer le paludisme, l'ictère, les maux de ventre, l'hypertension, les courbatures, la fatigue, la fièvre et le vertige. Son utilisation dans le traitement du paludisme est la plus connue de la population. Les usages de l'espèce varient en fonction des groupes socio-culturels. Les Anii et Chabè accordent plus d'intérêt à l'usage alimentaire de l'espèce tandis que son usage à des fins magiques et comme brosse végétale (cure-dents) et bois de service est privilégié par les Adja et Kotafon. Par contre, les Aïzo l'utilisent plus à des fins médicinales et son usage comme bois d'œuvre est plus important pour les Mahi.

Cola millenii fait objet d'une commercialisation locale. Les feuilles et les fruits sont les plus commercialisés, respectivement dans les zones guinéenne et soudano-guinéenne. Les fruits sont vendus à 5 FCFA l'unité ou 25 FCFA le tas de six fruits aux abords des voies (Figure 42), dans les quartiers urbains, dans certaines écoles primaires et dans les marchés (Figure 43), au sud et au centre du Bénin. Les clients sont surtout des enfants. Les feuilles sont commercialisées en bottes (Figure 44) de 25 à 100 FCFA selon la taille de la botte, dans plusieurs marchés au sud du Bénin, principalement à Abomey-Calavi et Dantokpa.

Tableau 29. Catégories d'usage de *Cola millenii*

Catégories d'usage	Parties utilisées	Observations	FRC (%)
Médicinale	Feuille, écorce, racine, graine, pulpe et fruit entier	Traitement des maladies	66,6
Alimentaire	Pulpe	Consommée cru	96,9
Brosse végétale	Racine	Utilisée comme cure-dents	2,0
Emballage	Feuille	Utilisée pour emballer l'akassa	0,7
Magique	Feuille	Feuille attachée + incantation pour arrêter un voleur.	0,4
	Feuille	Feuilles de *C. millenii* + autres feuilles gardées sur soi pour attirer la chance	
	Feuille	Feuille en décoction + autres plantes utilisées en bain corporel une fois par an pour se prémunir des mauvais esprits	
Bois de service	Branche	Gaules, pieux	1,4
Bois énergie	Tronc, branche	Bois de feu et charbon de bois	58,6
Bois d'œuvre	Tronc	Bois de charpente, fabrication de tabourets	1,5

Figure 42. Fruits de *C. millenii* vendus au bord de la voie, à côté des mangues à Modji-gangan (Dassa)

Figure 43. Fruits de *C. millenii* vendus au marché de Dassa

Figure 44. Feuilles de *C. millenii* sur un étalage de plantes médicinales au marché de Dantokpa (Cotonou)

7.3 Statut écologique

7.3.1 Caractéristiques démographiques du peuplement naturel

Les résultats des analyses ont révélé que dans la zone guinéenne, la densité et la surface terrière varient significativement ($p < 0,05$) suivant les habitats (Tableau 30). Les valeurs les plus élevées de ces paramètres ont été observées dans les forêts denses humides semi-décidues avec 6,53 tiges.ha^{-1} pour la densité et 0,073 m^{2}.ha^{-1} pour la surface terrière (Tableau 30). La densité la plus faible était de 0,67 tiges.ha^{-1} dans les forêts marécageuses. Par contre, dans la zone soudano-guinéenne, la variation significative se trouve au niveau de la densité et du diamètre moyen (Tableau 30). La valeur la plus élevée de la densité a été obtenue dans les forêts denses sèches avec 8,55 tiges.ha^{-1} et celle du diamètre moyen dans les formations saxicoles avec 30,95 cm (Tableau 30). Seul le diamètre moyen varie significativement ($p < 0,05$) suivant les zones climatiques (Tableau 30). Globalement, la densité de *C. millenii* est plus élevée dans les forêts denses sèches et forêts denses humides semi-décidues. Cependant, les formations saxicoles (à faciès savane arborée) hébergent les individus de diamètre moyen le plus élevé (Tableau 30).

La relation établie entre les centres de classe de diamètre et leur densité a montré une pente négative et significative (Tableau 31) pour les forêts denses humides semi-décidues et les forêts denses sèches, caractéristique d'un recrutement d'individus plus élevé dans les classes inférieures. En d'autres termes, les structures en diamètre de *C. milleníi* dans ces habitats sont toutes en *J* renversé. L'effectif des individus des classes de diamètre allant de 10 à 20 cm est plus élevé dans tous les habitats de la zone guinéenne (Figure 45). Par contre, dans la zone soudano-guinéenne, l'effectif des individus des classes de diamètre de 10-20 cm ; 20-30 et 30-40 cm est plus élevé dans tous les habitats (Figure 46). En considérant les deux zones climatiques, on constate une dominance d'individus de petits diamètres dans tous les habitats.

La relation établie entre les centres de classe de hauteur et leur densité a montré une pente négative et significative pour les forêts denses humides semi-décidues et les forêts denses sèches mais positive et significative en forêt inondable et en forêt galerie (spécifiquement en zone soudano-guinéenne) (Tableau 32). On note ainsi, un recrutement d'individus plus élevé dans les classes inférieures en forêts denses humides semi-décidues et en forêts denses sèches alors qu'en forêt inondable et en forêt galerie de la zone soudano-guinéenne c'est le contraire (c'est-à-dire plus d'individus dans les classes de grandes tailles et moins d'individus dans celles de petite taille).

Dans la zone guinéenne, les individus de hauteur comprise entre 6 et 8 m sont plus représentés en forêt dense humide semi-décidue (Figure 47a) et en forêt marécageuse (Figure 47d). En forêt galerie (Figure 47b), la classe de hauteur 8-10 m est dominante mais en forêt inondable, les individus de la classe 10-12 m sont majoritaires (Figure 47c). Par contre, dans la zone soudano-guinéenne la classe 6-14 m est commune et bien représentée dans tous les habitats (Figure 48a, b et c).

Tableau 30. Paramètres dendrométriques de *Cola millenii* suivant les habitats au sein des zones climatiques

Zones climatiques	Habitat (n)	Densité (arbres/ha)		Diamètre moyen (cm)		Surface terrière (m^2/ha)		Hauteur de Lorey (mètre)	
		m	Cv (%)	m	Cv (%)	m	Cv (%)	m	Cv (%)
G	FDHSD (100)	6,53 a	143,37	21,71	51,23	0,073 a	99,46	10,62	34,19
	FG (09)	1,11 b	203,47	16,17	18,95	0,011 b	62,23	8,05	1,08
	FI (21)	1,38 b	214,17	14,91	37,2	0,010 b	123,14	9,63	23,77
	FM (12)	0,67 c	116,77	20,27	41,09	0,006 c	111,58	7,13	20,87
	Prob	< 2,2e-16 ***		0,609 ns		0,022*		0,099 ns	
SG	FDS (66)	8,55 a	211,79	20,34 c	26,12	0,068	90,22	9,52	17,01
	FG (44)	4,05 b	149,55	26,99 b	11,84	0,052	61,21	10,95	12,86
	FS (91)	3,89 b	111,58	30,95 a	16,96	0,054	66,37	10,70	16,20
	Prob	0,03934 *		0,0001 ***		0,352 ns		0,06 ns	
Prob		0,7052 ns		0,0001 ***		0,811 ns		0,309 ns	

Dans une même colonne, les valeurs avec les mêmes lettres ne sont pas significativement différentes au seuil de 5% (test de Student Newman Keuls). ; *** indique une significativité à 0,1 %, * indique une significativité à 5 % et ns une non-significativité à 5 %. **FDHSD** : Forêt Dense Humide Semi-décidue ; **FDS** : Forêt Dense Sèche ; **FG** : Forêt Galerie ; **FI** : Forêt Inondable ; **FM** : Forêt Marécageuse ; **FS** : Formation Saxicole (à faciès savane arborée) ; **m** : moyenne ; **Cv** : Coefficient de Variation ; **Prob** : Probabilité ; **n** : nombre de placeaux ; **G** = Guinéenne ; **SG** = Soudano-guinéenne

Tableau 31. Pente de la distribution de *Cola millenii* en classe de diamètre

Zones climatiques	Habitats (n)	Pente	Pr (>|z|)
Guinéenne	FDHSD (100)	-0,008642	< 2e-16 ***
	FG (09)	-0,0602	0,23626 ns
	FI (21)	0,01662	0,31758 ns
	FM (12)	0,04015	0,614 ns
Soudano-Guinéenne	FDS (66)	-0,02574	1,62e-05 ***
	FG (44)	-0,011383	0,081 ns
	FS (91)	-0,001885	0,542 ns

*** indique une significativité à 0,1 % et ns une non-significativité à 5 %. **FDHSD** : Forêt Dense Humide Semi-décidue ; **FDS** : Forêt Dense Sèche ; **FG** : Forêt Galerie ; **FI** : Forêt Inondable ; **FM** : Forêt Marécageuse ; **FS** : Formation Saxicole (à faciès savane arborée) ; **Pr** : Probabilité ; **n** : nombre de placeaux.

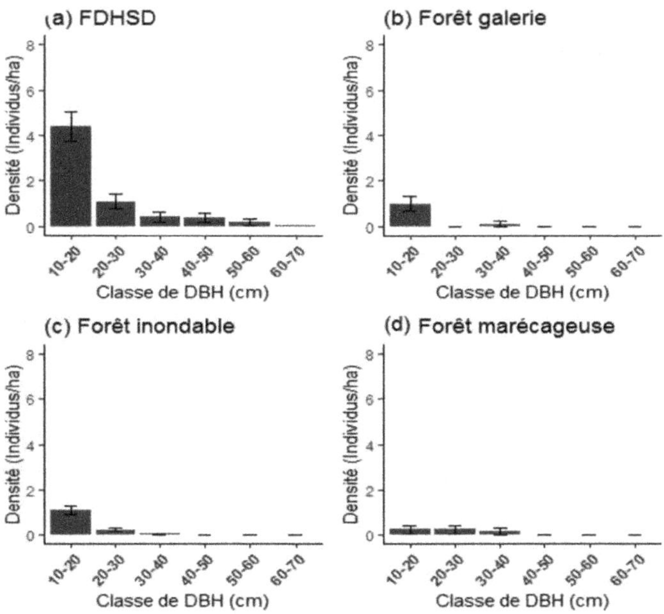

Figure 45. Structure en classe de diamètre des arbres de *Cola millenii* suivant les habitats dans la zone guinéenne. **FDHSD** : Forêt Dense Humide Semi-décidue.

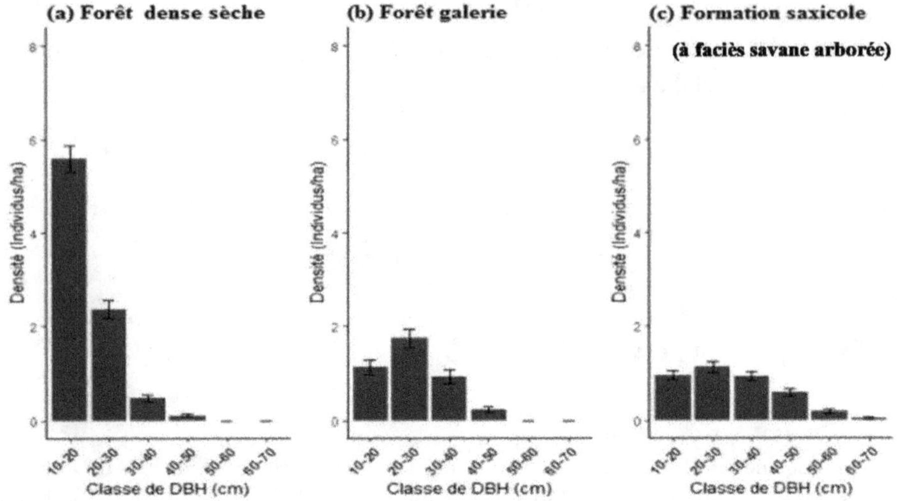

Figure 46. Structure en classe de diamètre des arbres de *Cola millenii* suivant les habitats dans la zone soudano-guinéenne

Tableau 32 : Pente de la distribution de *Cola millenii* en classe de hauteur

Zones climatiques	Habitats (n)	Pente	Pr(>|z|)
Guinéenne	FDHSD (100)	-0,008642	0,0179 *
	FG (09)	2,2462	0,213 ns
	FI (21)	0,04015	0,000112 ***
	FM (12)	0,07495	0,734 ns
Soudano-Guinéenne	FDS (66)	-0,02574	0,00505 **
	FG (44)	0,04442	0,0281 *
	FS (91)	0,006055	0,627 ns

* indique une significativité à 5 % ; ** indique une significativité à 1 % ; *** indique une significativité à 0,1 %, et ns une non-significativité à 5 %. **FDHSD** : Forêt Dense Humide Semi-décidue ; **FDS** : Forêt Dense Sèche ; **FG** : Forêt Galerie ; **FI** : Forêt Inondable ; **FM** : Forêt Marécageuse ; **FS** : Formation Saxicole (à faciès savane arborée) ; **Pr** : Probabilité ; **n** : nombre de placeaux.

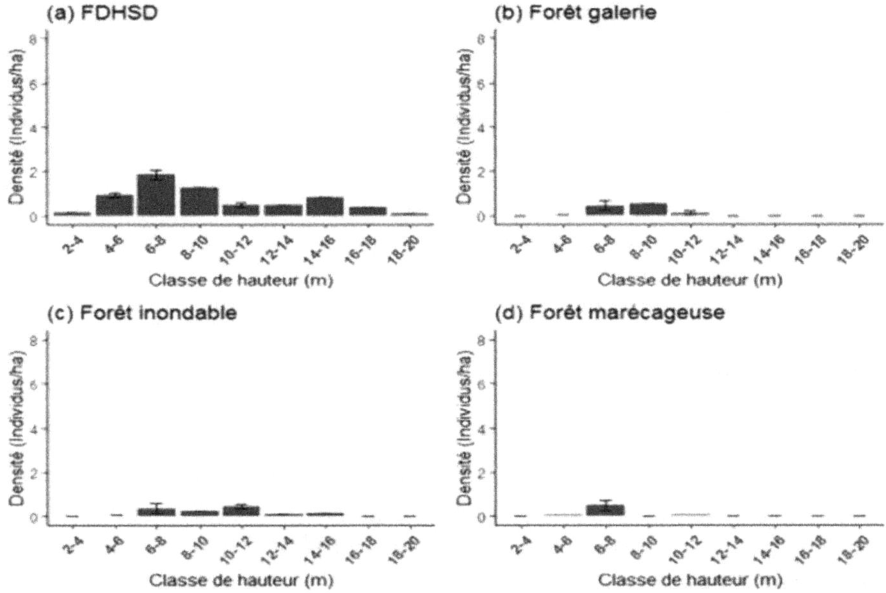

Figure 47. Structure en classe de hauteur des arbres de *Cola millenii* suivant les habitats dans la zone guinéenne. **FDHSD** : Forêt Dense Humide Semi-décidue

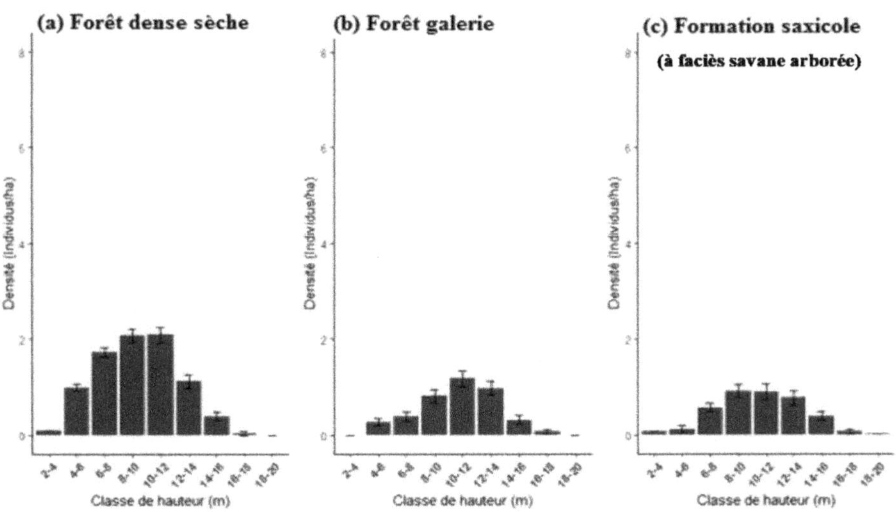

Figure 48. Structure en classe de hauteur des arbres de *Cola millenii* suivant les habitats dans la zone soudano-guinéenne

7.3.2 État de la régénération

La régénération naturelle est bonne en forêts denses humides semi-décidues et en forêts denses sèches mais faible en formations saxicoles (à faciès savane arborée) et en forêts galeries. L'espèce se régénère par graine, drageonnage et rejet de souche. La densité de régénération est plus élevée en zone guinéenne comparativement à la zone soudano-guinéenne.

7.4 Diversité morphologique et génétique de *C. millenii*

L'analyse de la variance effectuée sur la matrice de données des variables morphologiques des fruits a montré que ces caractères morphologiques sont significativement influencés par le phytodistrict ($p < 0,001$). Les valeurs les plus élevées des paramètres, tels que longueur du fruit, diamètre du fruit, masse du fruit, masse de la cosse, masse de la pulpe, nombre de fruits groupés à un même point d'attache, longueur de la graine et masse de la graine, ont été obtenues dans le phytodistrict de Bassila suivi du Zou pour la plupart desdits paramètres (Tableau 33). Par contre, le nombre le plus élevé de graines par fruit a été obtenu dans le phytodistrict Côtier (Tableau 33).

L'analyse des composantes de la variance révèle que la variabilité des traits morphologiques des fruits est globalement plus grande (55,44-89,13%) entre phytodistricts (Tableau 34) qu'au sein d'un phytodistrict (entre les arbres d'un même phytodistrict et entre les fruits au sein d'un même arbre).

Tableau 33. Caractéristiques morphologiques des fruits de *Cola millenii* suivant les phytodistricts

Paramètres (descripteurs quantitatifs)		Bassila	Borgou-Sud	Côtier	Plateau-Est	Plateau-Ouest	Pobè	Vallée-Ouémé	Zou	Prob.
Longueur du fruit	m	78.25a	54,83e	66,04c	59,52d	68,05c	59,22d	58,51d	72,00b	
	se	1,16	0,51	0,54	0,68	0,95	0,74	0,54	0,66	<0,001
	cv(%)	23,47	14,79	12,97	13,06	15,27	19,77	14,54	14,58	
Diamètre du fruit	m	39,98a	35,51c	36,51bc	37,39b	40,57a	37,25b	36,25bc	39,74a	
	se	0,28	0,32	0,23	0,27	0,46	0,31	0,28	0,44	<0,001
	cv(%)	11,21	14,33	9,82	8,26	12,34	12,99	12,10	17,34	
Masse du fruit	m	69,24a	33,29f	41,90d	37,68e	49,15c	44,42d	35,13ef	58,79b	
	se	1,91	0,70	0,76	0,92	1,46	1,07	0,74	1,59	<0,001
	cv(%)	43,59	33,17	28,48	27,75	32,48	38,00	33,38	42,81	
Nombre de graines par fruit	m	8,80b	5,86f	9,44a	5,79f	6,98de	8,12c	6,79e	7,42d	
	se	0,14	0,13	0,16	0,15	0,24	0,12	0,18	0,18	<0,001
	cv(%)	25,52	34,64	26,29	28,64	37,52	24,19	41,89	37,28	
Masse de la cosse	m	39,81a	19,92e	25,38d	26,35cd	34,41b	28,39c	24,41d	36,56b	
	se	1,15	0,44	0,48	0,57	1,02	0,79	0,52	0,92	<0,001
	cv(%)	45,81	34,71	29,75	24,82	32,45	44,16	33,75	39,84	
Épaisseur de la cosse	m	6,01a	4,31d	4,88c	6,23a	5,99a	5,49b	5,55b	5,94a	
	se	0,09	0,12	0,05	0,05	0,08	0,07	0,05	0,09	<0,001
	cv(%)	23,55	45,03	16,27	9,66	13,80	21,27	14,30	24,36	
Masse de pulpe+graine+fibre	m	29,31a	13.20d	16,52c	11,33e	14,74c	16,03c	10,72e	22,08b	
	se	0,84	0.32	0,31	0,38	0,53	0,31	0,26	0,69	<0,001
	cv(%)	45,10	38.13	29,81	37,78	39,33	30,68	38,34	49,66	
	m	13,76a	7.27e	9,59cd	7,15e	10,12c	9,09d	5,83f	11,19b	<0,001

Masse des graines + fibres	se	0,38	0.20	0,21	0,23	0,39	0,17	0,12	0,35	
	cv(%)	43,72	42.73	34,17	36,18	42,41	29,18	31,30	48,96	
Masse de la pulpe	m	15,55a	5.94cd	6,93c	4,18e	4,62e	6,94c	5,58d	10,91b	<0,001
	se	0,53	0.20	0,13	0,16	0,21	0,18	0,20	0,38	
	cv(%)	54,12	52.57	29,55	44,71	48,51	41,96	57,55	55,70	
Masse de la fibre	m	1,15c	0.88de	1,10c	1,31b	0,80e	1,47a	0,97d	0,93de	<0,001
	se	0,06	0.05	0,03	0,05	0,04	0,04	0,02	0,03	
	cv(%)	76,62	84.36	39,29	44,33	60,55	42,42	37,02	54,40	
Nombre de fruits groupés à un même point d'attache	m	7,92a	6.24c	7,00b	6,08c	6,33c	7,00b	6,20c	7,32a	<0,001
	se	0,06	0.13	0,00	0,29	0,28	0,00	0,15	0,17	
	cv(%)	3,50	10.63	0,00	17,08	15,55	0,00	12,32	11,65	
Longueur de la graine	m	17,67a	15.16e	15,05e	15,06e	16,53c	15,70d	13,39f	17,19b	<0,001
	se	0,06	0.06	0,04	0,07	0,06	0,04	0,05	0,07	
	cv(%)	14,56	15.88	12,82	12,22	10,94	10,75	13,99	17,19	
Diamètre de la graine	m	11,08c	11.10c	9,80f	10,92d	11,69a	10,33e	9,62g	11,39b	<0,001
	se	0,04	0.06	0,03	0,05	0,05	0,03	0,04	0,04	
	cv(%)	16,32	19.18	13,36	13,18	11,17	11,90	15,63	14,15	
Masse de la graine	m	1,45a	1.12d	0,77g	1,03e	1,26c	0,94f	0,71h	1,37b	<0,001
	se	0,02	0.01	0,01	0,01	0,01	0,01	0,01	0,01	
	cv(%)	47,85	37.19	74,60	37,70	25,57	25,10	41,14	32,45	

Sur la ligne les chiffres de même lettre ne sont pas significativement différents contrairement aux chiffres de différentes lettres (test de Student Newman Keuls). Légende : **Prob**. = probabilité ; **m** = moyenne ; **se** = écart type ; **cv** = coefficient de variation

Tableau 34. Sources de variation des descripteurs des fruits de *Cola millenii*

Sources de variation	Entre phytodistricts	Au sein des phytodistricts		Total
		Entre arbres	Entre fruits	
Longueur du fruit (mm)	77,88	16,88	5,25	100
Diamètre du fruit (mm)	55,44	34,32	10,24	100
Masse du fruit (g)	75,52	19,33	5,15	100
Nombre de graines par fruit	74,30	20,44	5,26	100
Masse de la cosse (g)	69,87	24,14	5,99	100
Épaisseur de la cosse (mm)	79,00	16,34	4,66	100
Masse de la pulpe, de la graine et de la fibre réunie (g)	83,34	13,10	3,56	100
Masse des graines + fibres (g)	75,76	18,90	5,34	100
Masse de la pulpe (g)	84,52	13,44	2,04	100
Masse de la fibre (g)	60,95	30,37	8,68	100
Longueur de la graine (mm)	87,68	11,02	1,30	100
Diamètre de la graine (mm)	86,06	12,96	0,98	100
Masse de la graine (g)	89,13	9,52	1,35	100

7.5 Biologie de la graine

Cola millenii est une espèce à croissance lente. Son fruit est une baie. Il faut attendre environ un mois pour observer la germination de la graine mise en terre. La germination est épigée. La graine est formée de deux cotylédons. Elle est recouverte de fibre blanchâtre. La graine peut être semée en déposant le fruit directement sur le sol. Au contact de l'humidité et au fil des jours la cosse du fruit finit par pourrir laissant apparaître les graines qui germent.

7.6 Mesures de conservation

L'espèce bénéficie de protection dans les systèmes agroforestiers traditionnels mais le niveau de conservation est très faible. La plus grande variabilité observée entre phytodistricts suggère que pour une conservation *ex situ* de l'espèce, garantissant la capture d'une diversité maximale, il est nécessaire de sélectionner des fruits dans chacun des phytodistricts.

7.7 Gaps de connaissance et perspectives pour la sylviculture

On note une insuffisance de données relatives à la diversité génétique de l'espèce, à la caractérisation biochimique de la pulpe des fruits suivant la provenance des arbres, à l'âge de floraison et de fructification, à la durée de conservation du pouvoir germinatif de la graine, à la production en fruits de l'espèce, à la morphologie florale de l'espèce, aux principaux agents visiteurs des fleurs et à l'impact des changements climatiques sur la répartition des aires favorables à la conservation de l'espèce au Bénin. La biologie de la graine doit être davantage élucidée. Ainsi, il est suggéré de faire des essais de germination et de croissance de *C. millenii* K. Schum sur différents substrats au Bénin. Ceci permettra d'une part d'identifier le substrat qui garantit une meilleure germination et croissance de l'espèce et d'autre part d'améliorer l'accessibilité des populations aux plants en vue de sa domestication. L'espèce pourra ainsi être introduite dans les programmes de reboisement au Bénin.

Conclusion

Cette étude a fourni des informations de base nécessaires pour la domestication et la gestion durable de *C. millenii* au Bénin. L'espèce relève de huit catégories d'usage. Les feuilles et les fruits sont les parties les plus commercialisées. La caractérisation structurale des populations de la plante a montré que les forêts denses sèches et les forêts denses humides semi-décidues constituent ses habitats privilégiés et conviendraient mieux à sa conservation. L'étude morphologique a révélé que les caractères morphologiques des fruits varient significativement suivant les phyto-districts. Au regard des résultats obtenus, la survie de l'espèce en formations saxicoles nécessite la régénération assistée, l'allumage des feux précoces de végétation dans les environs de cet habitat et la sensibilisation des populations riveraines. Des insuffisances d'informations ou données manquantes ont été notées par rapport à certains aspects et des travaux de recherche méritent d'être entrepris dans ce sens.

SECTION 8 : *Afzelia africana* Sm. ex Pers.

Houéhanou D.T.[1] & Sobakin D.F.E.[1]

[1]*Laboratoire d'Écologie, de Botanique et de Biologie Végétale (LEB), Unité de Recherche Biodiversity at Interface People, Land use and Climate Change (BIPLAC), Université de Parakou, Bénin*

Résumé

Cette revue de la littérature vise à améliorer le niveau de connaissances scientifiques sur une espèce menacée *Afzelia africana* (Sm. ex Pers.) au Bénin. L'espèce se développe dans plusieurs régions d'Afrique. Au Bénin, on la retrouve dans les trois zones agro-climatiques à savoir la zone Guinéo-congolaise, Soudano-guinéenne et la zone Soudanienne. À ce jour, de nombreuses études scientifiques sur l'espèce ont été menées au Bénin principalement pour décrire l'espèce et sa distribution géographique, le statut socioéconomique et importance ethnobotanique de l'espèce et le statut écologique. D'autres études ont spécifiquement investigué l'effet des perturbations anthropiques, les facteurs limitant la régénération, la caractérisation morphologique et génétique et ont montré quelques pistes de mesures de conservation de l'espèce. Cependant, un manque de connaissances sur la sylviculture, l'écophysiologie, la biologie de la graine, la génomique de l'espèce, l'interaction plante et micro-organisme, etc. existe et doit être comblé afin de mieux maîtriser la reproduction et la plantation artificielles de l'espèce et la gestion durable des populations naturelles.

Mots clés : espèce menacée, facteur limitant, conservation, plante fourragère, aire favorable

Introduction

De nos jours, beaucoup d'espèces disparaissent au niveau de leurs habitats naturels à cause des menaces qui pèsent sur la biodiversité. Le plus important facteur d'appauvrissement de la diversité spécifique est la fragmentation et la modification des habitats naturels des espèces dues à la surexploitation, à l'agriculture itinérante, aux feux de végétation et au surpâturage.

S'ajoutent à ces différents facteurs, de la pollution, les espèces invasives et le changement climatique comme causes de perte de la diversité biologique (Adjahossou et al., 2018). Parmi les espèces les plus victimes de l'effet cumulé de différents facteurs de menaces, *Afzelia africana* (Sm. ex Pers. Fabaceae) en est une et se trouve dans les trois principales régions écologiques au Bénin (Sinsin et al., 2004 ; Mensah et al., 2014 ; Adjahossou et al., 2018).

En 1798, James Edward Smith a collecté l'espèce *A. africana* en savanes de l'Afrique de l'Ouest et l'a décrit (Donkpegan et al., 2014). Au cours des dernières années, l'espèce a subi une pression d'exploitation forestière très grandissante en raison de sa valeur en bois, et du fait de son émondage non durable pour nourrir le bétail pendant la saison sèche, en période de déficit fourrager graminéen (Amahowe et al., 2017). Il est également écorcé par des guérisseurs traditionnels pour soigner des maladies (Sinsin et al., 2004 ; Houéhanou et al., 2011 ; Donkpegan et al., 2014). Toutes ces menaces affectent dangereusement la conservation à long terme des populations naturelles de l'espèce. Ainsi, *A. africana* a été classée comme vulnérable au niveau international (IUCN, 2008) mais au Bénin elle est une espèce en danger (Adomou et al., 2009 ; Ehinnou Koutchika et al., 2013). Cela justifie l'intérêt accru de la science à investiguer différents aspects de recherche basés sur l'espèce *A. africana*. Par ailleurs, malgré toute l'importance perçue et les domaines scientifiques diversifiés et investigués sur le plan national qu'international, il y a toujours un énorme manque de connaissances nécessaires pour l'aménagement des populations naturelles de l'espèce voire sa plantation artificielle et sa domestication.

Le présent travail, vise à faire une synthèse des connaissances scientifiques disponibles sur l'espèce *A. africana* au Bénin et faire ressortir les gaps de connaissances sur l'espèce pour des recherches futures pouvant favoriser la domestication et la maîtrise de la plantation artificielle de l'espèce. La recherche bibliographique a été réalisée en consultant tous les travaux actualisés déjà réalisés sur l'espèce au Bénin.

8.1 Distribution géographique et description de *Afzelia africana*

8.1.1 Distribution géographique de l'espèce

Afzelia africana est une espèce qui s'étend des savanes boisées aux forêts sèches, pénétrant aussi dans les forêts denses humides semi-caducifoliées (Donkpegan et al., 2014). Il est présent dans plusieurs pays : Bénin, Burkina Faso, Cameroun, République Centrafricaine, Côte d'Ivoire, Ghana, Guinée, Guinée-Bissau, Mali, Niger, Nigéria, Sénégal, Sierra Leone, Soudan, Togo, Ouganda, Tanzanie et Sénégal (Arbonnier, 2002 ; Donkpegan et al., 2014). Au bénin l'espèce est présente dans tout le pays à travers ces trois (03) zones climatiques à savoir : les zones Guinéo-congolaise, Soudano-guinéenne et Soudanienne. Le Tableau 33 présente la distribution des aires favorables au plan climatique pour la conservation et la plantation artificielle de l'espèce au Bénin.

Tableau 35. Distribution des aires favorables pour la conservation de l'espèce dans les trois zones climatiques du Bénin (D'après Adjahossou et al., 2016).

Zones climatiques	Latitudes	Aires protégées
Guinéo-congolaise	6°25'-7°30'N	Forêts Classées de Djigbé, Lama et Kétou, forêt d'Itchèdè
Soudano-guinéenne	7°30'-9°45'N	Forêts Classées de Wari Maro, Monts Kouffè, Agoua, Dogo et Dassa
Soudanienne	9°45'12°30'N	Parcs W, Pendjari et Forêts Classées de Goroubi, Goungou, Mékrou et Trois Rivières

8.1.2 Description botanique de l'espèce

Afzelia africana est l'une des 7 espèces africaines du genre Afzelia et appartenant à la famille Fabaceae (Donkpegan et al., 2014). C'est un grand arbre à cime dense (Figure 49), large et étalée, de 25-30 m voire 35 m de haut, à fût droit souvent court et trapu (parfois plus de 1 m de diamètre), à branches massives (Arbonnier, 2002).

L'arbre a une écorce grise plus ou moins foncée, plus ou moins fissurée et lamelleuse, s'écaillant en plaques, laissant apparaître des zones grises claires, à tranché rose, à brun clair, granuleuse (Figure 49) (Arbonnier, 2002). Ses feuilles sont oblongues ou en forme de lance et oblongues, 6-

15 x 3,5-8,5 cm. Elles portent 3-8 paires d'opposées ou folioles sous-opposées, glabres et brillantes, vertes foncées dessus, largement espacées sur le rachis et un membre entier dépourvu de ponctuations translucides. Selon Donkpegan et al. (2014), l'espèce est hermaphrodite et les inflorescences sont en grappe ou en panicule, solitaires, terminales et axillaires de feuilles supérieures. Des bractéoles ovales ou concaves enveloppent les très jeunes boutons, rapidement caduques ou non. Avec un pédicelle concave, surmonté par un réceptacle long ou très long incluant quatre sépales imbriqués.

La fleur présente un grand pétale plus ou moins longuement onguiculé, à limbe légèrement circulaire, bilobé ou sub-entier. Il existe parfois d'autres pétales, mais ils sont alors rudimentaires. La fleur présente également des étamines fertiles (trois à huit), parfois soudées dans leurs tiers inférieurs, à longs filets.

La description botanique détaillée des stipes, fruits et des graines peuvent être consultées dans la littérature disponible (Akoegninou et al., 2006 ; Donkpegan et al., 2004 ; Arbonnier, 2002). Les fruits sont des gousses droites ou réniformes dans lesquels sont logées des graines de forme ovale (Figure 50) ou oblongue et de couleur noire (Donkpegan et al., 2004)

Figure 49. Individu adulte de *Afzelia africana* (**A**) et le tronc montrant l'écorce (**B**)

Figure 50. Fruit sec ouvert montrant les graines et leurs loges (**A**) et fruit sec s'ouvrant (**B**)

8.2 Importance ethnobotanique et statut socio-économique

Afzelia africana est une essence de bois à fort potentiel fourrager et médicinal. Dans les zones agro-pastorales du pays, les feuilles sont considérées comme un fourrage important pour les bovins pendant la saison sèche (Sinsin et al., 2004 ; Houéhanou et al., 2011 ; Ahoyo et al., 2018). Les branches sont taillées par les Peulhs pour nourrir leurs animaux. *Afzelia africana* est utilisé pour guérir plusieurs maladies telles que : œdèmes, névralgies intercostales, convulsions, retard staturo-pondéral. L'écorce en poudre est utilisée comme fébrifuge, contre la constipation, fièvre, vomissements, œdèmes, tachycardie, hypertension, bronchite, antalgique, diurétique, galactogène et stimulant gastro-intestinal (Sinsin et al., 2004). Les racines de *A. africana* sont utilisées pour soigner les maux d'estomac, convulsions, trypanosomes, et servent d'antidote, poison de flèche et hernies (Donkpegan et al., 2014 ; Sinsin et al., 2004). Houéhanou et al. (2011) ont révélé que les ethnies Waama, Gourmantché et Berba, notamment les hommes, quel que soit leur âge, utilisent *A. africana* principalement pour la médecine, le fourrage et à des fins artisanales. Mais les jeunes femmes Waama l'utilisent de préférence pour l'énergie et les vieillards Gourmantché à des fins religieuses. La bonne qualité du bois de *A. africana*, appelé aussi le doussié présente d'intéressantes propriétés agroforestières, tout en jouant un rôle culturel et mystique non négligeable. C'est le cas par exemple chez les Gourmantché où son utilisation comme bois énergie est interdit à cause de son caractère cultuel et mystique (Houéhanou et al., 2011).

L'arbre est utilisé pour la fabrication de pirogues, ustensiles de cuisine, mortiers, tambours, bois de feu, charbon de bois, brosses à dents. Les graines servent à la production d'huile, collier, parures ornementales et religieuses (Donkpegan et al., 2014). Bien que les investigations scientifiques disponibles aient peu estimé la valeur économique de l'utilisation fourragère de *A. africana*, certaines des utilisations de *A. africana* sont à valeur économique potentielle et méritent une attention particulière. C'est le cas de l'utilisation de l'espèce comme bois d'œuvre. C'est un madrier de qualité recherché dans toutes les scieries et menuiseries du pays pour différentes fabrications technologiques. Son usage fourrager aurait aussi un fort impact économique vu l'importance de l'élevage des bovins dans certaines zones climatiques du pays. C'est une composante fourragère ligneuse de qualité indispensable en saison de déficit fourrager et recherchée par tous les bouviers de troupeaux de bovins.

8.3 Statut écologique de *Afzelia africana*

8.3.1 Caractéristiques démographiques et diversité des arbres dans les peuplements naturels

Les diamètres moyens des individus de *A. africana* varient significativement autour de 48 cm dans la zone Soudano-Guinéenne, 47 cm dans la zone Guinéo-Congolaise et 42 cm dans la zone Soudanienne.

Les peuplements à très faibles diamètres moyens sont majoritairement dans la zone Soudanienne tandis que ceux ayant des individus de grand diamètre sont dans les zones Guinéo-Congolaise et Soudano-Guinéenne. Les plus grandes hauteurs moyennes sont enregistrées dans la zone Guinéo-Congolaise alors que les plus faibles hauteurs sont observées dans la zone Soudano-Guinéenne et la zone Soudanienne (Sinsin et al., 2004). Le Tableau 36 présente quelques caractéristiques dendrométriques de *A. africana* par zone climatique au Bénin.

Tableau 36. Diamètre moyen et hauteur moyenne de *Afzelia africana* par zone climatique au Bénin (d'après Sinsin et al., 2004)

Paramètres	Diamètre moyen (cm)	Hauteur moyenne (m)
Guinéo-congolaise	47	13
Soudano-guinéenne	48	10
Soudanienne	42	9

La diversité et la disponibilité écologique des espèces ligneuses des habitats de *A. africana* dépendent aussi de la zone climatique (Mensah et al., 2016). Le Tableau 37 montre les espèces ligneuses les plus écologiquement disponibles dans les habitats de *A. africana* au Bénin selon les zones climatiques du Bénin. Cependant, les habitats de *A. africana* ont été étudiés par Bonou et al. (2009) dans la Forêt Classée de la Lama et ont montré la présence de l'espèce dans les vieilles jachères, les forêts denses typiques et les forêts denses dégradées avec plus de 80% des individus de l'espèce dans les forêts denses typiques.

Tableau 37. Les valeurs des IVI (Indice de Valeur d'Importance) des espèces les plus écologiquement disponibles dans les habitats de *A. africana* selon la zone climatique au Bénin (d'après Mensah et al., 2016).

Espèces	Guinéo-congolaise	Soudano-guinéenne	Soudanienne
Afzelia africana Sm	16,7	16,4	65,2
Pterocarpus erinaceus Poir.		14,2	52,6
Burkea africana Hook.		13,5	14,1
Anogeissus leiocarpa (DC.) Guill. & Perr.	6,3	19,5	1
Vitellaria paradoxa C.F. Gaertn.		27,7	43,7
Lannea acida A. Rich.		15,4	18,8
Isoberlinia doka Craib & Stapf		27,2	
Isoberlinia tomentosa (Harms) Craib & Stapf		22,3	
Monotes kerstingii Gilg.		21,2	
Crossopteryx febrifuga Benth. -		5,7	17
Daniellia oliveri (Rolfe) Hutch. & Dalziel		7,4	15,3
Bombax costatum Pellegr. & Vuillet -		3	
Sterculia setigera Del.			
Boswellia dalzielii Hutch.			
Dialium guineense Willd.	68,9		
Diospyros mespiliformis Hochst.	49,2		
Drypetes floribunda (Müll.Arg.) Hutch.	32,7		

Mimusops andongensis Hiern	19,1
Ceiba pentandra (L.) Gaertn.	18,5
Celtis brownii Rendle.	17,4

8.3.2 Impact des perturbations anthropiques sur les peuplements naturels

Les impacts des perturbations anthropiques ont été évalués sur les peuplements naturels de *A. africana* à plusieurs niveaux. Les travaux de Sinsin et al. (2004) ont montré qu'au Bénin les niveaux de pression anthropique sur les peuplements naturels sont faibles dans la zone Guinéo-Congolaise et augmentent graduellement de la zone Guinéo-Congolaise vers la zone Soudanienne. L'émondage de l'espèce et son écorçage sont les types de perturbations anthropiques qui s'exercent le plus sur les peuplements naturels qui n'ont pas encore été victimes d'exploitation forestière. L'émondage de l'espèce est beaucoup plus marqué en saison de déficit fourrager (Sinsin et al., 2004 ; Kampmann & Sinsin, 2010). L'intensité de l'émondage est presque la même dans les zones Soudano-Guinéenne et Soudanienne alors que l'écorçage est de forte intensité en zone Soudanienne comparativement à la zone Soudano-Guinéenne (Amahowé et al., 2017), ces deux zones étant les plus sujettes à de fortes perturbations anthropiques sur l'espèce. En zone Soudano-guinéenne, l'impact de l'écorçage de *A. africana* a été évalué par Delvaux et al. (2009, 2010) qui ont montré que l'écorçage sévère est préjudiciable à l'espèce et ceci indépendamment de la saison. En effet, la capacité de recouvrement de l'écorce après sa récolte est faible chez *A. africana* (Delvaux et al., 2010).

Le Tableau 38 présente les valeurs moyennes des paramètres structuraux de *A. africana* dans chaque zone climatique et selon le niveau de perturbation anthropique. Pour la plupart des paramètres structuraux considérés, l'effet de la perturbation anthropique dépend de la zone climatique et présage à une interaction significative entre la pression anthropique et la zone climatique.

Dans la forêt classée de la Lama, l'effet de la pression anthropique a été aussi mis en évidence par Bonou et al. (2009) qui ont révélé que les grandes valeurs de densité, diamètre moyen, hauteur moyenne, surface terrière et contribution à la surface terrière de l'espèce sont obtenues dans la forêt dense typique comparativement à la forêt dense dégradée et la vieille jachère.

L'effet de la perturbation anthropique sur des traits fonctionnels de l'espèce a été évalué par Amahowé et al. (2018). En effet l'écorçage n'a pas induit un effet sur le taux de croissance des individus alors que l'émondage a considérablement réduit la croissance des arbres de *A. africana* jusqu'à 0,35 cm par an et cet effet négatif est le plus élevé pour les individus d'arbres ayant une faible densité en bois (Amahowé et al., 2018).

Tableau 38. Paramètres structuraux des populations de *A. africana* (DBH ≥ 10 cm) selon le niveau de pression anthropique dans chaque zone climatique au Bénin (d'après Mensah et al., 2014).

Paramètres	Niveau de pression	Guinéo-congolaise	Soudano-guinéenne	Soudanienne
Densité, N (tiges/ha)	Faible	3,48	4,87	13,97
	Élevé	1,46	1,17	17,14
Diamètre moyen, Dm (cm)	Faible	70,88	23,77	20,58
	Élevé	52,90	65,18	18,56
Surface terrière, G (m^2/ha)	Faible	7,98	1,95	2,19
	Élevé	2,76	0,89	1,28
Hauteur moyenne, HL (m)	Faible	17,70	-	11,25
	Élevé	13,46	11,09	8,87
Densité de régénération (Plant/ha)	Faible	23,46	-	0,63
	Élevé	9,54	0,71	1,27

8.3.3 Les facteurs de survie de la plante en milieu naturel

L'un des objectifs les plus importants de la biologie de la conservation consiste à comprendre le mécanisme par lequel les filtres environnementaux affectent la croissance de l'organisme, sa survie et sa reproduction. Selon les investigations, les perturbations anthropiques ne seraient pas les seuls facteurs de menace sur les populations de l'espèce *A. africana.* En effet les densités estimées des adultes et des juvéniles des populations protégées dans la Pendjari et non protégées des aires libres environnantes ne sont pas significativement différentes et cela présage aussi à un déclin des populations protégées (Houéhanou et al., 2013). La survie de la plante en milieu naturel reste et demeure une problématique à investiguer encore de plus profondément et fait appel à l'existence des facteurs biotiques et/ou abiotiques qui pourraient aussi entraver la survie de l'espèce. Cela justifie les travaux de Atanasso et al. (2021).

Parlant de l'effet des facteurs biotiques et abiotiques, la survie des plantules de *A. africana* augmenterait avec la hauteur initiale, mais cela diminuait de la saison humide à la saison sèche (Atanasso et al., 2021). De même, le taux de survie est plus élevé sur un terrain plat que sur les pentes (Atanasso et al., 2021). L'effet du broutage des mammifères, des feux de brousse en milieu naturel provoque aussi un goulot d'étranglement au stade juvénile (Atanasso et al., 2019). La densité des arbres hétéro-spécifiques est positivement associée avec la densité d'adultes de *A. africana* mais négativement liée aux paramètres de croissance de l'espèce tels que le diamètre moyen et la surface terrière. La survie de *A. africana* en milieu naturel dépendrait aussi des ressources limitées de l'environnement. Le type de sol a influencé la surface terrière et la densité de régénération, des valeurs plus élevées étant observées sur les sols limono-sablo-rocheux (Atanasso et al., 2019).

Le système de gestion des peuplements, l'intensité de l'émondage, la prédation des semis détermineraient donc l'état de la régénération de *A. africana* et sa survie en milieu naturel (Amahowe et al., 2018). En effet, le taux de mortalité des semis de *A. africana* est plus élevé dans le système agro-sylvo-pastoral que dans les aires protégées, démontrant le rôle de premier plan des zones protégées pour la conservation des espèces. Le recrutement est faible sous les individus d'arbres adultes intensément émondés.

8.3.4 Les traits fonctionnels et l'adaptation environnementale de l'espèce

Les traits fonctionnels sont utiles pour mesurer la réponse de la plante à des gradients de stress environnementaux. La réponse des traits à l'environnement varie avec le temps. Amahowe et al. (2016) ont montré que les feuilles de *A. africana* investissent davantage dans la défense et la structure des feuilles dans les zones ouvertes pour faire face à la sécheresse et le stress du vent en augmentant la masse foliaire et en diminuant la surface foliaire spécifique.

De plus, la variation intra spécifique de la masse foliaire et la surface foliaire spécifique ont révélé la plasticité de l'espèce qui lui permet de faire face à une large gamme des conditions environnementales, et contribuent ainsi à l'explication de la large distribution de l'espèce. Par ailleurs, la concentration relative de chlorophylle dans les feuilles est plus élevée pour les individus plus jeunes que pour les adultes, suggérant une activité photosynthétique plus intense chez les petits individus nécessaires à la production de matière organique qui peut être allouée à la croissance et à la défense des plantes (Amahowe et al., 2016).

8.4 Diversité morphologique et génétique de *A. africana*

Les traits morphologiques liés aux fruits, graines et folioles, montrent des valeurs de traits dépendant de la zone climatique. La zone soudanienne qui est la zone la plus sèche présente des valeurs de traits de fruits, graines et folioles les plus faibles en opposition à la zone Guinéocongolaise (Tableau 39). La zone Soudano-guinéenne présente des valeurs intermédiaires.

Les différentiations morphologiques obtenues entre différentes zones climatiques présagent à une différentiation génétique des populations de *A. africana* au Bénin. Ainsi, des niveaux élevés de diversité génétique ont été trouvés dans les sous-populations des trois zones climatiques (Houéhanou et al., 2019b). Les valeurs moyennes des hétérozygoties observées / attendues étaient respectivement de 0,818 / 0,752 ; 0,877 / 0,753 et 0,848 / 0,765 dans les sous-populations guinéo-congolaise, soudano-génienne et soudanienne (Houéhanou et al., 2019b). Une différenciation génétique faible mais statistiquement significative entre les sous-populations géographiques a été observée de même qu'un isolement significatif par distance. Des pools génétiques plus ou moins distinctifs ont été observés au Sud (forêt classée de la Lama et la forêt de Adakplamè) et au Nord (Nord-Est et Nord-Ouest). Cependant l'analyse de la structure génétique des populations a montré que les populations de *A. africana* dans la zone centrale du Bénin (zone Soudano-Guinéenne) échangeraient par le passé plus de gènes avec les pools génétiques du Sud et du Nord.

Tableau 39. Valeurs moyennes des traits morphologiques des fruits, graines et folioles de *Afzelia africana* en fonction de la zone climatique au Bénin (d'après Houéhanou et al., 2019a)

Traits morphologiques	Soudanienne	Soudano-guinéenne	Guinéo-congolaise
Longueur fruit (cm)	13,17	13,46	14,57
Largeur fruit (cm)	5,29	5,85	6,9
Épaisseur fruit (cm)	2,1	2,24	2,87
Masse fruit (g)	64,56	80,83	114,19
Masse totale des fruits (g)	14,3	17,34	16,99
Longueur graine (mm)	21,38	22,32	23,36
Largeur graine (mm)	12,5	13,03	11,67
Epaisseur graine (mm)	9,35	9,94	9,97
Masse graine (g)	2,07	2,48	2,52
Longueur foliole (cm)	8,5	10,26	11,28
Largeur foliole (cm)	4,41	5,49	5,47

8.5 Biologie de la graine de *A. africana*

Les différences entre zones climatiques sur la base des traits morphologiques liés aux graines ont induit des différences de capacités germinatives et de croissance des plantules (Padonou et al., 2013). Les graines longues, larges et lourdes germent mieux et leurs plantules croissent mieux que les germinations issues de graines courtes et légères (Padonou et al., 2013). D'autres facteurs de stimulation de la croissance juvénile de l'espèce ont été évalués récemment. Il s'agit de l'effet de l'inoculation ectomycorrhizienne avec *Scleroderma verrucosum* (Bull.) Pers. et la fertilisation organique et minérale. L'inoculation par *S. verrucosum* a été capable d'augmenter les paramètres de croissance des plantules de *A. africana* et cet effet est beaucoup plus significativement élevé avec l'apport de fertilisant organique ou minéral (Hounsouvo, 2021). Il apparaît donc que l'application de fertilisant et des spores de *S. verrucosum* sur *A. africana* constitue un moyen plus efficace d'améliorer la performance des plants en pépinières

8.6 Mesures de conservation de *A. africana*

Dans les aires protégées, la conservation de *A. africana* mérite une attention particulière lors de la définition des stratégies de gestion de l'espèce. Des mesures de conservation *in situ* de l'espèce devraient être prises en urgence dans les zones où l'espèce subit encore de faibles pressions anthropiques. Par ailleurs, des mesures axées sur l'enrichissement des forêts appauvries avec l'espèce devraient être l'une des préoccupations majeures des gestionnaires forestiers du Bénin (Sinsin et al., 2004). Les stratégies de conservation des semences doivent être prises en compte afin de les protéger contre les prédateurs ainsi que les semis et aussi préserver des pools génétiques.

La régénération assistée doit être aussi envisagée dans certains habitats au cours des premières années de croissance des jeunes plants (Bonou et al., 2009 ; Houéhanou et al., 2013). Cela consistera à contrôler les facteurs biotiques et abiotiques dans les peuplements naturels. Les aires protégées du Nord et du Sud restent incontournables pour conserver la diversité phénotypique et génétique de *A. africana* (Houéhanou et al., 2019a).

Les stratégies pour contrôler les perturbations humaines telles que l'émondage et l'écorçage sont nécessaires pour contribuer à la conservation de l'espèce dans les zones non protégées. De plus dans les zones guinéennes, pour éviter l'incursion des éleveurs et des agriculteurs dans les réserves de forêts, les activités anthropiques sur l'espèce doivent être plus contrôlées et interdites. Les semences, les semis et les jeunes arbres pourraient être protégés grâce à la protection des forêts. La collecte de semences sous les porteurs de graines d'intérêt aidera à établir un verger à graines pour d'autres plantations et utilisations dans l'enrichissement des forêts.

Les semis et les gaules pourraient être étiquetés et protégés contre les herbivores en utilisant des barrières métalliques. Les peuplements purs ou mixtes peuvent être établis et gérés suivant un espacement et une sylviculture. La plupart de ces actions doivent être combinées avec les communautés locales en passant par la sensibilisation à la protection des semis dans les réserves forestières et aux alentours, par l'éducation à la conservation pour aider les populations à comprendre l'état critique de l'espèce et l'urgence de sa préservation (Mensah et al., 2014).

8.7 Gaps de connaissance et orientations futures de recherche

Des études disponibles actuellement ont fourni des informations sur l'état démographique des peuplements naturels, l'aptitude à la germination et la croissance des plantules, la caractérisation morphologique et génétique et l'impact des perturbations anthropiques à divers niveaux, etc. Ces différents travaux peuvent induire des implications en matière de conservation et de gestion des populations de *A. africana*.

Cependant, d'autres recherches sont encore nécessaires dans différents domaines afin d'atteindre les objectifs de conservation de ladite ressource très menacée. Les recherches qui peuvent favoriser la maîtrise de la plantation artificielle de l'espèce sont encore à investiguer. Au Bénin, les études basées sur la biologie de la graine de *A. africana* sont encore presque absentes. Les facteurs internes de la graine pouvant contribuer à une bonne germination et croissance rapide sont encore mal connus. Les études basées sur la biologie de la graine sont nécessaires pour maîtriser la sylviculture de la plante sachant bien que la sylviculture de l'espèce demeure aussi un champ faiblement investigué.

En ce qui concerne le rôle possible d'ectomycorhizes pour stimuler la croissance des semis de cette espèce in situ, des investigations sont encore nécessaires. Le recours à la mycorhization et en particulier à l'inoculation ectomycorhizienne figure parmi les techniques à privilégier pour améliorer davantage la qualité du système racinaire et la survie de la plante tout en leur conférant une tolérance accrue à la sécheresse et aux différentes contraintes des sites de reboisement (Lamhamedi et al., 2000).

Tester l'efficacité de la reproduction végétative de l'espèce comparée à la reproduction sexuée peut être aussi investiguée afin de rechercher les moyens de multiplication les plus convenables pour une reproduction artificielle plus aisée de l'espèce. Puisque l'espèce a une distribution large et s'adapte ainsi à plusieurs environnements climatiques, il s'avérait nécessaire d'approfondir les études éco physiologiques de l'espèce afin de comprendre les mécanismes physiologiques de son adaptation et de sa croissance.

La génomique de l'espèce doit être aussi investiguée pour rechercher des gènes de croissance de l'espèce. Cela pourrait permettre de sélectionner des germplasm pour accélérer la croissance de l'espèce en plantation.

Conclusion

Dans cette synthèse bibliographique, il ressort globalement que plusieurs études ont été menées sur *A. africana* déjà au Bénin. Ces champs investigués sont beaucoup d'ordre écologique que sylvicultural. Ainsi, il reste des efforts à fournir surtout dans le domaine de la sylviculture de l'espèce pour une reproduction artificielle parfaite de l'espèce afin de restaurer ces habitats dégradés.

SECTION 9 : *Isoberlinia doka* Craib & Stapf et *Isoberlinia tomentosa* (Harms) Craib & Stapf

Adjahossou S.G.C.[1,2]

[1]*Direction générale des forêts et des ressources naturelles (DGFRN), BP 393, Cotonou, Bénin*
[2]*Laboratoire d'écologie appliquée (LEA), Faculté des Sciences agronomiques, Université d'Abomey-Calavi, 01 BP 526, Cotonou, Bénin*

Résumé

Originaires d'Afrique, *Isoberlinia doka* Craib & Stapf et *Isoberlinia tomentosa* (Harms) Craib & Stapf sont deux essences forestières autrefois peu convoitées. Elles revêtent actuellement une utilité avérée pour les populations locales. Au Bénin, la littérature souligne que divers travaux scientifiques se sont focalisés sur l'écologie de la conservation des deux essences cibles. La présente étude vise d'une part à documenter l'état des connaissances scientifiques disponibles pour l'intégration du genre *Isoberlinia* dans les stratégies de conservations et de développement local de conservation et d'autre part, exposer les aspects cibles de la recherche encore peu documentés pour la sylviculture durable des deux essences au Bénin. *I. doka* et *I. tomentosa* sont deux espèces bien connues des populations et utilisées dans plusieurs catégories d'usages comme bois d'œuvre et de service, bois énergie, l'artisanat et usage médicinal. La densité globale des formations végétales en régime de dominance à *Isiberlinia* varie de 202,8 tiges.ha^{-1} en savane boisée à 225,2 tiges.ha^{-1} en savane arborée. La régénération des deux espèces est relativement faible avec une distribution agrégative. Elle est constituée majoritairement de semis naturels en forêts et de drageons en milieux anthropisés.

Mots clés : Catégories d'usage, distribution agrégative, rendement, semis naturels, drageons, *Isoberlinia doka*, *Isoberlinia tomentosa*.

Introduction

La régression de la couverture forestière béninoise est estimée à une perte annuelle de 1,2% et environ 70 000 ha de forêt sont défrichés chaque année entre 1990 et 2000 (FAO, 2010). Cette diminution de la surface forestière est assortie de la régression de certaines espèces de valeur (Houinato, 2001 ; Adjahosssou et al., 2016), telles que *A. africana, Khaya senegalensis* (Desv.) A. Juss., *P. africana*, *Diospyros mespiliformis* Hochst. ex. A. DC. avec pour corollaire, la raréfaction des ligneuses de valeur (Sinsin et al., 2004 ; Hessou et al., 2020 ; Adjahossou et al., 2020). L'exploitation de ces ligneux très prisés est donc reportée vers d'autres espèces végétales de forêts claires autrefois sans valeur (Glèlè & Sinsin, 2009 ; Adjahossou et al., 2018a ; Adjahossou et al., 2018b). *Isoberlinia doka* Craib & Stapf et *Isoberlinia tomentosa* (Harms) Craib & Stapf sont deux de ces arbres autrefois peu convoités et qui revêtent actuellement une utilité avérée pour les populations locales.

Diverses études écologiques visant la conservation de *I. doka* et *I. tomentosa* ont été réalisées au Bénin, cependant, il n'existe aucun document scientifique synthèse de référence uniformisé relatif aux travaux cibles déjà effectués au Bénin. Face à cette problématique, le présent document se propose de faire la synthèse des connaissances scientifiques relatives à *I. doka* et *I. tomentosa* au Bénin.

Le présent sommaire débute par trois aspects successifs de la recherche, les caractères botaniques, la distribution géographique ainsi que le statut socioéconomique voire importance ethnobotanique. Les aspects spécifiques au statut écologique et la biologie de la graine sont ensuite exposés et enfin, viennent les mesures de conservation ainsi que les gaps de connaissance en termes de perspectives pour la sylviculture.

9.1 Distribution et description des espèces du genre *Isoberlinia*

9.1.1 Distribution géographique des espèces du genre *Isoberlinia*

Isoberlinia doka Craib & Stapf

Originaire d'Afrique, elle a une grande importance dans les paysages soudaniens et zambéziens, parce qu'elle s'y présente à l'état de peuplement pur ou mélangé avec d'autres grandes essences légumineuses comme *Burkea africana* Hook., *P. africana* et très fréquemment avec *Uapaca somon* Aubrév. & Léandri., *Monotes kerstingii* Gilg., etc. En général, lorsqu'elle apparait, elle domine le peuplement (Aubréville, 1970). Cette espèce se rencontre depuis la Guinée et le Mali méridional jusqu'en Ouganda (Aubréville, 1970). En Afrique Occidentale, on la rencontre entre les 5° et 9° latitudes nord.

Isoberlinia tomentosa (Harms) Craib & Stapf

Originaire d'Afrique, *I. tomentosa* a une grande importance dans les paysages soudaniens et zambéziens, parce qu'elle s'y présente à l'état de peuplement pur ou mélangé avec d'autres grandes essences légumineuses comme *B. africana*, *P. africana*, et très fréquemment avec *U. somon*, *M. kerstingii*, etc. En général, lorsqu'elle apparait, elle domine le peuplement (Aubréville, 1970). Leur peuplement constitue les plus belles forêts de l'Afrique occidentale et centrale (Geerling, 1988). Cet arbre se rencontre depuis la Guinée et le Mali méridional jusqu'en Ouganda (Aubréville, 1970). En Afrique Occidentale, on les rencontre entre les 5° et 9° latitudes Sud.

9.1.2 Description des espèces du genre *Isoberlinia*

Caractères botaniques généraux du genre Isoberlinia

Le genre *Isoberlinia* est caractérisé par 2 à 5 feuilles jugulées à stipules interfoliaires falciformes et caduques (Arbonnier, 2005). Les inflorescences sont groupées en panicules. Les bractéoles valvaires enveloppent les fleurs constituées de 5 sépales linéaires et subégaux, 5 pétales de même longueur et de 10 à 13 étamines libres, subégales et exsertes. Les fruits sont des gousses s'ouvrant en deux valves ligneuses. Après la déhiscence, ces valves s'enroulent et se caractérisent par une surface masquée de nervures transversales plus ou moins proéminentes (Louppe, 2012). Les positions des botanistes sont très changeantes en ce qui concerne la position systématique de certaines espèces proches des *Isoberlinia*. Certaines espèces appartenant au genre *Isoberlinia* ont été attribuées au genre *Pseudoberlinia* puis au genre *Julbernadia* (Aubréville, 1950). D'autres espèces ont été réduites à des variétés de *Isoberlinia angolensis* (Welw. ex Benth.) Hoyle & Brenan. (Geerling, 1988). La révision du genre *Isoberlinia* faite par Brenan (1963) cité par Aubréville (1970), a permis de distinguer cinq espèces de *Isoberlinia*. Pour Glèlè & Sinsin (2009), trois de ces espèces ont été signalées au Bénin : *I. doka*, *I. tomentosa* et *Isoberlinia dalzielli* Craib & Stapf. qui est souvent confondue avec *I. tomentosa*. En effet, selon Brenan (1963) cité par Geerling (1988), les caractères séparant *I. tomentosa* et *I. dalzielli* sont insuffisants pour maintenir les deux espèces. Par conséquent, le nom *I. tomentosa* est adopté pour les deux espèces. Selon la nomenclature de la flore analytique du Bénin, *I. doka* et *I. tomentosa* appartiennent à la famille Leguminosae et à la sous-famille *Caesalpinioideae* (Akoègninou et al., 2006).

Isoberlinia doka

Arbre de 10 à 15 m de hauteur et pouvant atteindre parfois 20 m, avec un diamètre atteignant 60 à 80 cm à l'âge adulte (Arbonnier, 2005). La cime de *I. doka* est étroite et ouverte, l'écorce du tronc est grise, écailleuse à tranche rouge clair. L'espèce *I. doka* est caractérisée par 2 à 4 paires de folioles opposées ou sub-opposées. Les stipules interpétiolaires sont falciformes, ordinairement caduques et soudées plus ou moins à la base. Les rameaux et les feuilles sont glabres. Les fleurs blanches et subsessiles sont constituées de 5 pétales plus ou moins égaux, un calice tubulaire à 5 lobes pointus et 10 étamines. La fructification couvre les mois de mars à mi-juin. Les fruits sont oblongs de couleur marron, finement striés transversalement d'abord tomenteux puis glabres (Arbonnier, 2005).

Isoberlinia tomentosa

C'est un arbre de 10 à 15 m de haut, parfois 20 m. Elle a une cime étalée et dense, son écorce est grise écailleuse à tranche rouge pâle et brune au-dessus (Arbonnier, 2005). L'espèce *Isoberlinia tomentosa* est caractérisée par des rameaux et feuilles pubescentes. Les jeunes feuilles sont duveteuses. Les feuilles sont caractérisées par 3 à 4 paires de folioles sub-opposées plus ou moins pubescentes au-dessous. Les stipules sont falciformes et tomenteuses. Les folioles ovées ou elliptiques sont arrondies aux deux extrémités. Les fleurs sont blanches-rosées odorantes, un peu plus grandes que celles de *I. doka.* Les pétales sont sub-égaux et on y rencontre 10 étamines. De façon pratique, la différence entre les deux espèces en peuplement mélangé se fait très bien. Les bouquets de *I. doka* ont d'abord des feuilles mates cireuses, glabres mais bientôt brillantes éclatantes au soleil ; ceux de *I. tomentosa* ont des feuilles nouvelles grises veloutées sur les deux faces qui prennent ensuite une couleur beige nuancée de vert et de rougeâtre.

9.2 Importance ethnobotanique et statut socioéconomique *I. doka* *et I. tomentosa*

Les forêts claires à *Isoberlinia*, bien aménagées, peuvent avoir un avenir économique certain et participer à l'amélioration des revenus des populations locales. Mieux, les populations rurales connaissent *I. doka* et *I. tomentosa*, les utilisent et les désignent sous diverses appellations suivant les groupes socioculturels. Les significations de ces appellations sont surtout liées soit au mode de croissance, soit à l'éclatement des fruits, soit à la couleur des feuilles de la plante (Tableau 40).

Les appellations locales spécifiques des groupes socioculturels relatives aux deux essences cibles varient suivant les groupes socioculturels et sont liées au vécu quotidien de chaque groupe. Elles dépendent aussi des us et coutumes dans l'histoire des masses indigènes (Camou-Guerrero et al., 2008). Les significations des noms font référence aux vécus endogènes relatifs aux deux espèces. Par exemple, les groupes socioculturels Mahi, Holli et Fon utilisent l'appellation locale « kpakpa whlala » qui signifie « bois à croissance rapide et facile à travailler pour les usages de charpente » alors que chez les Nago c'est plutôt « Kpakpa odo » pour désigner « un arbre emblématique des galeries forestières en terme d'optimum écologique ». Quant à *I. tomentosa*, la dénomination « kpakpa djéké » chez les Holli et Fon fait allusion à l'habitat saxicole et la technologie du bois qui est très dur et très prisé en menuiserie alors qu'au sein des Anii le nom « Bokoorba » désigne « la couleur blanche de l'arbre » (Adjahossou et al., 2019). De pareilles différences dans les appellations par les groupes socioculturels ont été notées au Ghana et au Mali par Louppe (2012).

Par ailleurs, la propagation végétative naturelle est une méthode économique permettant de ne pas dépendre d'une éventuelle pépinière, d'autant plus que le réseau de pépinières localisé dans les régions sèches est le plus souvent pour le moins épars, voire inexistant. Le paysan ou l'éleveur peut choisir lui-même les plantes du genre *Isoberlinia* de son entourage à multiplier. Il ne dépend pas du bon vouloir des pépiniéristes qui ne disposent d'ailleurs bien souvent que d'un nombre limité d'espèces.

Tableau 40. Noms locaux et significations affectées à *I. doka et I. tomentosa* selon les groupes socioculturels d'après Adjahossou et al. (2019)

Espèce	GS	Noms locaux	Significations
I. doka	Mahi	*Kpakpa whlala*	Plante à croissance rapide
	Nago	*Kpakpa odo*	Plante aimant les galeries forestières
	Anii	*Bokoorba*	Plante à feuilles blanches
	Kotokoli	*Kpakpattin*	Plante dont les fruits à maturité s'éclatent sèchement
	Bariba	*Bagba*	Fruits à maturité s'éclatant sèchement
	Dendi	*Bagba*	Éclatements secs des fruits à maturité
	Holli	*Kpakpa whlala*	Plante à croissance rapide
	Fon	*Kpakpa whlala*	Plante à croissance rapide
I. tomentosa	Mahi	*Kpakpa djéké*	Plante à croissance moins rapide
	Nago	*Kpakpa*	Éclatements secs des fruits à maturité
	Anii	*Bokoorba kofoornon,*	Plante à feuilles blanches
	Kotokoli	*Kpakpattin*	Plante dont les fruits à maturité subissent des éclatements secs
	Bariba	*Bagba*	Éclatements secs des fruits à maturité
	Dendi	*Bagba*	Éclatements secs des fruits à maturité
	Holli	*Kpakpa djéké*	Plante à croissance moins rapide
	Fon	*Kpakpa djéké*	Plante à croissance moins rapide

GS : Groupes sociolinguistiques

Au Bénin, diverses catégories d'usages caractérisent les utilisations des deux essences cibles notamment : le bois d'œuvre, le bois de charpente, le bois énergie et l'usage médicinal (Adjahossou et al., 2019). Les études ethnobotaniques disponibles avisent que le degré de diversité des usages des deux essences corrobore avec les résultats de Dourma (2008) au Togo, où ces espèces assurent de grandes fonctions dans la vie quotidienne des populations locales. On enregistre également des différences statistiques significatives entre des valeurs d'usage suivant les groupes socioculturels démontrant que l'importance culturelle des espèces varie suivant ces groupes socioculturels et suggérant donc une diversité importante et une discrimination des usages au sein des populations locales. Au Bénin, les spécificités pourraient résulter des perceptions séculaires, des modes de vie et des activités professionnelles des groupes socioculturels (Houéhanou et al., 2011 ; Fandohan et al., 2017 ; Sinasson et al., 2017). En effet, les Mahi préfèrent *I. doka* pour le bois d'œuvre comparativement aux autres groupes socioculturels alors que les Kotocoli, utilisent plus la même espèce pour des besoins de charpente. Globalement, les Mahi et les Fon font partie des groupes socioculturels qui se convertissent le plus dans les activités du bois (menuisiers, exploitants forestiers, scieurs, et charbonniers), ceci à cause de la rareté des terres cultivables et la baisse de devises agricoles (Adjahossou et al., 2018c). En conséquence, ces groupes socioculturels détiennent plus de connaissances liées aux usages du bois.

Par ailleurs, il y a une affinité plus grande pour le bois blanc de *I. tomentosa* qui est plus dur que celui de *I. doka.* L'évaluation de l'effet isolé des principaux facteurs montre que, seul le groupe socioculturel détermine à la fois les variations de l'usage des deux essences et témoigne une forte concentration des connaissances de *I. tomentosa* au sein des Holli et Anii et de *I. doka* ; au sein des Mahi et Kotokoli. Ces résultats soutiennent l'hypothèse de connaissances des plantes dépendantes des groupes socioculturels (Houéhanou et al., 2011 ; Ahoyo et al., 2018). Au-delà des considérations socioculturelles, la catégorie socio-professionnelle s'est également révélée comme un facteur important dans la discrimination des usages de *I. tomentosa.* Par exemple, les menuisiers détiennent plus de connaissances sur sa bonne qualité technologique et par conséquent l'utilisent plus pour le bois d'œuvre. Quant aux Anii, ils l'utilisent surtout comme bois énergie alors que les Holli et Fon, utilisent préférentiellement l'écorce, la racine et les jeunes plants entiers pour le traitement de diverses affections. Les fréquents prélèvements de racines et écorces exposeraient *I. doka* à des risques de vulnérabilité (Traoré et al., 2011 ; Badjaré et al., 2018). Le penchant des Holli et Fon pour les usages médicinaux de *I. tomentosa* peut s'expliquer par la disponibilité de la ressource dans leur milieu selon l'hypothèse de l'apparence écologique (Albuquerque, 2006). Aussi les ligneux médicinaux les plus prisés tels que *K. senegalensis* et *A. africana* sont-ils devenus rares dans leurs terroirs. Les usages médicinaux recensés dans cette étude corroborent les nombreux travaux ethnobotaniques déjà réalisés en Afrique sur le genre *Isoberlinia.* Ces travaux ont montré qu'en Côte d'Ivoire, l'écorce de *I. tomentosa* sert à traiter les fièvres ainsi que les douleurs corporelles (Ahoba et al., 1995). Au Togo, la macération d'écorce s'utilise pour épurer les lésions de la peau et de vermifuge (Dourma, 2008) alors qu'au Mali, l'infusion de feuilles est utilisée en lavage par les femmes contre la stérilité (Louppe, 2012). L'étude des interactions des cinq facteurs sociaux démographiques investigués sur la variation de la valeur d'usage de *I. tomentosa* montre des réponses significatives (Thomas et al.,

2013) entre le groupe socioculturel et l'activité socio-professionnelle. Ce résultat suggère que les différences entre les groupes socioculturels peuvent être amplifiées par l'activité socio- professionnelle. Par exemple l'importance culturelle accordée par les Holli et Kotokoli à *I. tomentosa* sur le plan médicinal est influencée significativement quand ces derniers sont de la catégorie socio-professionnelle des menuisiers et charbonniers et ceci réciproquement.

9.3 Statut écologique du peuplement naturel du genre *Isoberlinia*

9.3.1 Peuplements naturels de *I. doka*

Elle est une espèce frugale qui peut se contenter des terrains les plus médiocres. Elle peut pousser sur une large gamme de types de sols, même les plus marginaux. D'après Geerling (1988), *I. doka* pousse généralement sur des sols argileux et bien drainés. Cet arbre pousse dans une zone à pluviométrie annuelle de 900 - 1500 mm, à des altitudes de 100-1200 m. C'est une espèce pionnière grégaire que l'on trouve en bosquets ou en formations importantes, en peuplements purs ou en mélange avec d'autres arbres de la famille des Légumineuses ; elle n'est jamais présente à l'état disséminé. Les forêts claires à *I. doka* sont l'homologue septentrional des miombos de la région zambézienne de l'Afrique australe. Bien qu'elle soit l'espèce caractéristique de ces formations, elle est souvent associée à *Uapaca togoensis* Pax, *Daniellia oliveri* (Rolfe) Hutch. & Dalziel, *B. africana*, *Erythrophleum africanum* (Welw. Ex Benth.) Harms, *D. mespiliformis*, *M. kerstingii* et *P. africana* (Louppe, 2012). Dans ce type de végétation, le couvert ligneux représente en général plus de 50 % de la végétation, et la strate herbacée est dominée par de grandes graminées vivaces, plus ou moins tolérantes à l'ombrage, telles que *Andropogon tectorum* Schumach. & Thonn. et *Pennisetum unisetum* (Nees) Benth. Malheureusement les forêts claires intactes de ce type sont de plus en plus rares en raison des défrichements agricoles (Louppe, 2012). *Isoberlinia doka* est une espèce rustique, peu exigeante, qui colonise tous les types de sols, à l'exception des sols indurés ou croûtés, des affleurements rocheux et des zones inondables. Les racines pénètrent difficilement les horizons ferrugineux indurés, sur lesquels elle développe un enracinement superficiel. Par contre, ses racines pénètrent les horizons graveleux même compacts. *Isoberlinia doka* peut croître sur les terrains les plus médiocres et, grâce à sa faculté à drageonner, peut survivre aux feux, aux défrichements et à l'érosion. En Centrafrique, elle préfère les sols ferralitiques bien drainés de couleur rouge ou ocre, alors qu'elle disparaît sur les sols rocailleux où *M. kerstingii* prend sa place. Dans le nord de la Côte d'Ivoire et du Nigeria, on a observé que ses graines germent rapidement sur les sols limoneux bien drainés, mais pas sur les sols sableux superficiels recouvrant de l'argile, où pousse *Terminalia avicennioides* Guill. & Perr., ce qui peut être la raison de la séparation stricte de ces deux espèces. *Isoberlinia doka* est ectomycorhizé par plusieurs espèces, dont des *Scleroderma* spp.

9.3.2 Peuplements naturels de *I. tomentosa*

Elle est une espèce frugale qui peut se contenter des terrains les plus médiocres. Elle peut pousser sur une large gamme de types de sol, même les plus marginaux. D'après Geerling (1988), *I. tomentosa* est plus rencontrée sur sol profond et caillouteux et sur des pentes. Cet arbre pousse naturellement sous climat soudanien ou soudano-guinéen où la pluviométrie moyenne varie de 900 à 1100 mm avec 5 à 6 mois de saison sèche. Elle s'adapte bien à des températures de 24,5 à 28,8 °C avec des amplitudes thermiques pouvant atteindre 6 °C. Elle se multiplie abondamment par rejets de souches et de drageon et se cramponne au sol en dépit de toutes les vicissitudes : feux, défrichements, érosions. Selon Geerling (1988), la régénération par drageonnage très commune aux *Isoberlinia* est à la base de la distribution agrégative de cette espèce et explique le fait que cette espèce apparait toujours en groupement. Dans tous les pays soudaniens, *I. tomentosa* est particulièrement remarquable en saison sèche dans le paysage gris desséché des savanes boisées (Aubréville, 1950 ; Geerling, 1988). Le moteur principal favorisant la vitalité de cette essence est sa capacité à rentrer en symbiose avec les champignons du type mycorhizien. Cette symbiose permet une augmentation de l'efficacité d'absorption de la plante, plus particulièrement l'absorption de l'eau et des éléments minéraux peu mobiles comme le phosphore. Les cellules des plantes colonisées ont une durée de vie plus longue, un pouvoir métabolique actif et elles peuvent absorber le phosphore énergiquement en des concentrations supérieures au seuil requis par le système racinaire (Louppe, 2012).

9.3.3 Rendement

En régime à dominance de *Isoberlinia* la densité globale des arbres est de 225,2 tiges.ha^{-1} en savane arborée contre 202,8 tiges.ha^{-1} en forêt. Au Bénin, les forêts claires adultes à *Isoberlinia* ont une surface terrière variant de 7,5 à 36,5 m².ha^{-1} selon la fertilité du sol (Glèlè & Sinsin., 2009). En Côte d'Ivoire, on a compté en moyenne 4,4 fûts de plus de 40 cm de diamètre par ha, représentant pour *Isoberlinia* seul un volume de 4,1 $m^3.ha^{-1}$ de grumes et de 6,8 $m^3.ha^{-1}$ de bois de feu et de service (Louppe, 2012). Les tables de conversion montrent qu'un arbre de 40 cm de diamètre à hauteur d'homme et de 17 m de hauteur totale représente en moyenne un volume de bois de 1,4 m^3 dont 0,6 m^3 de bois de grume ; un arbre de 50 cm de diamètre et de 20 m de haut représente 2,6 m^3 dont 0,9 m^3 de bois de grume ; un arbre de 70 cm de diamètre et de 23 m de haut représente 5,2 m^3 dont 1,6 m^3 de bois de grume (Louppe, 2012). Au Soudan, 42,3 $m^3.ha^{-1}$ de bois commercialisable (bois ronds, poteaux et petits sciages) ont été récoltés par l'exploitation des fûts de plus de 30 cm de diamètre dans une forêt dense sèche à *I. doka* (Louppe, 2012). Au Nigeria, un champ abandonné et protégé intégralement du feu pendant 10 ans a produit des plants de 3-4,5 m de haut ; ensuite l'utilisation des feux tôt dans la saison sèche pendant 10 années a conduit à un peuplement dense de *I. doka*, avec des arbres de 9-10,5 m de haut et 13-25 cm de diamètre de fût, et contenant quelques arbres de *K. senegalensis* de taille comparable (Louppe, 2012). Le volume de bois de feu récoltable a été estimé à 60 m^3 par ha ou 3 m^3 par ha par an. Le rendement au sciage après écorçage est de l'ordre de 52% du volume de fût y compris l'aubier, et 31% pour le bois de cœur seul (Louppe, 2012).

9.3.4 État de la régénération

Au sein des premiers stades de développement, les brins du genre *Isoberlinia* présentent une très forte agrégation (Fandohan et al., 2008 ; Fonton et al., 2012 ; Goussanou et al., 2017) qui diminue et tend vers une distribution aléatoire aux stades adultes. En région soudanienne, ces agrégats de petite taille (bouquets) sont régulièrement répartis pour ces deux essences. Ce mode de distribution agrégative serait dû aux modes de dissémination (Collinet, 1997) des deux espèces. En effet, *Isoberlinia* spp. sont des espèces ballochores qui présentent des diaspores expulsées par la plante elle-même. Ainsi, après la déhiscence des fruits (gousses) de *Isoberlinia* spp., les graines mûres sont directement libérées aux pieds des semenciers. La répartition en agrégats des *Isoberlinia* spp. et leur dominance dans les peuplements seraient dues non seulement au mode de dissémination des graines, mais également et surtout aux rejets de souches et de drageons, caractéristiques du genre (Aubréville, 1970 ; Bationo et al., 2005 ; Adjahossou et al., 2018c). Pour César (1992), la distribution agrégative pourrait également résulter d'une adaptation au feu, les plantules et les rejets étant moins vulnérables dans les bosquets. Les mécanismes de régénération naturelle par drageonnage et par rejets de souches s'intensifient suivant un gradient d'anthropisation croissant (Dourma, 2011). Les drageons sont perceptibles le long des racines latérales superficielles de *Isoberlinia* spp. et surtout au voisinage du houppier. Par ailleurs, en forêt claire non anthropisée, les semis naturels sont les plus abondants (Dourma et al., 2006). Il est impératif de supprimer les feux pour favoriser son abondante régénération par rejets, drageons et semis, puis pour éviter que les jeunes plants ne soient traumatisés par les feux et ne deviennent incapables de produire un bois d'œuvre de qualité en raison des déformations du fût et de l'apparition ultérieure de la pourriture humide du bois de cœur.

9.4 Biologie de la graine des espèces du genre *Isoberlinia*

Les graines de *I. doka*, environ 400 par kilogramme, sont récalcitrantes ; elles germent rapidement après leur dissémination ou perdent leur viabilité. Dans un essai au Burkina Faso, les graines ont perdu 40% de leur viabilité au bout de 3 semaines, et elles avaient perdu complètement leur viabilité au bout de 5 semaines de stockage à la température ambiante de 30°C. Les travaux de recherche de Douma (2008) révèlent que la régénération de *I. doka* et de *I. tomentosa* se fait par semis (32% des régénérations observées), par rejets de souche (11%) ou par drageons (57%). Dans les parcelles cultivées, le drageonnage est le mode de régénération dominant, alors que dans les forêts non perturbées les semis naturels sont majoritaires. En Côte d'Ivoire, après trois années de protection contre les feux d'une forêt claire à *Isoberlinia*, 480 tiges de plus de 7 cm de diamètre ont été comptées par ha dont 141 tiges d'*Isoberlinia*. De même, 105 semis de *Isoberlinia* et 905 rejets de souche, y compris ceux des souches de moins de 1 cm de diamètre provenant de semis ou de drageons, blessées par les feux antérieurs ont été observés. Trois années après une coupe à blanc, 250 semis, 1590 rejets et 570 drageons par ha ont été comptés.

9.5 Mesures de conservation de *I. doka* et *I. tomentosa*

Les travaux de Adjahossou et al. (2019) suggèrent la vulgarisation de stratégies d'exploitation durable des deux espèces au sein des groupes socioculturels. Ainsi, sur le plan de la médecine traditionnelle, des méthodes durables de récolte d'organes cibles peuvent être vulgarisées au sein des Fon et Holli majoritairement guérisseurs traditionnels. La promotion de la plantation de *I. doka* et *I. tomentosa* pour les usages basés sur le bois, peut être envisagée au sein des groupes socioculturels et professionnels ayant une inclinaison pour les usages du bois des deux espèces. Au regard du potentiel des essences du genre *Isoberlinia* pour la satisfaction des besoins relatifs aux bois, les nécessités liées à la circonspection de l'administration forestière, la maîtrise des structures spatiales, et la sylviculture constituent des contraintes à lever pour leur intégration dans les opérations d'enrichissement de forêts claires et plantations locales. Ces contraintes nécessitent autant de connaissances scientifiques sur les techniques de multiplication végétative peu onéreuses afin d'édifier la collection de meilleurs clones vis-à-vis des demandes privilégiées des exploitants forestiers.

Les mécanismes de régénération naturelle par drageonnage et par rejets de souches s'intensifient suivant un gradient d'anthropisation croissant (Adjahossou, 2020). Des études similaires (Bellefontaine, 1997, 1999) ont signalé que le drageonnage est une réponse physiologique suite à un stress tel que la blessure de racine ou le brûlage des troncs. Ainsi, la multiplication par graine dominante cède la place à une régénération presque exclusivement par drageons de racines et par rejets de souche suivant le gradient anthropique croissant. Au regard de la restauration très difficile de ces deux essences par semis direct avec l'aridité du milieu, il urge que la communauté scientifique tire profit de l'aptitude au drageonnage des essences du genre *Isoberlinia* pour l'accompagnement des populations locales au moyen des techniques de multiplication végétative à faible coût et facilement reproductibles (Bellefontaine et al., 2015). La propagation végétative naturelle des drageons est généralement plus rapide comparativement aux plants issus de semis (naturels ou artificiels) ou aux plants en pots. Par des méthodes en général simples et peu coûteuses, il suffit de (i) quelques excavations pour reconstituer l'histoire des liaisons entre les individus cibles en présence ; (ii) provoquer le drageonnage des deux espèces (ou clones), dans certaines stations et lors de cycles végétaux bien déterminés. Par exemple, on peut recouvrir les souches immédiatement après l'exploitation par une toile plastifiée, ce qui empêcherait l'émission de rejets et aurait simultanément pour ces espèces une action favorable sur l'émergence de drageons (Bellefontaine et al., 2016). D'autres interventions anthropiques peuvent provoquer dans certaines conditions l'apparition de drageons : l'abattage, l'écimage, les blessures des racines, la modification du régime hydrique, la remontée de la nappe phréatique dans les bas-fonds après une coupe trop sévère, le hersage, le sous-solage ou le labour, la réduction de la compétition herbacée ou végétative, le brûlis superficiel du sol ou de la souche après la coupe, les feux de brousse, l'amélioration des conditions nutritionnelles ou hormonales après l'abattage. Par rapport aux rejets de souche, les rejets de racines permettent, en fonction des réserves hydriques des sols, une extension territoriale plus importante, gagnant de place en place les emplacements voisins. La surface couverte par les taches (ou bouquets) de drageonnage varie en fonction des espèces. La particularité des drageons à coloniser l'espace et à densifier la couverture végétale au moindre coût, est déterminante par rapport aux rejets de souche. Ces derniers ont la réputation d'épuiser la souche progressivement au fil des rotations et offrent moins d'atouts au niveau de la colonisation de l'espace que les drageons, qui eux assurent la pérennité de l'ensouchement, mais surtout un renouvellement des souches. De plus, ils constituent aussi une voie de rajeunissement du système racinaire. En plus de ces caractéristiques propres au drageonnage, les autres principaux avantages des drageons et des rejets de souche sont évidents : (i) faibles coûts (pas de pépinière, pas de préparation du sol) ; (ii) besoins en arrosages réduits au minimum ; (iii) conservation complète du patrimoine génétique mieux adapté aux conditions locales ; (iv) croissance généralement plus rapide qu'avec des semis ou des plants issus de pépinière (d'où une réduction de la durée de la mise en défens envers le cheptel) et (v) précocité de la maturité sexuelle et production précoce de co-produits (fruits, condiments, fourrages, produits médicinaux). L'entretien des jeunes plants en pépinière est un processus délicat car les racines doivent être cernées fréquemment. Le repiquage est aisé avec un bon taux de reprise, mais la période d'installation au champ est longue, les jeunes arbres ne mesurant que 15 cm de haut environ au bout de 20 mois.

9.6 Gaps de connaissance et perspectives pour la sylviculture de *I. doka* et *I. tomentosa*

Il est tout aussi important de connaître la diversité génétique *I. doka* et *I. tomentosa* et d'entreprendre une amélioration des espèces visant une croissance juvénile rapide et des fûts droits et longs, pour alimenter les marchés locaux en bois d'œuvre. La pharmacologie de cette espèce mériterait aussi d'être mieux documentée. A titre illustratif, les aspects de la recherche relatifs à l'étude de la variation naturelle de traits phénologiques chez *I. doka* et *I. tomentosa* et une approche de génomique écologique au Bénin (Afrique de l'Ouest) méritent d'être investigués.

Conclusion

La présente étude synthèse révèle que les forêts claires à *Isoberlinia*, bien aménagées, peuvent avoir un avenir économique certain et participer à l'amélioration des revenus des populations locales. Il urge de maîtriser les feux pour favoriser son abondante régénération par rejets, drageons et semis, puis pour éviter que les jeunes plants ne soient traumatisés par les feux et ne deviennent incapables de produire un bois d'œuvre de qualité en raison des déformations du fût et de l'apparition ultérieure de la pourriture humide du bois de cœur. Des recherches sur la sylviculture des peuplements naturels et des plantations méritent d'être entreprises car ces ressources cibles représentent autant des intérêts économiques et écologiques considérables. Il est également important de connaître sa diversité génétique et d'entreprendre une amélioration de l'espèce visant une croissance juvénile rapide et des fûts droits et longs, pour alimenter les marchés locaux en bois d'œuvre. La pharmacologie de cette espèce mériterait aussi d'être mieux documentée.

SECTION 10 : *Lophira lanceolata* Tiegh. ex Keay

Assèdé E.S.P.[1,2], Nansounon N.S.C.[1], Biaou S.S.H.[1,2]

[1] *Unité de Recherche en Biologie Forestière et Modélisation Ecologique (UR-BioME), Laboratoire d'Écologie, de Botanique et de Biologie végétale (LEB), Université de Parakou, 03BP 125, Parakou, Bénin*

[2] *Département d'Aménagement des Ressources Naturelles, Faculté d'Agronomie, Université de Parakou, BP 123, Parakou, Bénin.*

Résumé

Lophira lanceolata Tiegh. ex Keay, une des nombreuses espèces oléagineuses et à usages multiples de l'Afrique tropicale, a fait objet de peu d'intérêts au Bénin contrairement au reste de sa zone de distribution. L'objectif de ce chapitre est de faire le point des connaissances accumulées sur l'espèce au Bénin, les besoins de conservation et surtout faire ressortir les gaps de connaissances à combler dans le futur. Les premiers travaux scientifiques, pour la plupart botaniques, ont décrit l'espèce, sa répartition et ses usages par les populations locales. *Lophira lanceolata* est un arbuste ou arbre de 7 à 24 m de haut, assez répandu au Bénin du nord au sud, dont chaque partie a au moins un usage (médecine, cosmétique, alimentation, élevage, construction, etc.). Appelée plante oléagineuse, elle produit une huile qui est peu connue au Bénin, essentiellement utilisée par les Waama dans le département de l'Atacora qui détiennent la technique traditionnelle d'extraction. Elle s'est révélée être une espèce assez résiliente aux pressions anthropiques avec un bon potentiel de régénération, surtout par voie végétative. Des études sur la structure des peuplements naturels au Bénin, on retient une densité des arbres variable (entre 56 et 243 tiges.ha^{1}) des savanes arbustives aux forêts claires. La hauteur et le diamètre moyens des arbres sont 8,5 cm et 22,7 cm respectivement. Au Bénin, la science devra pour le futur s'intéresser entre autres à lever la difficulté de germination des graines, développer la sylviculture de l'espèce et approfondir les aspects génétiques de la plante pour faciliter sa domestication, son utilisation durable et sa conservation.

Mots-clés : connaissances endogènes, paramètres dendrométriques, gestion durable, dynamique, forêt, savane, *Lophira lanceolata*,

Introduction

La forêt occupe une place importante dans la vie des êtres humains. Selon FAO (2005), le commerce mondial des produits forestiers vaudrait environ 159 milliards USD par an. Des millions de personnes en effet dépendent de l'exploitation des ressources forestières pour soutenir leurs moyens d'existence. La forêt subit de ce fait de forte pression et la science se veut de pouvoir concilier la conservation et l'utilisation de ses produits (Milner-Guland & Mace, 1998 ; Hutton & Leader-Williams, 2003).

Un des multiples points focaux des politiques dans les écosystèmes forestiers était l'approvisionnement en bois énergie et bois d'œuvre. Les concepts se sont élargis depuis pour prendre en compte tous les produits forestiers y compris les produits forestiers non ligneux (PFNL) (FAO, 2010). Nombre des espèces d'arbres, autrefois de peu d'intérêts pour l'industrie du bois, ce sont retrouvées au centre des préoccupations du monde industriel et scientifique de nos jours (Marshall & Newton, 2003 ; Dawson et al., 2014 ; Koskela et al., 2014). Les résultats des premières études ont montré que certaines de ces espèces ont un potentiel multiusage réel, mais sont pour la plupart négligées ou sous-exploitées (Ouôba et al., 2006). C'est le cas de certaines espèces sauvages oléagineuses comme *Lophira lanceolata* Tiegh. ex Keay utilisée dans divers domaines (par exemple, alimentaire, médecine, cosmétique, industrie et énergie) au Bénin et en Afrique en générale (Avocèvou-Ayisso et al., 2009 ; Ouédraogo et al., 2013 ; Atabani et al., 2013; Dicko et al., 2017a,b).

L'espèce *Lophira lanceolata* est présente en abondance en Afrique tropical, où les conditions environnementales lui sont favorables (Fontes & Guinko, 1995). Elle semble peu connue au Bénin avec quelques travaux sur les connaissances ethnobotaniques (Dicko et al., 2017a,b). Malgré les multiples usages faits de l'espèce par les populations locales, les individus de *L. lanceolata* sont essentiellement récoltés à l'état sauvage. Or, l'utilisation durable de toute espèce repose non seulement sur des stratégies pour une conservation *in situ* mais surtout le développement d'une conservation *ex situ.* Ce qui passe avant tout par une meilleure connaissance de l'espèce à travers la littérature disponible car l'ignorance de l'utilité d'une espèce peut contribuer aux menaces sur ses populations (Avocèvou-Ayisso et al., 2009). Ce chapitre a pour objectif principal de faire le point des connaissances accumulées sur l'espèce au Bénin, les besoins de conservation et surtout faire ressortir les gaps de connaissances à combler par la science dans le futur.

10.1 Distribution géographique et description de *L. lanceolata*

10.1.1 Distribution géographique de l'espèce

Lophira lanceolata est largement répandue en Afrique tropicale (Figure 51) (Bamps, 1967). Elle est distribuée du Sénégal jusqu'en République centrafricaine couvrant donc toute l'Afrique de l'Ouest et une partie de l'Afrique centrale (Persinos & Quimby, 1968 ; Mapongmetsem, 2007). Dans les pays sahéliens comme le Mali et le Tchad, quelques points d'occurrences sont observés dans les parties les plus humides, au sud de ces pays. *Lophira lanceolata* pousse abondamment dans les savanes boisées et les forêts claires (Arbonnier, 2019).

Au Bénin l'espèce est observée du Nord au Sud (Figure 51) avec une abondance plus marquée dans la zone de transition Soudano-Guinéenne en occurrence dans les départements des Collines, Borgou, Donga et Sud-Atacora (Nonviho, 2015).

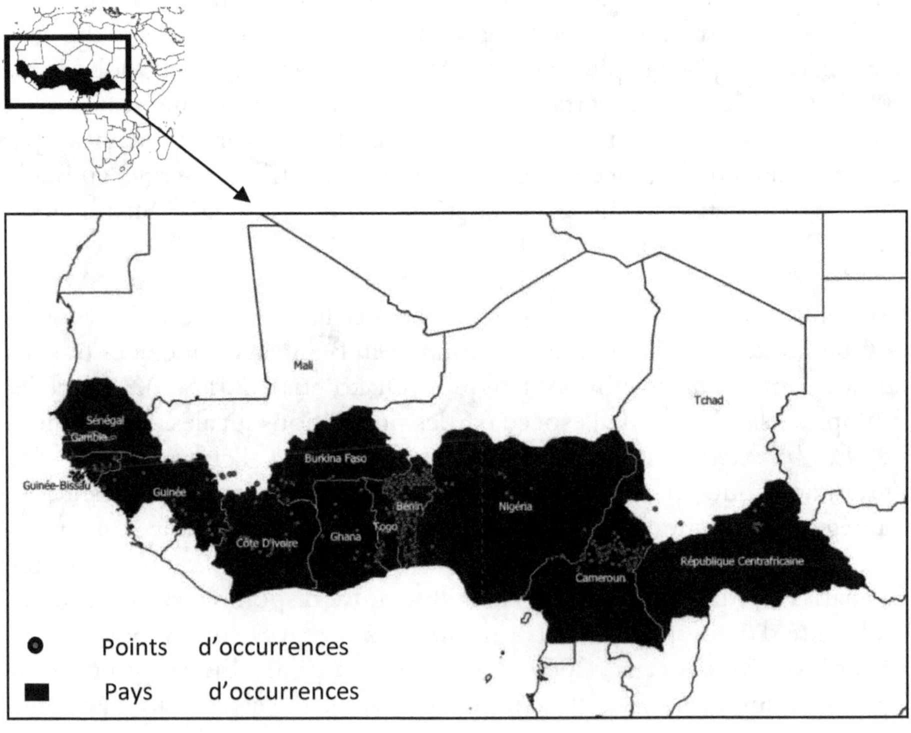

Figure 51. Carte de distribution de *Lophira lanceolata* en Afrique

10.1.2 Description de l'espèce

Lophira lanceolata est une espèce oléagineuse de la famille des Ochnaceae qui a pour formule chromosomique 2n=28 (Mapongmetsem, 2007). C'est un arbuste ou petit arbre de 7 à 9 m de hauteur, aux branches courtes ascendantes, et une couronne étroite (Figure 52a). En bordure de forêts Soudano-Guinéenne au Bénin, l'espèce peut atteindre la taille des grands arbres (16-24 m) (Akoègninou et al., 2006). L'écorce du tronc des arbres est grisâtre, rugueuse et brisée en fines plaques de liège caractérisées par l'absence de latex (Figure 52b). Les racines sont assez profondes. Ses feuilles sont simples, entières, étroitement allongées, arrondies à l'apex (Figure 52c), alternes et groupées au bout des rameaux (Figure 52d) avec stipules linéaires-lancéolées, de 3-5 mm de long, caduques et une nervation à plume. Ces feuilles ont une apparence brillante grisâtre à rosâtre au jeune âge, et vert brillant à maturité. Elles sont par ailleurs très proéminentes. L'inflorescence est une panicule pyramidale terminale, lâche de 15 à 20 cm de long. Elle porte des fleurs hermaphrodites, régulières et de couleur blanche (Figure 52e). La floraison s'effectue d'octobre à janvier tandis que les fruits sont obtenus un mois après et ceux sur trois mois. La période de fructification peut varier suivant les zones écologiques. Le fruit est un akène conique (Figure 52f), de longueur et de diamètre moyens 2,7 cm et 1,2 cm respectivement (Dicko et al., 2019). La graine est allongée ovoïde, couleur marron et glabre (Arbonnier, 2019).

L'espèce est connue sous plusieurs noms aussi bien en français (méné, faux karité, chêne rabougri, azobé de savane) qu'en anglais (dwarf red iron wood, red iron wood, red oak, Iron wood, false shea, méni oil tree). Ses appellations en langues locales au Bénin sont diverses et varient suivant les régions et les ethnies (Dicko et al., 2017b).

Figure 52 : *Lophira lanceolata.* a) individu ; b) écorce ; c) rameaux ; d) feuille ; e) fleurs ; f) fruits (Prises de vues : E. Assèdé [a, b, c et d) ; A. Ouédraogo [e et f]).

10.2 Importance ethnobotanique et statut socioéconomique de *L. lanceolata*

Lophira lanceolata est un arbre à usages multiples. Les fruits et les graines ont longtemps été consommés par les peuples de l'Afrique de l'Ouest (Dicko et al., 2017a ; Tiétiambou et al., 2020). Cependant, les graines le sont moins de nos jours. Elles sont plutôt utilisées pour l'extraction d'huile comestible (Nonviho, 2015). Les premiers travaux au Bénin sur l'importance de l'espèce ont inventorié les utilisations faites de l'espèce par les populations locales du nord au sud du pays et les utilisations médicinales des extraits des feuilles, graines et écorces (Dicko et al., 2017a,b). Toutes les parties de la plante sont connues pour au moins un usage au Bénin pour pas moins de soixante-seize (76) usages regroupés dans cinq grandes catégories : médecine, magico-mystique, alimentation, le bois et pesticide (Dicko et al., 2017b). Mais au Bénin *L. lanceolata* est plus utilisée en médecine traditionnelle (Dicko et al., 2017b). Les fruits sont plus utilisés par les Naténi, Batombu, Yom, Ottamari et les Waama qui détiennent également la technologie d'extraction de l'huile au Bénin. L'huile issue de la graine qui peut faire 50% du poids frais de la graine est utilisée non seulement pour l'alimentation humaine, en cosmétique (pour adoucir la peau), médecine traditionnelle dans le traitement de nombreux maux (dermatoses, les maux de dents, la fatigue musculaire), pour la fabrication de savon et de biocarburant (Mapongmetsem, 2007 ; Bassole et al., 2014 ; Nonviho, 2015). Ceci démontre de l'intérêt et de la valeur économique que revêt cette huile. Le péricarpe des graines est parfois utilisé pour la production de biogaz et les déchets issus de l'extraction de l'huile comme bio-engrais ou biofertilisants (Fariku & Kidah, 2008 ; Lohlum, 2010 ; Kyari et al., 2017). *Lophira lanceolata* fournit également du bois de grande valeur pour la fabrication des outils agricoles, la construction, ainsi que du bois de chauffage et du charbon de bois (Dicko et al., 2017a). Le bois est également très recherché dans la fabrication des meubles même si l'exploitation n'est pas encore à l'échelle industrielle. Un accent particulier doit être mis sur les utilisations non conventionnelles très localisées. Les résidus nutritionnels non huileux de *L. lanceolata* après extraction de l'huile, à en juger par l'équilibre de sa composition nutritive, peuvent être intégrés aux rations alimentaires dans les systèmes d'élevage (Nonviho, 2015). Déjà on observe en milieu naturel l'utilisation des jeunes feuilles comme alternative au fourrage très limité en période sèche au Bénin.

Les utilisations médicinales de *L. lanceolata* au Bénin sont nombreuses, très variées et ne peuvent être exhaustives dans cette étude. Il s'agit notamment du traitement du paludisme, fièvre jaune (Dicko et al., 2017b).

Certains usages rapportés lors des enquêtes requièrent des études approfondies pour confirmation. Les mélanges racines-graines et écorces-racines sont respectivement utilisés dans le traitement de l'épilepsie et de la hernie. Les feuilles et écorces seraient utilisées dans le traitement de l'hémorroïde et de l'ulcère tandis que les feuilles et racines soigneraient la fièvre jaune, la fièvre typhoïde et la faiblesse sexuelle.

La capacité des coques à dépolluer les eaux usées a été récemment démontrée au Bénin par Nonviho (2015).

10.3 Statut écologique *Lophira lanceolata*

Lophira lanceolata s'établit sous un climat de transition sud-Soudanien et Soudano-Guinéen jusqu'à 1500 m d'altitude avec une pluviométrie annuelle moyenne de 900-1100 mm. Les zones d'occurrences de l'espèce sont caractérisées par deux saisons contrastées : une saison des pluies qui dure en moyenne 6 à 7 mois, de mis avril à mi-novembre en générale et une saison sèche de novembre à mi-avril. *Lophira lanceolata* s'établie sur les sols moyennement lourds à sableux ou graveleux. Elle est assez dominante dans les forêts claires et les savanes boisées où elle forme parfois un peuplement forestier très étendu (Adjeran et al., 2020).

10.3.1 Composition et caractéristiques démographiques du peuplement naturel

Il s'agit d'une espèce d'arbre qu'on retrouve essentiellement sur terre ferme, grossièrement ramifiée et qui pousse préférentiellement en abondance et souvent de manière grégaire dans deux types de formations : les forêts claires ou savanes boisées et les formations anthropisées telles que les jachères (Dangbo et al., 2020 ; Lankoandé et al., 2016 ; Thiombiano et al., 2012). Sur le sable roux du littoral béninois, *L. lanceolata* forme une communauté monospécifique à canopée fermée avec une seule strate (Paradis, 1983). Généralement, les peuplements d'arbres dominés par *L. lanceolata* au Bénin présentent une grande diversité spécifique (Adjeran *et al.*, 2020). Au nombre de ces espèces d'arbres compagnes on peut citer *Vitellaria paradoxa* C.F.Gaertn., *Terminalia leiocarpa* (DC.) Baill., *Daniellia oliveri* (Rolfe) Hutch., *Bridelia ferruginea* Benth. et *Annona senegalensis* Pers.

Les premiers travaux sur la structure dendrométrique de l'espèce au Bénin sont assez récents (Dicko et al., 2017, 2019c ; Adjéran et al., 2020). Les auteurs rapportent que la densité des arbres en savane boisée varie entre 56 et 243 $tiges.ha^{-1}$ selon les types de formations végétales. Dans la zone Soudanienne à Soudano-Guinéenne du Bénin, les individus de *L.*

lanceolata ont une hauteur et un diamètre moyens de 8,5 cm et 22,7 cm respectivement. Les plus gros individus dépassent rarement les 16 m de hauteur (Tableau 41) et 58 cm de diamètre (Dicko et al., 2019).

Lophira lanceolata est une espèce assez résiliente aux pressions anthropiques du fait de sa capacité à recoloniser les terres anthropisées (Lankoandé et al., 2016). Cependant, l'espèce serait sensible à l'écorçage surtout lorsque ce dernier survient en période pluvieuse (Delvaux et al., 2010). Une expérimentation conduite en milieu naturel au Bénin sur des individus de *L. lanceolata* a montré des taux acceptables de régénération de l'écorce et une tendance à une meilleure survie lorsque son écorce est récoltée en saison sèche (Delvaux et al., 2010).

Tableau 41. Paramètres structuraux des peuplements à *Lophira lanceolata* au Bénin. Dicko et al. (2019, 2017c)

	Nombre placeaux	Ht (m)	De (a/ha)	G (m^2/ha)
Bassila	23	9,45±1,34	56±2,33	1,87±0,45
N'dali_Natitingou	17	8,22±0,27	155±4,84	4,52±0,41
Kandi	21	18,56±0,35	40± 0,09	4,38± 0,41
Toucountouna_Ouidah	9	7,69±0,18	243± 11,19	8,27± 0,83

10.3.2 État de la régénération

Aucune étude jusque-là au Bénin ne s'est intéressée à la régénération de *L. lanceolata*. La plupart des travaux qui ont abordé le sujet ont été conduits au Burkina Faso et au Cameroun.

Il ressort de ces travaux que les peuplements d'arbres à *L. lanceolata* disposent de très bons potentiels de régénération (Lankoandé et al., 2016). Les semences de cette espèce sont dispersées aussi bien par les animaux (principalement les oiseaux et les singes) (Paradis, 1983) que par le vent (Mapongmetsem, 2007), ce qui explique une colonisation rapide et large des écosystèmes même les plus anthropisés. Trois modes de régénérations ont été observés : le drageonnage par les racines, les rejets de souches (Figure 53a) et la régénération par les graines (Lankoandé et al., 2016 ; Fawa et al., 2014). Le drageonnage induit par simple blessure de la racine principale de l'arbre mère s'est révélé le plus efficace avec plus de 60% de réussite de rejets (Fawa et al., 2014). Par contre, les graines de *L. lanceolata* sont souvent qualifiées de récalcitrantes, car caractérisées par un faible pouvoir germinatif depuis la récolte (Mapongmetsem, 2007).

La multiplication végétative semble être la meilleure alternative pour reproduire l'espèce. De très bonnes performances en termes de rejets de souches (en moyenne 4 rejets par souche) (Figure 53b) sont obtenues pendant la saison sèche, même si celles-ci varient suivant la hauteur de coupe de l'arbre (Ibrahima et al., 2007). La multiplication végétative par stratification aérienne au Cameroun a également donné d'excellents résultats (jusqu'à 60% d'enracinement) (Mapongmetsem & Diksia, 2014).

Figure 53. Régénération de *Lophira lanceolata* : a) individu ; b) souche et points d'insertion des rejets (Prises de vue : E. Assèdé)

10.4 Diversité morphologique et génétique de *L. lanceolata*

La caractérisation morphologique et génétique des espèces est essentielle pour comprendre et définir le degré de spéciation, en particulier au niveau des taxons très voisins (Lissambou et al., 2019).

Le genre Lophira (Ochnaceae) comprend deux espèces réparties dans des habitats bien différenciés : *L. alata* Banks ex C. F. Gaertn., largement distribuée dans les forêts tropicales denses Guinéo-Congolaises, et *L. lanceolata* Tiegh. ex Keay qui se rencontre davantage dans les savanes boisées Soudaniennes et Soudano-Guinéennes ou dans les régions des forêts sèches, marquées par la saison sèche (Hutchinson & Dalziel, 1958 ; Aubréville, 1959 ; Bamps, 1967 ; Biwole et al., 2012). Cependant, les deux espèces qui coexistent le long de la ceinture du mosaïque forêt-savane, longue de 3000 km traversant l'Afrique tropical se retrouvent également au Bénin (Akoègninou et al., 2006).

Au plan morphologique, ces deux espèces d'arbres sont très proches de sorte qu'elles sont parfois considérées comme synonymes (Aubréville, 1959), ou deux morphotypes résultant d'adaptations écologiques (Letouzey, 1968). Elles présentent en effet une morphologie des pollens, fleurs et fruits assez identiques avec une même formule chromosomique : 2n = 28 (Satabié, 1982). Outre la taille des arbres, la principale différence morphologique est liée aux branches (lisse chez *L. alata* et squameuse chez *L. lanceolata*) et à la taille des pétioles (presque sessiles chez *L. alata*) (Persinos & Quimby, 1968). Selon Letouzey (1968), *L. alata* résulterait d'une adaptation écologique de *L. lanceolata* aux forêts tropicales Guinéo-Congolaises, et les deux espèces pourraient être des écotypes plutôt que deux espèces réellement distinctes.

Des variabilités morphologiques intraspécifiques ont été mises en évidence au niveau des individus de *L. lanceolata* de l'Afrique de l'Ouest. Au Bénin, une forte corrélation a été observée entre les traits morphologiques des fruits et des graines (Dicko et al., 2019). Le morphotype du phytodistrict du Borgou est caractérisé par de gros individus d'arbres avec des fruits de faibles poids et à fructification plus tardive comparé au morphotype de la chaîne de l'Atacora qui serait plus précoce. A l'intérieur du département du Borgou on distingue également une productivité différentielle entre les populations de *L. lanceolata* du Borgou-Nord (à meilleure productivité) et du Borgou-Sud (Dicko et al., 2019).

Une étude récente couvrant neuf pays de l'Afrique de l'Ouest y compris le Bénin, et portant sur la distance génétique entre *L. alata* et *L. lanceolata* a confirmé leur nette différenciation en tant que deux espèces distinctes sans pour autant réfuter une possible existence d'hybridation. En outre, les deux espèces présentent des niveaux de diversité génétique similaires (He = 0,52i (*L. alata*) ; 0,44 (*L. lanceolata*)). Plus intéressant, l'étude a révélé deux espèces cryptiques de *L. alata* distribuées en parapatrie : une, endémique à l'ouest du Gabon tandis qu'un second groupe s'étendrait sur le reste de l'aire de répartition de l'espèce (Ewédjè et al., 2020). Des travaux similaires sur *L. lanceolata* au Bénin pourraient éclairer davantage sur la diversité génétique probable de l'espèce le long du gradient écologique Nord-Sud du pays.

10.5 Biologie de la graine de *L. lanceolata*

Les graines de *L. lanceolata* sont de forme ovoïde ou allongée, marron ou rougeâtre, glabre. C'est un akène entouré du calice, sépales externes accrescents, en forme d'ailes, inégaux, l'un de 8–10 cm × 2–2,5 cm, l'autre de 2,5–5 cm × 0,5–1 cm. La graine mesure en moyenne 16 mm × 8 mm.

Les seules études conduites au Bénin sur les graines de *L. lanceolata* ce sont intéressées à la composition chimique de l'huile extraite de la graine. Par contre au Cameroun, les études montrent une certaine difficulté de germination de la graine. Le taux de viabilité initiale d'environ 50% peut baisser drastiquement au bout de 3 mois de stockage jusqu'à 5% et à 9% d'humidité. Une fois séchées à 3% d'humidité, le pouvoir germinatif s'annulerait.

10.6 Mesures de conservation

Lophira Lanceolata Tiegh. ex Keay (Ochnaceae) est un mésophanérophyte des savanes Soudano-Guinéennes et Soudaniennes (Akoegninou et al., 2006) dont la multiplicité des usages accentue la pression anthropique sur ses populations en milieu naturel (Dicko et al., 2017). Bien que l'espèce se reproduise facilement des milieux naturels aux milieux anthropisés, les contraintes liées à la germination de ses graines restent entières (Mapongmetsem, 2007) et peuvent donc conduire à long terme au phénomène d'érosion génétique. L'érosion génétique essentiellement liée à une prépondérance de la multiplication par voix végétative ou prélèvement des meilleurs sujets peut fragiliser les populations de l'espèce et les rendre vulnérables aux attaques parasitaires. *Lophira lanceolata* est classée parmi les espèces de moindre préoccupation par l'Union Internationale pour la Conservation de la Nature (BGCI, 2020), surtout du fait de sa capacité à régénérer par rejet de souche comme la majorité des espèces d'arbres des savanes soudaniennes. Cependant, l'exploitation actuelle intense faite du bois au Bénin (Dicko et al. 2019), couplée aux difficultés à la reproduction sexuée signalée par des travaux conduits aux Cameroun (Mapongmetsem, 2007) pourraient justifier un classement local de l'espèce comme espèce vulnérable.

Ces capacités de régénération par drageonnement racinaire (Fawa et al., 2014) indiquent qu'il est possible de reproduire l'espèce *ex situ*. Dans certains pays, comme le Cameroun et le Burkina Faso, on s'intéresse déjà à la domestication de l'espèce pour assurer une utilisation durable et sa conservation (Mapongmetsem et al., 1999 ; Fawa et al., 2014 ; Mapongmetsem & Diksia, 2014). L'absence de données quantitatives au Bénin sur les prélèvements faits de l'espèce en milieu naturel et son potentiel de résilience aux différentes pressions ne permet pas de se prononcer sur son état effectif de conservation.

L'exploitation faite des différentes parties de l'espèce dans la plupart des zones de distribution au Bénin se trouverait encore à une échelle locale. Cependant il serait judicieux de penser déjà aux conditions de réussite de sa domestication à travers le développement de sa sylviculture pour promouvoir d'éventuelles filières. Vu les propriétés nutritionnelles, phytopharmaceutiques et médicinales surtout de l'huile issue de la graine (Ouédraogo et al., 2013 ; Tiétiambou et al., 2020), la promotion industrielle de cette huile au Bénin conduirait à une pression sans précédente sur le ramassage des graines qui sont uniquement disponibles à l'état sauvage. Ce qui pourrait effectivement mettre en danger l'espèce.

10.7 Gaps de connaissance et perspectives pour la sylviculture

Lophira lanceolata a été objet de peu d'intérêts scientifiques au Bénin contrairement au reste des pays de sa zone de distribution. Des expérimentations ont été conduites à court terme sur *L. lanceolata* au Cameroun sur les meilleures conditions de drageonnage aérien et pour déterminer la hauteur de coupe optimale dans l'obtention de rejets de souches vigoureux et résistants pouvant conduire à des arbres plus (Fawa et al., 2014 ; Mapongmetsem & Diksia, 2014). Ces techniques peu coûteuses pourraient constituer une étape importante dans le processus de domestication de cette espèce. Cependant, des études complémentaires à long terme au Bénin sont indispensables pour confirmer les résultats précédents et favoriser une néoformation radiculaire vigoureuse précise permettant un développement indépendant des rejets par rapport à l'arbre mère et une bonne croissance des drageons. Les difficultés à faire germer la graine de *L. lanceolata* signalées au Cameroun par Mapongmetsem (2007) doivent être vérifiées et adressées dans les recherches futures au Bénin pour assurer une meilleure diversité génétique intraspécifique.

A noter également l'absence de données sur les tableaux de cubage et les diamètres d'exploitabilité de *L. lanceolata.* Les premiers travaux conduits en Côte d'Ivoire sont basés sur de faibles échantillons : 15 individus (Louppe & Coulibaly, 1994). Il est indispensable de conduire des études plus détaillées qui prennent en compte un plus grand échantillon d'individus d'arbres de dimensions variées et dans toutes les zones phytogéographiques de distribution de l'espèce. Un accent particulier doit être mis sur le développement des techniques sylvicoles de l'espèce, jusque-là très peu documentées. Ces données sont capitales pour la mise en exploitation pour le bois de toute essence, surtout que cette dernière n'est pas des moindres qualités et est assez recherchée pour le bois d'œuvre, de chauffe et de service (Dicko et al., 2019). Il existe donc un intérêt réel pour la domestication de *L. lanceolata.*

Les domaines les plus documentés au Bénin et à l'échelle même du continent concernent l'ethnobotanique et les propriétés pharmacologiques des organes de *L. lanceolata* avec plus de 50% des publications référencées. Mais l'intérêt ou la valeur économique de ces produits extraits et utilisés par les populations locales reste imprécis. Les rares chiffres disponibles portent sur l'huile issue de la graine, très prisée en médecine traditionnelle au Nord Bénin, et qui peut valoir jusqu'à 3 USD le litre au Burkina Faso et au Cameroun (van der Vossen et al., 2007 ; Tiétiambou et al., 2016). Ceci représente un potentiel réel qui justifierait l'améliorer des techniques d'extraction de l'huile et une meilleure valorisation à travers le développement de potentielles filières de production et de commercialisation pour l'exportation. Il faudra mieux documenter les propriétés de dépolluant des eaux usées par le péricarpe des graines.

Un volé également assez négligé concerne les aspects génétiques de l'espèce. Il y a eu très peu de travaux sur la diversité génétique de *L. lanceolata* au Bénin et dans toute sa zone de distribution. Les premières études qui ont abordé cet aspect se sont juste intéressées à la confirmation de la différenciation de *L. alata* et *L. lanceolata* en tant que deux espèces bien distinctes. Des études approfondies devraient se pencher sur la caractérisation génétique des morphotypes de *L. lanceolata* identifiés dans les départements du Borgou et de l'Atacora, l'identification et l'isolation des molécules qui interviennent effectivement dans le traitement des différentes maladies recensées et l'intégration de ces molécules dans la médecine moderne.

Des recherches supplémentaires sur la phylogénie moléculaire et les traits morphologiques, anatomiques et phénologiques sont également des informations nécessaires à renseigner par la science pour caractériser les différentes populations le long du gradient forêt-savane pour des mesures de conservation adéquates.

Conclusion

Lophira lanceolata est un arbuste ou arbre réparti en Afrique tropicale, en occurrence le long de la mosaïque savane-forêt des domaines Sudano-Guinéenne et Guinéo-Congolais. Elle est présente au Bénin du nord au sud avec une abondance plus marquée dans les départements de Borgou, Donga, au sud de l'Atacora et dans les Collines. Espèce oléagineuse à usages multiples, elle est principalement utilisée au Bénin en médecine traditionnelle, en cosmétiques, et comme bois énergie et de construction. Elle présente un très bon potentiel de régénération par multiplication végétative et s'adapte aux différentes pressions anthropiques. Mais les difficultés de germination des graines signalées au Cameroun, le peu d'informations sur sa sylviculture au Bénin et l'absence des tables de spécification pourraient se révéler comme un frein à sa conservation. L'urgence pour la science est de documenter ces différents domaines de lacune identifiés afin de favoriser son utilisation durable. De même, une caractérisation économique des différentes utilisations faites de la plante au Bénin permettrait de mieux la valoriser et d'évoluer vers de potentielles filières d'avenir. Des études approfondies et détaillées sur sa phénologie, ses traits morphologiques, la diversité génétique intraspécifique des morphotypes identifiés au Bénin doivent être impérativement conduites pour une meilleure connaissance, exploitation et conservation de l'espèce.

SECTION 11 : *Daniellia oliveri* (Rolfe) Hutch. & Dalzie

Houéhounha R.[1], Avohou H.[1], Sinsin B.[1] & Tandjiékpon A.[1]

[1]*Laboratoire d'Écologie Appliquée (LEA), Faculté des Sciences agronomiques, Université d'Abomey-Calavi, 01 BP 526, Cotonou, Bénin*

Résumé

Daniellia oliveri (Rolfe) Hutch. & Dalzie est une espèce à usage multiple, endémique en Afrique au sud du Sahara, elle est répandue dans les savanes et jachères de la zone Soudano-Guinéenne. Une vingtaine d'usages des organes de l'espèce est reconnue par les populations du Bénin. L'aire de répartition spatiale de l'espèce *D. oliveri* s'étend du centre au nord du pays et peut être répartie en cinq zones d'exploitation. Les usages sont plus diversifiés dans le Sud, le Centre que dans le Nord. Les Forêts Classées et les terroirs villageois sont perturbés par les actions anthropiques avec comme indices de diversité des espèces compagnes de *D. oliveri* variant de 3,80 bits dans les terroirs villageois à 2,75 bits dans les Forêts Classées. L'espèce se reproduit par graines, par boutures de racines et ne nécessite pas un traitement particulier. Le traitement des graines par le choc thermique donne les plus faibles taux de germination, mais semble stimuler la croissance en hauteur des plantules les premiers mois de végétation. Le développement des rejets de l'espèce n'est pas forcément lié au type de sol mais aux traitements appliqués aux peuplements (en trois ans, la densité peut passer en moyenne de 17650 rejets.ha^{-1} pour les placettes désherbées à 8400 rejets.ha^{-1} pour les placettes témoins parcourues annuellement par les feux de végétation. La croissance en hauteur et en diamètre des rejets peut augmenter rapidement et atteindre 300-500 cm de hauteur et 3,5 à 4 cm de diamètre dans la même période. Après 3 ou 4 ans de conduite des rejets de l'espèce, le traitement par désherbage pendant les deux premières années de suivi peut permettre de tripler les revenus issus de la commercialisation des rejets comme bois de feu.

Mots clés : *Daniellia oliveri*, ethnobotanique, reproduction, bois de feu, Bénin.

Introduction

Au Bénin, 3000 espèces végétales ont été inventoriées dans les écosystèmes forestiers (MEHU, 2002) dont 172 espèces sont consommées par les populations locales comme plantes alimentaires (Codjia et al., 2003) et 814 comme plantes médicinales (Sinsin et Owolabi, 2001). Au nombre de ces dernières, *Daniellia oliveri* (Rolfe) Hutch. & Dalzie est utilisée pour le traitement d'une vingtaine de maladies (Berhaut, 1967 ; Houéhounha, 2005 ; Dotchamou, 2006).

Cette espèce n'est pas utilisée dans les programmes de reboisement au Bénin bien que d'importants programmes d'aménagement du couvert forestier soient en cours dans le pays. Il a été montré que *D. oliveri* produit abondamment de semences (Guny et al., 1997). Elle se reproduit également par voie asexuée (Harivel et al., 2006 ; Bellefontaine et al., 1997).

Particulièrement, les modes de reproduction végétative par drageons ou rejets de souche ont été mentionnés (Giffard, 1974 ; Bellefontaine et al., 1997 ; Harivel et al., 2006). Explorer les possibilités d'utilisation de divers modes de reproduction à savoir : les graines, les portions de la partie aérienne et souterraine de la plante, dans la multiplication artificielle de *D. oliveri* en général et la production de plants sur différents types de sols au Bénin, constitue une préoccupation (Houéhounha, 2009).

En Afrique subsaharienne, la grande disponibilité des terres cultivables peut donner la possibilité de produire la biomasse à partir de la conduite des rejets dans les jachères (Marrison & Larson, 1996). Les jachères constituées d'espèces pionnières à croissance rapide et capables de rejeter après exploitation étant les plus indiquées (Kauter et al., 2003).

Dans ce contexte, l'étude sur la conduite des rejets abondants de *D. oliveri* sur différents types de sols ne peut-elle pas apporter une contribution à l'enrichissement des données de base de la sylviculture de l'espèce ?

11.1 Distribution et description géographique de *D. oliveri*

11.1.1 Distribution géographique

L'espèce *D. oliveri* (Rolfe) Hutch. & Dalz. est distribuée du Sénégal au Cameroun (Figure 54). Arbre des savanes soudaniennes et guinéennes et des forêts claires, *D. oliveri* se rencontre au Bénin du sud au nord du pays.

11.1.2 Description de l'espèce

Décrite par Hutchinson et Dalziel (1954 ; 1972), cette espèce a pour synonyme : *Paradaniellia oliveri* (Rolfe). Très connue au Bénin, elle porte les noms de *za* en Fon et en Mahi, *Iya* en Nago et en Idatcha, *Lifitin* en Minan, *Jatin* en Goun, *Niabou* en Batombou, *Muyo* en Ditamari, *Nyaadou* en Yom et *ferma* en Dendi (de Souza, 1988).

Daniellia oliveri est une espèce de la famille des *Leguminosae*. Elle possède une cime dense facilement reconnaissable par sa couronne en forme de cône renversé, aplatie sur le sommet (Figure 55a). Les feuilles de *D. oliveri* sont paripennées, alternes.

Le rachis est long de 15 à 30 cm et porte 4 à 9 paires de folioles opposées ou subopposées. Les folioles ovales, elliptiques, sont longues de 9 à 15 cm et larges de 4 à 7 cm vers la base (Figure 55b). On distingue au niveau des folioles, 10 à 15 nervures latérales transparentes à l'état frais avec un fin réseau laissant apercevoir des points translucides. La foliole est également bordée d'un filet translucide. Les folioles sont parfois glabres, elles peuvent être pubescentes, veloutées des deux côtés. La période de feuillaison est de décembre à février (Berhaut, 1975). Le fût est courtement ramifié et buissonnant à la base au stade arbuste, mais devient déformé, rugueux et fissuré. Généralement bas-branchue, elle a une hauteur moyenne comprise entre (8 et 10) m. De couleur blanc-grisâtre, elle porte une écorce épaisse, gris-cendré, écailleuse qui se détache en grandes plaques circulaires (Figure 55c) (Akouègninou et al., 2006).

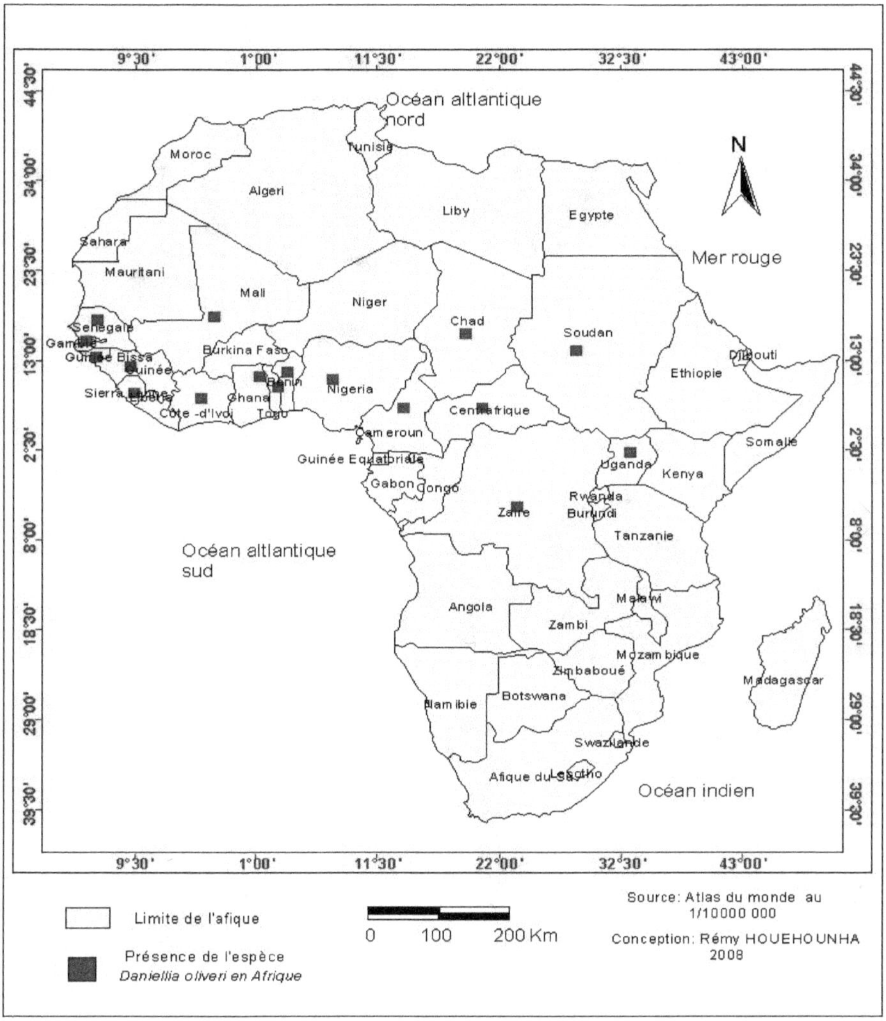

Figure 54. Répartition géographique de *Daniellia oliveri (*source : CAB Internationnal, 2000)

La racine principale est pivotante avec des racines latérales généralement traçantes et abondantes dans les horizons de surface. Elles peuvent aller aussi loin en profondeurs lorsque la texture du sol le permet. Sur le plateau d'Abomey au Bénin, l'installation d'un bâtiment exige l'essouchage de la parcelle ce qui produit une grande quantité de souches de *D. oliveri* destinées au bois de feu (Figure 55d). Les racines de *D. oliveri* ont une capacité de drageonner rapidement à plusieurs endroits et parfois loin de la souche-mère (Guny et al., 1997).

Figure 55 : Caractéristiques de *Daniellia oliveri* (**a-** pieds de *D. oliveri*, **b-** Feuille, **c-** écorce, **d-** souches et racines)

11.2 Importance ethnobotanique et statut socioculturel de *D. oliveri*

Les organes de *D. oliveri* connaissent de la part des différents groupes socioculturels du bénin des usages multiples dans plusieurs domaines (alimentaire, médicinal, culturel, cultuel) (Houéhounha et al., 2008).

11.2.1 Usages dans le domaine alimentaire

Les feuilles, les fleurs et les graines sont utilisées comme fourrage aux animaux domestiques herbivores tels que les bovins et les caprins. Ce sont les jeunes feuilles et fleurs tendres qui sont broutées tandis que les grains sont broyés. L'utilisation de ce fourrage a été reconnue dans les départements du Bénin, situés dans l'aire de répartition géographique de l'espèce. Les populations ayant pour activité principale l'élevage ont une meilleure connaissance de cette utilisation des graines sèches, des feuilles et fleurs de *D. oliveri*.

De façon particulière, les femmes Bariba estiment mieux maitriser cet usage dans l'alimentation des ruminants domestiques.

11.2.2 Usages dans le domaine médicinal

Espèce sous valorisée par les textes forestiers en vigueur au Bénin, elle connaît cependant, de nombreux usages lui accordant une place de choix au sein de certains groupes socioculturels du Bénin (Houéhounha, 2005). Certains auteurs ont travaillé dans le domaine des usages.

Dégbé (1987) s'est intéressé à la résine de *D. oliveri*, très riche en huile essentielle. Pour cet auteur, il a été mis en évidence dans l'espèce qu'on retrouve au Bénin, un mélange de sesquiterpènes volatils, de l'acide daniellique à deux cycles hydroaromatiques. Dans l'écorce de l'espèce au Nigeria, Persinos et al. (1964) cités par Dégbé (1987) ont trouvé du bêta-sistostérol dans l'extrait éthéropétroléique de la plante.

Par ailleurs, Menu et al. (1994) cités par Lawani (2003), ont trouvé dans l'espèce collectée au Bénin et au Burkina Faso, vingt-trois constituants dans l'huile extraite de *D. oliveri*.

11.2.3 Usages dans le domaine pharmacopée

Les organes de *D. oliveri* (feuilles, écorces, racines, sève) sont utilisés pour le traitement d'une vingtaine de maladies reconnues par les groupes socioculturels du Bénin. Les hommes et femmes des groupes socioculturels Nago, Goun, et Fon, ont une meilleure connaissance des vertus thérapeutiques de *D. oliveri*. L'utilisation des organes de l'espèce intervient dans le traitement du paludisme, des troubles psychosomatiques, de la fièvre, de l'impuissance sexuelle chez les hommes, des crises cardiaques, le vomissement le diabète etc. Dans la flore illustrée du Sénégal, Berhaut (1975), a inventorié quelques vertus médicinales de *D. oliveri*. Il a été également montré que l'écorce d'une branche de *D. oliveri* coupée et grillée, mise dans le vin de palme, rend le vin plus digeste et empêche le ballonnement du ventre du consommateur. L'action protectrice contre les attaques de termites des objets trempés dans la résine de l'espèce a été évoquée par l'auteur.

De même, dans une contribution aux études ethnobotaniques et floristiques au Togo, Adjanohoun et al. (1989), on décrit l'espèce *D. oliveri*, en mentionnant ses vertus pour la médecine traditionnelle et la pharmacopée. Dans un développement sommaire, ils ont indiqué que les racines de l'espèce sont utilisées en décoction pour le traitement des dysménorrhées.

11.2.4 Usages dans le domaine culturel et cultuel

La fabrication des statuettes a donné chez les groupes socioculturels Fon et apparentés, le nom à la profession des sculpteurs sur bois : "*bo tchio kpa to*". Mais à l'intérieur de cette profession, les spécialisations suivantes sont notées : (i) la sculpture des mobiliers et des objets d'art (Figure 56a) ; (ii) la fabrication des mortiers et des tam-tams de même que des masques guèlèdè et des statuettes. Ainsi, trois spécialités rivalisent d'ardeur dans l'utilisation du bois de *D. oliveri* comme matière première. Pour cet usage, les artisans ont recours au bois de qualité et parfois ayant de gros diamètres. Dans 4 départements sur 12 au Bénin la fabrication des objets d'art, des fauteuils et des masques est très développée. Le bois de *D. oliveri* est apprécié pour la fabrication des tam-tams.

Au Bénin, la sève de *D. oliveri* est utilisée comme encens par tous les groupes socioculturels du pays. Dans les Départements du septentrion, l'usage de la sève de *D. oliveri* comme encens est moins reconnu que dans les Départements du Sud où l'usage est en vogue dans les rituels de la plupart des religions. Il ne peut en être autrement quand on sait que l'encens porte le nom de *Za likpo* (morve de za) chez le groupe socioculturel Fon. L'encens étant utilisé pour ces vertus spirituelles et thérapeutiques, son usage se fait sur les lieux de culte et aux domiciles des fidèles religieux (Figure 56b).

Figure 56. Usages culturel et cultuel de *D. oliveri* (**a-** sculpture des mobiliers, **b-**encens obtenu de la sève de *D. oliveri*) (Sources : Houéhounha, 2005)

11.2.5 Autres usages de *D. oliveri*

L'emballage de la pâte *lyo* avec les feuilles de *D. oliveri* est une pratique des populations du plateau d'Abomey au Bénin et celles de ses environs (Figure 57a). Cette pratique nécessite l'usage des jeunes feuilles de *D. oliveri* et des folioles des feuilles de palme. L'emballage de la pâte *lyo* avec les feuilles de *D. oliveri* permet de conserver naturellement, la pâte *lyo* pendant plusieurs jours. Les groupes socioculturels des Départements du Zou et du Plateau en sont des spécialistes.

L'usage des rejets de *D. oliveri* est très répandu au Bénin. Dans les subdivisions administratives du pays, les populations reconnaissent l'utilisation du bois de *D. oliveri* à des fins du bois de feu (Figure 57b). Dans les Départements du centre Bénin, les populations locales maîtrisent mieux les connaissances de cet usage par rapport aux groupes socio-culturels du septentrion (Nord du Bénin), où l'usage d'autres bois d'essences autochtones est apprécié.

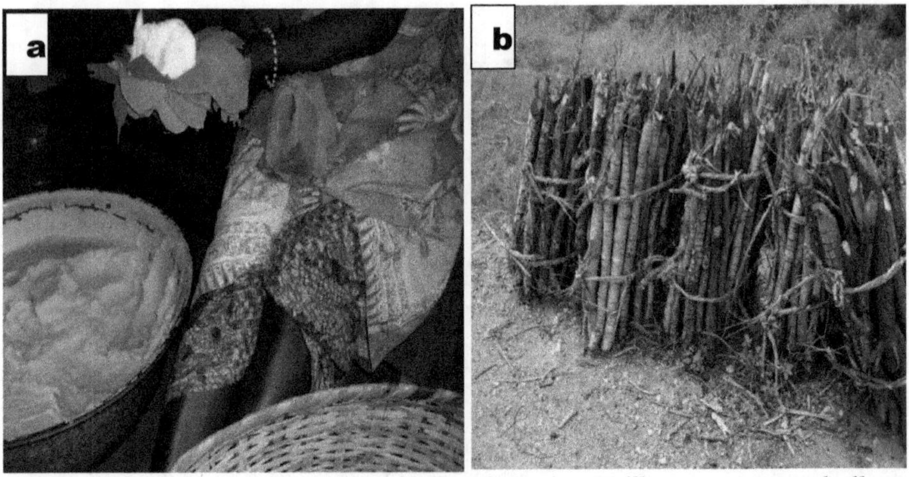

Figure 57. Autres utilisations de *D. oliveri* (**a-** Fuilles comme emballage alimentaire, **b-** fagots de bois de *D. oliveri*) (Houéhounha, 2005)

11.3 Statut écologique de *Daniellia oliveri*

De 85 relevés effectués dans les terroirs villageois d'Agbangnizoun, de Djidja, de Zagnanado, de Dassa-Zoumè, de Savè et de Savalou et dans les forêts classées d'Atchérigbé et de Dan, le dendrogramme et la DCA ont permis de faire la discrimination en 2 groupements au niveau des terroirs villageois et des Forêts Classées (Figure 58c,d).

- **Terroirs villageois**

Du dendrogramme de la classification hiérarchique des 60 relevés, il ressort une hétérogénéité au sein des types de végétations. Deux groupements ont été identifiés. Une analyse de ces groupements fait apparaître un mélange de différentes formations végétales (forêts galeries, savanes arborées, savanes arbustives, jachères et champs).

(i) Le premier ensemble est composé de 37 relevés dont la majorité est constituée par les espèces des formations de savanes arborées et de jeunes jachères. Cet ensemble correspond au groupement végétal à *D. oliveri* et *Lannea barteri* (Oliv.) Engl. (TV1 sur la Figure 58a). (ii) Le deuxième regroupement est composé de 23 relevés dont l'ensemble est dominé par les champs et les vieilles jachères et correspond au groupement végétal à *D. oliveri* et *Lonchocarpus sericeus* (Poir.) Kunth ex DC. (TV2 sur la Figure 58b).

- **Forêts Classées**

Des résultats de l'analyse du dendrogramme de 25 relevés effectués sur sol argileux, argilo-sableux et gravillonnaire à Atchérigbé et à Dan et soumis à la DCA, il ressort également deux groupements qui se présentent comme suit : (i) Groupement à *L. sericeus* et *Pterocarpus erinaceus* Poir. (FC1) : Ce groupement est composé de 12 relevés en majorité issus de la localité de Dan et constitué essentiellement de savanes arborées sur sols argileux ou argilo-sableux. (ii) Groupement à *L. sericeus* et *Pseudocedrela kotschyi* (Schweinf.) Harms (FC2) : il est constitué de 13 relevés en majorité de la Forêt Classée d'Atchérigbé. Ce groupement est essentiellement formé de savanes arbustives sur sol gravillonnaire (Fig. 57c,d).

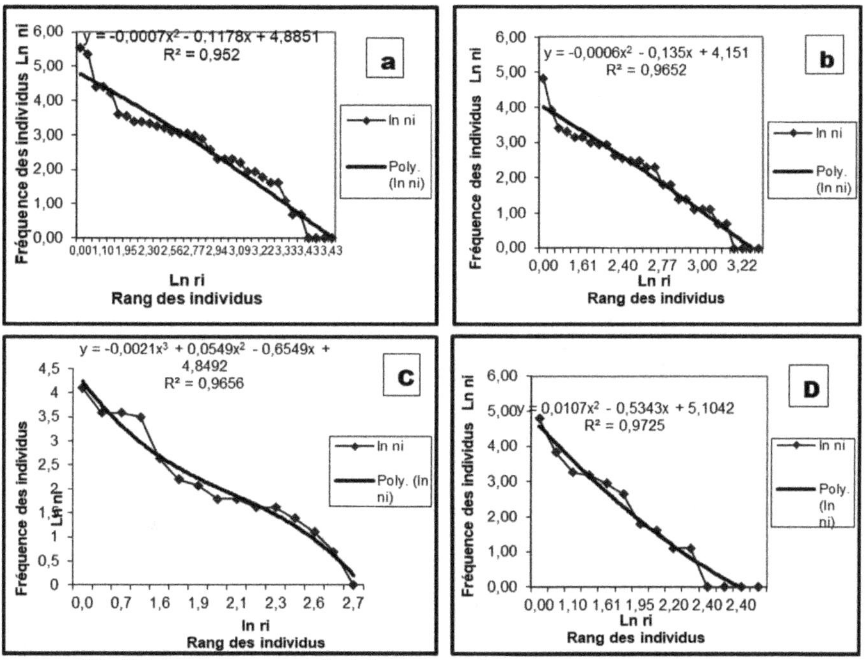

Figure 58. Diagramme rand-fréquence des groupements

A-Diagramme Rang-fréquence des espèces du groupement à *Daniellia oliveri* et *Lannea barteri* (TV1)

B-Diagramme Rang-fréquence des espèces du groupement à *Daniellia oliveri* et *Lonchocarpus sericeus* (TV2)

C-Diagramme Rang-fréquence des espèces du groupement à *Lonchocarpus sericeus* et *Pterocarpus erinaceus* (FC1)

D-Diagramme Rang-fréquence des espèces du groupement à *Lonchocarpus sericeus et Pseudocedrela kotschyi* (FC2)

Légende : **ri**= Rang des individus **ni**= Nombre d'individus

En comparant les groupements des terroirs villageois (TV) à ceux des Forêts classées (FC), il en est résulté que la diversité au sein des groupements des terroirs villageois est plus élevée que celle des groupements des Forêts Classées (Figure 59).

Mais, il convient de signaler qu'une valeur élevée de l'indice de Shannon ne signifie pas toujours une richesse spécifique plus grande. Un indice de Shannon élevé peut traduire soit une richesse spécifique élevée, soit une plus ou moins équitable répartition des individus entre les espèces mais plutôt les deux tendances à la fois. Pour Auclaire et Goff (1971), c'est l'équitabilité de Pielou qui permet des comparaisons plus rigoureuses des diversités entre peuplements.

Les valeurs de l'Équitabilité de Pielou sont plus ou moins élevées au sein des groupements comme TV1 (0,76), TV2 (0,79) et FC1 (0,8) (Figure 59). Ce qui pourrait s'expliquer par une assez bonne répartition des individus au sein de ces groupements ce qui se traduit par un bon partage des ressources du sol. Ceci pourrait sous-entendre que ces milieux sont isotropes car offrant suffisamment d'habitats en tout point. Cet indice est moyen au niveau de FC2 (0,68) (Figure 59).

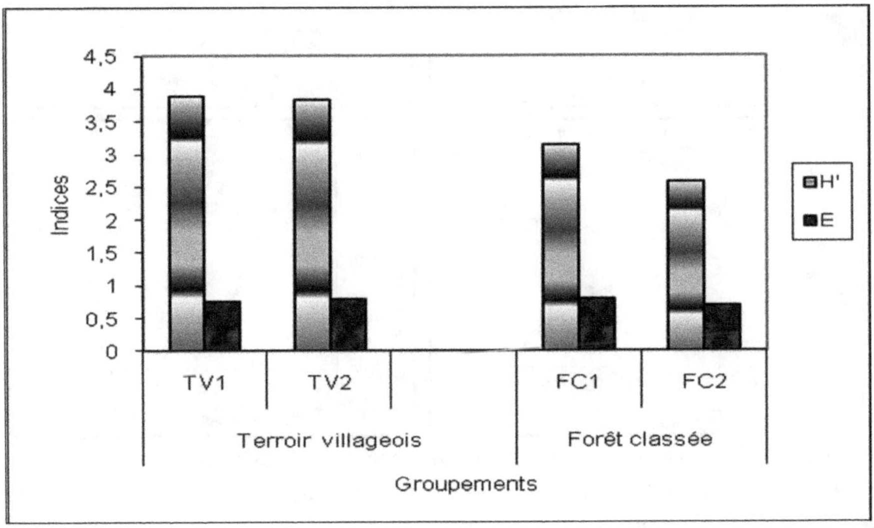

Figure 59. Indices de diversité de Shannon (H') et Équitabilité de Pielou (E)

Légende : TV1 = terroir villageois 1 ; **TV2**= terroir villageois 2 ; **FC1**= Forêt Classée 1 ; **FC2**= Forêt Classée 2 ; **H'**= Indice de Shannon ; **E**= Indice de Pielou

Cette valeur moyenne pourrait s'expliquer par le fait qu'au sein de ce groupement, la plupart des espèces ont du mal à tirer l'essentiel du milieu ; conséquence d'une perturbation du milieu. Le défrichement des terres forestières et leur conversion en terres agricoles sont une des premières causes directes du déboisement. C'est un processus qui traduit souvent des choix des politiques agricoles (cultures extensives, cultures industrielles, cultures intensives, cultures mécanisées, etc.). Les choix politiques provoquent la conversion des acteurs de façon temporaire ou définitive. Le raccourcissement des jachères forestières en est une conséquence.

Les résultats de pression anthropique sur le milieu d'étude confirment ceux de Houéhounha (2005) qui avait trouvé dans le même milieu, des indices de diversité avoisinant 3,9 bits au niveau des forêts et savanes ; tandis qu'au sein des formations plus anthropisées, les indices de diversité étaient plus faibles (2,45 bits). Cette valeur plus ou moins élevée de l'indice de diversité de Shannon (3,83) trouvée actuellement au niveau des champs et jachères peut s'expliquer par la recrudescence des espèces au niveau des jachères durant une période donnée.

Les familles comme celles des Caesalpiniaceae et des Anarcadiaceae des terroirs villageois sont les plus abondantes au niveau des terroirs tandis que dans les forêts classées, ce sont les Papilionaceae et les Meliaceae qui sont les plus abondantes. Les espèces de valeur appartenant aux familles retrouvées dans les terroirs villageois sont mieux protégées par les propriétaires terriens ; tandis qu'au niveau des Forêts Classées, les espèces comme *D. oliveri* sont des cibles faciles des exploitants.

Les mégaphénérophytes sont les plus abondantes avec un pourcentage de 68% et 54% respectivement pour FC1 et FC2. Suivent les microphanérophytes qui ont un pourcentage de contribution de 25% et de 44% respectivement pour FC1 et FC2. Les mésophanérophytes et les nanophanérophytes sont faiblement représentées.

Dans l'ensemble, les espèces de l'élément de base soudano-guinéen sont peu représentées ou même quasi inexistantes. La raréfaction des effectifs diminue le succès reproductif des espèces solitaires car elle amoindrit la probabilité de rencontre des individus de sexe opposé (ou le transfert de pollen entre individus d'espèces de plantes autostériles).

De plus, elle accentue les risques de propagation de gènes défectueux dans les générations futures, ce qui pousse de plus l'espèce vers l'extinction à cause de la dépression génétique due à la consanguinité (Foose et al., 1985). Les espèces à large distribution comme *D. oliveri* ont une contribution faible au niveau des terroirs villageois (13% pour TV1 et 26% pour TV2), et un peu plus élevée au niveau de la Forêt Classée (32% pour FC1 et 46% pour FC2). Ceci confirme que les groupements des forêts classées présentent un milieu plus ou moins perturbé.

Dans les formations moins perturbées, il existe quelques pieds sénescents pour servir de semencier. Les Forêts Classées étant généralement perçues comme un stock de produits sans propriétaire où les arbres sont détruits sans considération des conséquences à long terme ; il importe de procéder à une réappropriation de l'espace forestier.

Dans ce cadre, le contrôle de l'ensemble des aspects sociaux, économiques et fonciers se traduisant par une expression des politiques forestières, agricoles et d'aménagement du territoire, s'avère essentiel. Dans ce sens, la mise en œuvre du projet de réhabilitation des forêts classées du Bénin est salutaire.

11.4 Biologie de la graine et multiplication de l'espèce

Les fleurs de *D. oliveri* sont en panicules de couleur blanche. Longues de 15 à 30 cm et portant des racènes horizontaux distiques longs de 5 à 15 cm. Les racènes portent des fleurs hautes de 25 à 30 mm à calice en massue dans le bouton floral (Figure 60a). Dans le bouton floral, on distingue : Quatre sépales larges de 4 à 6 mm, Un pétale blanc parfois deux plus larges et dépassant les sépales ; les autres pétales étant minuscules, Dix étamines dépassant les pétales. La période de floraison est de janvier à mars. Le fruit de *D. oliveri* est une gousse lisse, plate, déhiscente à maturité. D'une longueur d'environ 8 cm et d'une largeur de 5 cm, il contient deux valves papyracées rigides. A l'une des valves, est attachée une seule graine obovale longue de 15 à 20 mm par une panicule longue de 15 mm (Figure 60b). La structure de la graine accrochée à l'une des valves permet de classer la graine dans la catégorie des planeurs légers. Les graines sont facilement projetées par le vent sur de longues distances pour ensemencer champs et jachères avoisinants

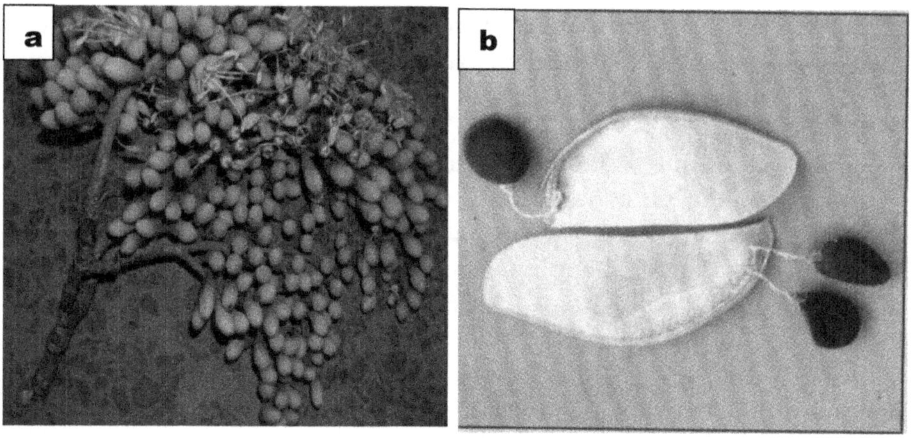

Figure 60. Organes de reproduction de *Daniellia oliveri* (**a-** fleurs et **b-** fruits, graines)

11.4.1 Effet des traitements pré-germinatifs et du substrat sur la germination des graines de *D. oliveri*

Le type de substrat n'influe pas significativement sur la germination des graines (F =1,144, p<0,356). Globalement, les taux moyens de germination par substrat varient entre 63,00 ± 29,78% et 66,00 ± 30,24%. Par contre le prétraitement germinatif influe significativement sur la germination des graines (F= 239,785, p < 0,0001). Les graines non traitées présentent le taux de germination le plus élevé (93,00 ± 3,37 %). Elles sont suivies des graines prétraitées à l'acide sulfurique (85,00±4,28%), des graines trempées dans l'eau (70,00±6,45%). Les graines trempées dans l'eau chaude et les graines traitées au feu ont les taux de germination les plus faibles (respectivement 58,00 ± 5,01% et 13,75 ±1,98%). Ce qui explique l'absence de régénération naturelle sous les semenciers situés dans des écosystèmes régulièrement parcourus par les feux de végétation

11.4.2 Effet du type de bouture sur les taux de reprise des bourgeons de *D. oliveri*

Le taux de reprise des plantules de morceaux de tige et de racine n'est pas influencé significativement (F = 2,117, p < 0,176). Cependant, il faut remarquer que le taux de reprise des plantules est fonction du type de morceaux prélevés (F= 210,825, p < 0,0001). Les morceaux de racine donnent les taux de reprise de plantules les plus élevés (66,00±3,38%) et les morceaux de tige, les taux de reprise les plus faibles (38,75±4,40%).

11.4.3 Croissance en pépinière des plantules issues des différentes graines prétraitées pour quatre types de substrats

De façon générale, il faut attendre entre 30 et 150 jours pour apprécier le développement en hauteur des tiges ($F=3824,536$, $p<0,0001$). Toutefois, au niveau des grains, la croissance des plantules est liée en partie à la nature du pré-traitement appliqué aux graines (temps-prétraitement:) $F = 87,235$, $p<0,0001$ et le type de substrat (temps-substrat : $F=51,85$, $p<0,0001$). Sur les sols sablonneux et ferrallitiques (Figure 61 et Figure 62), la hauteur des plantules croit rapidement pour tous les types de prétraitements, mais les plantules issues des graines prétraitées avec le feu ont montré les hauteurs les plus élevées sur les 150 jours. Elles sont suivies par les plantules issues des graines traitées à l'acide sulfurique et dans une moindre mesure les plantules issues des graines trempées dans l'eau simple. Les plantules issues des graines non traitées et trempées dans l'eau chaude montrent des hauteurs les plus faibles après 90 jours. Sur les sols latéritiques le rythme de croissance des plantules issues des graines soumises au traitement du feu, est élevé en début de germination surtout pendant les trois premiers mois ($F=292,742$, $p<0,0001$ au mois 1, $F= 351,095$, $p < 0,0001$ au mois 2 et $F=128,223$, $p < 0,0001$ au mois 3), mais la croissance à l'évaluation finale sur les 150 jours est plus faible que les autres types de prétraitements.

Les plantules issues des graines traitées à l'acide sulfurique, bien qu'ayant une hauteur initiale moyenne faible, croissent rapidement entre 30 et 90 jours. À partir de 120 jours, on observe plus de différences significatives entre les hauteurs de ces plantules et celles des plantules issues des graines brûlées. Les plantules issues des graines non traitées, trempées dans l'eau simple ou dans l'eau chaude montrent des hauteurs significativement inférieures aux deux autres sur les 150 jours.

Par ailleurs, à partir de 90 jours leur rythme de croissance diminue, à l'exception des plantules issues des graines non traitées pour lesquelles la croissance s'accélère et augmente significativement à 150 jours.

Sur le sol argileux (Figure 63), les plantules issues des graines brûlées montrent l'accroissement le plus important pendant les trois premiers mois de la période de l'essai ($F = 659,4$; $p < 0,0001$ au mois 1, $F = 561,584$; $p < 0,0001$ à deux mois, $F = 210,794$; $p < 0,0001$ et à trois mois), bien que leur rythme de croissance sur les 150 jours soit plus faible que les autres prétraitements dont les plantules croissent très rapidement.

À partir de 120 jours, ce sont plutôt les plantules issues des graines non traitées qui présentent les hauteurs les plus élevées, suivies des graines traitées au feu et à l'acide sulfurique ($F=126,412$; $p<0,0001$ à 120 jours et $F=128,864$; $p<0,0001$ à 150 jours). En outre, la vitesse de croissance des plantules au niveau de tous les traitements diminue à partir du quatrième mois.

Les plantules issues des graines traitées à l'eau chaude et à l'eau simple présentent les hauteurs les plus faibles sur les cinq mois. En général, c'est le sol argileux qui favorise les croissances les plus vigoureuses, suivi par le sol latéritique et le sol ferrallitique. Les plus faibles croissances sont observées au niveau du sol sablonneux ($F= 284,33$; $p<0,0001$).

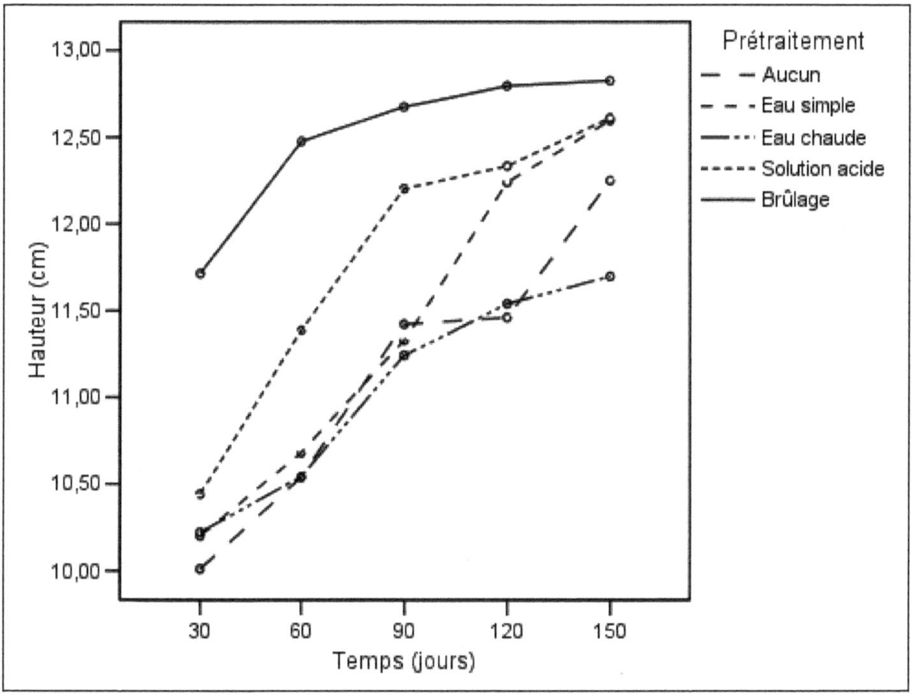

Figure 61. Croissance des plantules de *Daniellia oliveri* issues de cinq types de graines semées dans le substrat ferrugineux sablonneux

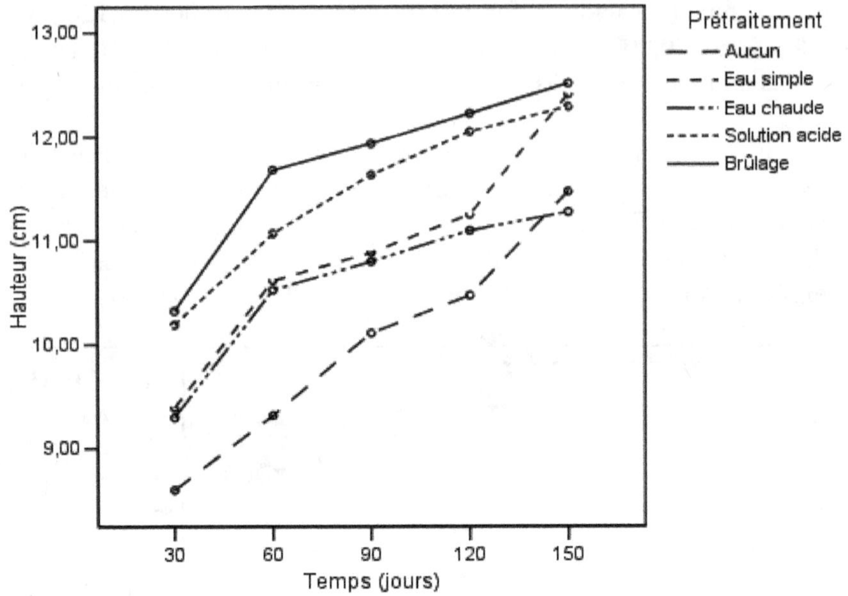

Figure 62. Croissance des plantules de *Daniellia oliveri* issues de cinq types de graines semées dans le substrat ferrallitique

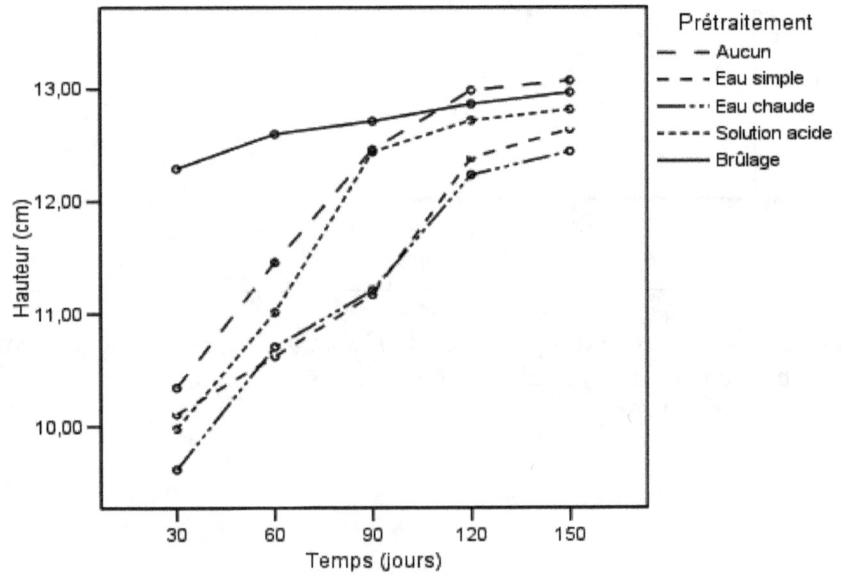

Figure 63. Croissance des plantules de *Daniellia oliveri* issues de cinq types de graines semées dans le substrat argileux

11.4.4 Croissance des plantules issues des boutures de tiges et de racines sur quatre types de substrats

Les figures 64 et 65 présentent la croissance des pousses issues de boutures de tiges et de racines sur quatre types de substrats différents. La hauteur des pousses varie significativement avec le temps ($F=10129,514$; $p<0,0001$).

Toutefois, cette variation est significativement influencée par le type de bouture (interaction type de bouture-temps : $F=31587,341$; $p<0,0001$) et le type de substrat. (Interaction temps-type de substrat : $F=1278,406$; $p=<0,0001$). Quel que soit le type de substrat, en 30 jours, la hauteur moyenne des plantules est très faible. Elle est inférieure à 3 cm.

On note une chute de la hauteur des plantules entre 30 et 60 jours et une mortalité totale de toutes les pousses pour tous les types de sols excepté le sol sablonneux. Pour ce dernier, la hauteur des pousses croit légèrement entre 30 et 60 jours et chute aussi aboutissant à une mortalité totale des plantules à 90 jours. Les plantules issues des boutures de racines ont une hauteur à 30 jours significativement supérieure à celle des plantules issues des boutures de tige.

Pour l'ensemble des substrats testés, les plantules se développent naturellement suivant le temps. L'on observe pendant les deux premiers mois de végétation, que les hauteurs les plus importantes sont au niveau du substrat argileux ($F=299,43$; $p<0,0001$ à un mois, $F=49,543$; $p<0,0001$ à deux mois) ; mais à partir du troisième mois, les hauteurs les plus élevées sont notées dans les substrats latéritiques suivis du substrat argileux ($F=223,878$; $p<0,0001$ à trois mois, $F=184,295$; $p<0,0001$ à quatre mois et $F=111,622$; $p<0,0001$ à cinq mois).

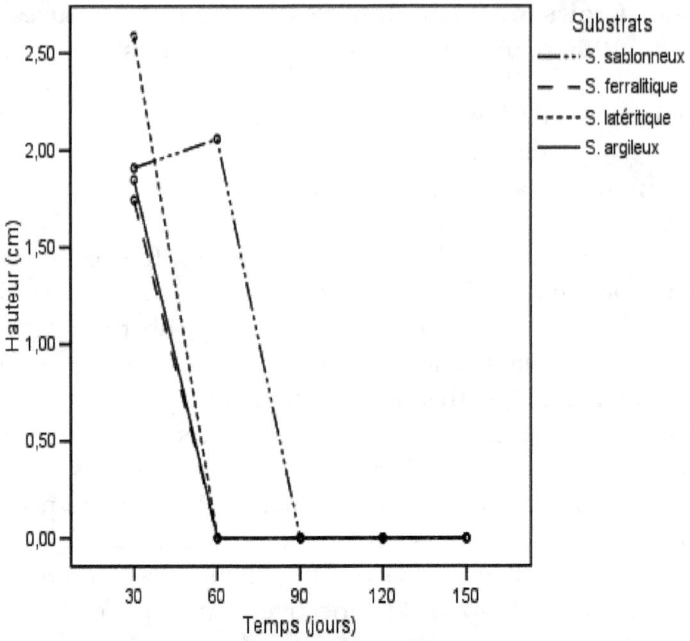

Figure 64. Croissance des plantules de *Daniellia oliveri* issues de boutures de tige dans différents substrats

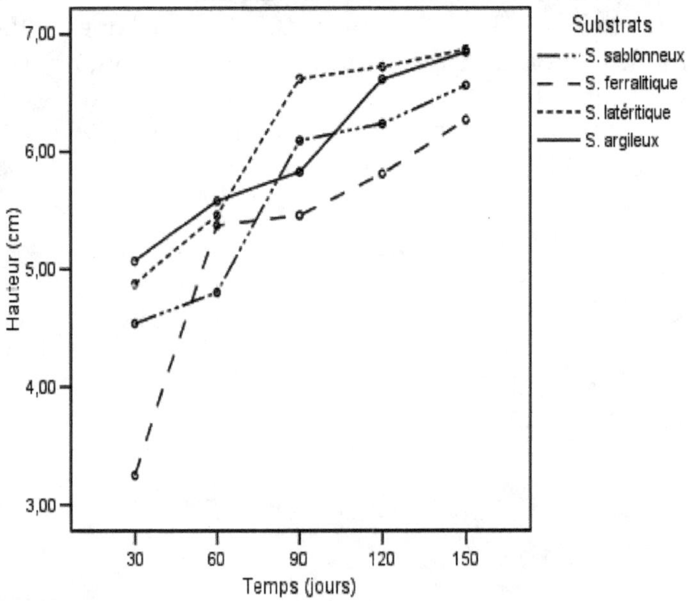

Figure 65 : Croissance des plantules de *Daniellia oliveri* issues de boutures de racine dans différents substrats

11.4.5 Comparaison des taux de réussite et de la croissance des pousses pour la propagation par graines et par boutures de racines de *D. oliveri*

En comparant l'utilisation de quatre types de substrats, les taux de germination des graines prétraitées à la proportion des plantules issues des morceaux de tige et de racine, le taux de réussite varie significativement en fonction de la nature du matériel végétal utilisé (F=225,508 ; p=0,0001). La propagation par graines non traitées présente le taux de réussite le plus élevé (93,25±3,37%) (Figure 66). Elle est suivie de la propagation par graines traitées à l'acide sulfurique (85,00±4,28%). La propagation par boutures de racines présente des taux de réussite qui ne sont pas significativement différents de la propagation par graines trempées dans l'eau simple (respectivement 66,00±3,38% et 70,25±6,45%). La propagation par graines préalablement brûlées ou trempées dans l'eau chaude présente les taux de réussite les plus faibles (respectivement 13,75±1,98% et 58,00±5,01%).

La comparaison de la croissance des plantules issues des graines avec la croissance des jeunes pousses issues des morceaux de tige ou de racine a montré de façon générale, que les morceaux de tiges et de racine, développent des hauteurs significativement inférieures à celles des plantules issues des graines quelques soit les types de prétraitements appliqués (F=15225,223 ; p<0,0001).

La hauteur moyenne des morceaux de tige ou de racine fluctue entre 4,43±0,73 cm à un mois et 6,64±0,26 cm à cinq mois. Pour les plantules issues des graines, elles varient en moyenne entre 9, 35±2,38 cm le premier mois à 11,42±2,20 le cinquième mois.

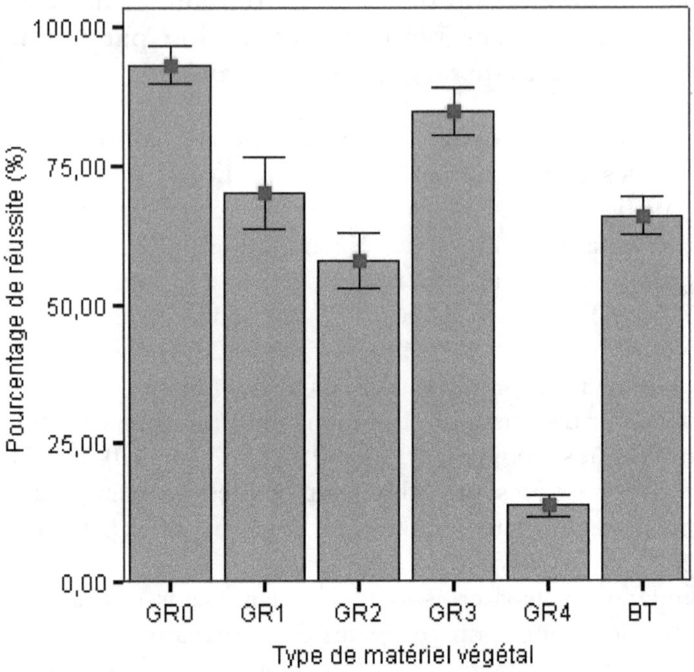

Figure 66. Comparaison des taux de réussite à 30 jours des modes de propagation par graines et par morceaux de racine
Légende : GRO= graine sans prétraitement ; **GR1**= graine trempée dans l'eau ; **GR2**= graine trempée dans l'eau chaud ; **GR3** : graine trempée dans l'acide ; **GR4**= graine brûlée ; **BT**=morceaux de racine

11.5 Mesures de conservation de l'espèce

De façon générale, on relève l'action anthropique comme une préoccupation sérieuse dans le contexte du déboisement et de la réduction de la diversité biologique.

C'est le résultat d'une démographie galopante que Wilson (1992), désignait comme un monstre en présence duquel, la durabilité n'est qu'une fragile construction théorique. Dans un document directif, de la Banque Mondiale, Banuri et al. (1993) affirmaient que les causes de la dégradation de l'environnement sont aussi variées que ses manifestations.

Ils ont cependant pointé un doigt accusateur sur l'accélération de la croissance démographique dans de nombreux pays en développement. Chez la plupart des essences forestières, la reproduction par voie sexuée est la plus utilisée. A l'image des schémas classiques, la reproduction des plantules de *D. oliveri* à partir des graines a suivi les principales étapes que sont : La recherche des semences ; La mise en germination des graines ; le suivi des plants en pépinière.

Quant à la reproduction par voie asexuée les boutures mûres de tige et de racine préparées en fragments possédant des bourgeons dormants, ont été mises en terre sans aucun traitement. Pour le test de reproduction de l'espèce, l'analyse chimique des substrats utilisés a donné les résultats intéressants.

Des propriétés physico-chimiques des substrats utilisés pour la réalisation des pépinières, il en ressort que les sols ferrallitiques et latéritiques sont acides, très dégradés avec une faible teneur en matière organique. Les sols ferrugineux argileux et sablonneux par contre sont neutres, moins dégradés avec une teneur en matière organique. De ce fait, ils sont plus fertiles que les sols ferrallitiques et latéritiques.

La recherche des graines provenant des semenciers préalablement retenus peut constituer un autre problème dans les localités où les sujets sont surexploités. Il ne sera pas possible dans ces conditions de planifier de façon rigoureuse, la production des plants étant donné le caractère aléatoire de la disponibilité des semences en quantité et en qualité. Il est cependant montré que les boutures de racine qui abondent dans les zones surexploitées, donnent de bons résultats en pépinière.

Cette aptitude peut servir de base aux analyses des résultats sur le suivi de la régénération naturelle de l'espèce car les rejets suivis pendant 03 ans donnent une régénération exploitable en bois de feu.

11.6 Gap des connaissances et perspectives pour la sylviculture de *D. oliveri*

En explorer les possibilités d'utilisation de divers modes de reproduction sexuée et asexuée à savoir le semis de graines et l'utilisation des morceaux de tiges et de racines, dans la multiplication artificielle de *D. oliveri* en général et la production de plants en pépinière en particulier, les résultats ont montré que les graines de *D. oliveri* ont une très bonne aptitude à la germination. Elles ne nécessitent pas de prétraitements ou un type de substrat particulier. Les graines mûres de l'espèce ne souffrent donc pas de problèmes de dormance. Toutes les méthodes de prétraitement testées dans le cadre de cette étude ont induit des pertes de viabilité des semences, avec des effets variables suivant les méthodes. Le prétraitement qui affecte le moins la viabilité des graines est le trempage dans une solution d'acide sulfurique avec des pertes de l'ordre de 9-10% par rapport aux graines non traitées. Mais les traitements qui affectent le plus la viabilité des graines sont le brûlage au feu et le trempage dans l'eau chaude avec des pertes de l'ordre de 80% pour le brûlage et 35% pour l'eau chaude. La chaleur semble donc être un facteur préjudiciable à la viabilité des graines de *D. oliveri*. Outre, leur bonne aptitude à la germination, les graines de *D. oliveri* ont aussi une bonne aptitude à la conservation dans les conditions paysannes (Ouédraogo et al., 2003). En effet, elles peuvent se conserver pendant plus d'un an avec les moyens traditionnels peu coûteux et sans une perte significative de viabilité (Ouédraogo et al., 2003).

Si pour la germination des graines, le prétraitement a produit un effet néfaste et le substrat pratiquement pas d'effet, il semble qu'il n'en est pas de même pour la croissance des plantules issues des graines. En effet, sur tous les types de substrats, les plantules issues des graines traitées au feu ont montré les croissances les plus significatives pendant les trois premiers mois. Elles sont suivies par les plantules issues des graines traitées à l'acide sulfurique. Après trois mois, la même tendance est maintenue sur les sols ferrugineux sablonneux, ferrallitique et latéritique. Sur le sol ferrugineux argileux par contre en quatre ou cinq mois, c'est plutôt les plantules issues des graines non traitées qui montrent les meilleures hauteurs. Elles sont suivies des plantules issues du traitement au feu et du traitement à l'acide sulfurique. Ainsi, sur les sols ferrugineux argileux, on n'a peut-être pas besoin de prétraitement des graines pour stimuler la croissance en hauteur des plantules. Les croissances les moins fortes sont obtenues pour les plantules issues des graines traitées à l'eau simple et à l'eau chaude pour tous les types de sol.

Ces effets possibles du prétraitement sur le développement des plantules suggèrent que le prétraitement pourrait influer sur l'utilisation des réserves de la graine par les plantules, favorisant une croissance plus rapide, une vigueur plus grande et donc une meilleure chance d'établissement durant les premiers mois. En effet, la croissance et la vigueur des plantules dépendent de la disponibilité des réserves nutritives que la graine contient. Ainsi, par exemple, les semences les plus grosses ou lourdes génèrent généralement des plantules plus vigoureuses qui croissent et résistent mieux aux aléas du milieu (Khan et al., 1999 ; Baraloto et al., 2005 ; Bladé & Vallejo, 2008 ; Du & Huang, 2008). Un autre processus par lequel le prétraitement pourrait influer sur le développement des plantules est le raccourcissement du temps d'émergence de la plantule par élimination des possibles obstacles mécaniques au développement de la plantule (Du & Huang, 2008). Toutefois, des investigations complémentaires devraient être faites par d'autres essais et sur d'autres espèces pour confirmer ces relations entre le prétraitement et le développement des plantules.

De façon pratique, ces tendances suggèrent que, pour maximiser le nombre de plants et la croissance des plantules sur les cinq premiers mois, on peut utiliser des graines non traitées sur substrat argileux en pépinières ou en semis direct dans une zone où prédominent les sols argileux.

Ces résultats expliquent aussi les observations faites pendant l'inventaire forestier national de 2007 au Bénin, qui a montré que la régénération naturelle de *D. oliveri* dans les Forêts Classées et dans les terroirs villageois est presque nulle (IFN-DFS-PBF2, 2007). En effet, les peuplements de *D. oliveri* sont généralement situés dans des formations végétales à caractère savanicole. Les savanes sont très menacées par les feux de végétation qui sont allumés pendant la période de maturation des semences de l'espèce. Les effets néfastes du feu sur la germination des graines, combinés avec la forte pression des prédateurs et des parasites, expliqueraient la faible régénération naturelle observée. Un phénomène similaire a été observé dans un essai de régénération artificielle par semis direct dans la zone de Benega à 160 km de Ouagadougou par Ouédraogo et al. (2003) qui ont obtenu un taux de survie de plantules de *D. oliveri* de 3,7% sur une année, après un taux de levée initial 70%. Les facteurs de stress étaient essentiellement le feu, les prédateurs et le piétinement par le bétail (Ouédraogo et al., 2003).

Concernant la multiplication végétative artificielle, les résultats ont montré que les boutures de tiges sont inappropriées pour reproduire l'espèce. Les pousses issues des bourgeons de ces boutures n'ont pas été viables car elles ont dégénéré très rapidement en l'intervalle de 30 jours et sont toutes mortes. Par contre, les boutures de racines ont été viables avec des taux de réussite de l'ordre de 66 % et une croissance constante des jeunes pousses jusqu'à cinq mois après le début du bouturage. Bien que l'enracinement n'ait pas été directement observé, les boutures de tiges n'auraient pas développé des racines pour leur survie, ce qui a fait qu'après l'épuisement des réserves au bout d'un mois, toutes les pousses ont dégénéré. Par contre, les boutures de racines ont développé des racines adventives, ce qui explique la survie et la croissance des pousses sur plus de cinq mois.

La comparaison de la multiplication par graines et de la multiplication par morceaux de racines du point de vue des taux de réussite suggère que le taux de réussite des morceaux de racines est bien supérieur au taux de germination des graines traitées au feu, mais inférieur au taux de germination des graines non traitées ou traitées à l'acide sulfurique. Du point de vue de la croissance, les pousses issues des boutures de racines croissent beaucoup moins vite que tous les types de graines traitées. En somme, du point de vue de la croissance des jeunes pousses en pépinière, les morceaux de racines ne présentent pas d'avantage par rapport au semis de graines.

Dans tous les cas, la bonne aptitude à la germination et à la conservation en milieu paysan des graines de *D. oliveri* (Ouédraogo et al., 2003) et la croissance relativement bonne des plantules sont autant d'avantages à l'actif de la multiplication par semis.

Toutefois, il convient de mener des essais sur la survie des plants issus des différents types de matériel de reproduction face à divers types de stress comme le feu, la sécheresse, le broutage, le piétinement, etc. Cette aptitude à résister au stress est déterminante dans la réussite de toute initiative de restauration. Les perspectives de la sylviculture de *D. oliveri*, sont bonnes et méritent d'être mieux explorées.

Conclusion

L'espèce *D. oliveri* est endémique en Afrique au sud du Sahara. Elle est très connue au Bénin par les groupes socioculturels Fon, Nago, Goun, Bariba, Peulh, Yoa et Berba à travers ses organes qui sont très utilisés. De la feuille à la racine en passant par la tige et la sève, toutes les parties de l'espèce sont utiles à quelque chose. Mais, les besoins socioculturels liés aux usages des produits de l'espèce n'ont pas la même intensité au sein de l'ensemble des groupes socioculturels.

En observant l'existence d'une meilleure connaissance des usages des organes de l'espèce dans le Sud et le Centre du Bénin, une relation de cause à effet est établie par rapport à l'impact écologique laissé par l'exploitation intense de l'espèce dans cette partie du pays. En effet, environ 8 % de la superficie du territoire du Bénin sont actuellement soumis à cette exploitation qui se traduit par la présence dans cette partie du pays, des jachères à *D. oliveri*. L'exploitation intense du bois de l'espèce l'a dégagée de son habitat naturel et l'a réduite à des rejets de souche.

Actuellement dans les zones de surexploitation, les connaissances de l'espèce se limitent généralement à sa vie buissonnante, tant les grands sujets ont disparu. La surexploitation a évolué du Sud vers le Centre et le Nord où la pression est actuelle (entre 7°35' et 8°14' latitude Nord). Plus, au Nord entre les latitudes 9°40' et 12°30' Nord, en dehors des Aires Protégées où l'exploitation de l'espèce n'est pas signalée, les Forêts Classées sont soumises à la même pression anthropique que les terroirs villageois. A ce niveau, l'absence d'une véritable politique de sécurisation du domaine classé de l'État est indexée.

Les groupements végétaux à *D. oliveri*, compte tenu du caractère pionnier de l'espèce, devraient être plus présents dans les Forêts Classées que dans les terroirs villageois livrés à l'exploitation incontrôlée.

L'indice de Shannon et l'équitabilité de Pielou ont montré que les deux milieux sont perturbés ; mais la perturbation des groupements des forêts classées est plus accentuée. La perturbation du milieu est liée à la surexploitation des ressources forestières qui le plus souvent, vise les qualités physiques, chimiques ou technologiques des espèces. Seule la capacité de reproduction de *D. oliveri* par voies sexuée et asexuée, peut représenter l'espoir d'un repeuplement. Sans aucune précaution particulière, les graines de *D. oliveri* se conservent très bien pendant une longue durée et n'ont pas besoin de prétraitement pour la levée de la dormance. De façon générale, l'espèce pousse mieux avec les graines que toute autre partie de la plante. Mais, malgré le taux de germination élevé des graines sans aucun prétraitement (plus de 90 %) en pépinière, l'absence de régénération naturelle sous les semenciers des terroirs serait due à la destruction des germes des graines de l'espèce soumises au choc thermique des feux de végétation.

En effet, le traitement des graines par brûlage et par trempage dans de l'eau chaude a donné les taux de germination les plus bas. Face aux pressions exercées sur l'espèce par les groupes socioculturels, il urge de prendre des mesures adéquates visant à freiner l'utilisation anarchique actuellement observée chez les usagers des produits de *D. oliveri.* Ces mesures seront surtout scientifiques, incitatives et réglementaires.

SECTION 12 : *Ceiba pentandra* (L.) Gaertn

Ouinsavi C.A.I.N.[1] & Wédjangnon A.A.[1]

[1]*Laboratoire d'Études et de Recherches Forestières (LERF), Faculté d'Agronomie, Université de Parakou, Bénin, BP 123 Parakou, Bénin*

Résumé

La structure écologique et la variation morphologique des populations de *Ceiba pentandra* (L.) Gaertn ont été évaluées au Bénin en utilisant la méthode d'échantillonnage par transect et l'analyse en composantes principales ainsi que l'analyse par grappes sur la base des paramètres morphométriques liés à la croissance des arbres et à la production de fruits et de graines. L'analyse par grappes des individus de *C. pentandra* basée sur ces variables a révélé six grappes avec 29,29% de dissemblance, lesquelles ont été identifiées respectivement comme des populations de Kpédékpo, Pobè, Natitingou, Bèmbèrèkè, Djougou et Tanguiéta. La densité et le diamètre des tiges étaient faibles et diminuaient de la zone guinéenne vers la zone soudanienne. Cette diminution de la densité et du diamètre pourrait être expliquée par le gradient pluviométrique nord-sud. L'analyse de la variance a révélé une différence significative ($p < 0,001$) des caractéristiques morphologiques des fruits et de la production des graines de *C. pentandra* en fonction des populations d'une part et en fonction de la zone climatique d'autre part. La forme standardisée de l'indice de dispersion de Morisita (Id) a révélé un modèle de distribution spatiale groupé pour toutes les populations de *C. pentandra* identifiées dans les différentes zones climatiques. Bien que l'on puisse supposer que la variation observée dans la morphologie et la production de graines de *C. pentandra* était fortement déterminée par des facteurs environnementaux, beaucoup plus de travail est nécessaire pour élucider les modèles de diversité génétique en relation avec la distribution, l'écologie et les variables morphologiques afin d'identifier les populations d'un point de vue génétique.

Mots clés : structure écologique, variation morphologique, facteurs environnementaux, taillis sur futaie, *Ceiba pentandra.*

Introduction

L'espèce *Ceiba pentandra* (L.) Gaertn, également connue sous le nom de kapok ou arbre de coton à soie, est un arbre de la forêt tropicale répandue qui se reproduit non seulement dans les néotropiques, mais aussi en Afrique équatoriale et en Afrique de l'Ouest où se trouvent deux formes naturelles distinctes et un hybride (Dick et al., 2007). Au Bénin, *C. pentandra* est largement répartie de la côte à la latitude de Bembèrèkè (10°11'57.12") au nord-est et à la latitude de Tanguiéta (10°37'12.4") au nord-ouest à travers trois zones climatiques le long du gradient pluviométrique sud-nord.

Ceiba pentandra est un arbre polyvalent et sacré, aux propriétés médicinales et mystiques, et peut fournir de nombreuses utilisations alimentaires. Elle fait partie des essences de bois les plus précieuses au Bénin et au Ghana et se classe au deuxième rang tant pour le volume total des exportations que pour les revenus générés (TIDD, 2003). Selon (FAO, 2001) *C. pentandra* et d'autres espèces sont menacées d'extinction à court et moyen terme par leur exploitation sélective. Cette tendance à la surexploitation peut avoir un certain impact sur la structure des populations de *C. pentandra* avec des conséquences probablement variables à travers les trois zones climatiques en raison des différences de disponibilité en eau entre ces régions (Gaoue & Ticktin, 2007). Sapkota et al. (2009) ont constaté que la dispersion de la plupart des espèces changeait avec l'intensité des perturbations reflétant leurs réponses aux modifications des conditions de leurs habitats. De plus, les effets combinés de nombreux facteurs de perturbations biotiques et abiotiques affectent les schémas de distribution des espèces (Prieto, 2000). Selon Ouinsavi & Sokpon (2010), la structure morphologique et la distribution spatiale d'une espèce sont un résultat de facteurs historiques et anthropiques combinés ainsi que de facteurs écologiques et biologiques. Le modèle de distribution spatiale des populations végétales est déterminé par de nombreux facteurs abiotiques et biotiques, comme la dispersion des graines (Plotkin et al., 2000). De nombreuses espèces d'arbres tropicaux présentent une agrégation spatiale à des échelles variables, généralement d'une agrégation supérieure à une agrégation inférieure ou une distribution aléatoire avec l'augmentation de l'âge (Ng et al., 2004). La structure génétique spatiale des plantes au sein d'une population naturelle est principalement influencée par le modèle et la distance de dispersion du pollen et des graines (Ennos, 1994). Par conséquent, il existe une relation entre la structure génétique spatiale et la distribution spatiale dans les populations de plantes. En effet, des études de simulation ont montré que le modèle de distribution spatiale des arbres et la sélection des micro-habitats peuvent influencer la structure génétique spatiale des populations d'arbres (Doligez et al., 1998). De plus, les processus écologiques et évolutifs qui affectent le modèle de distribution spatiale peuvent également être des facteurs contributifs à la structure génétique spatiale significative observée (Ng et al., 2004).

Cette section vise à présenter les résultats des travaux déjà effectués sur *C. pentandra* au Bénin en vue d'évaluer la structure écologique et la répartition spatiale des populations de *C. pentandra* dans différentes zones climatiques afin de soutenir les actions de conservation de l'espèce, puis d'en ressortir les gaps de connaissances

12.1 Distribution géographique et description de *C. pentandra*

12.1.1 Distribution géographique

Ceiba pentandra est un arbre originaire du Mexique, d'Amérique centrale, d'Amérique du Sud et peut être d'Afrique de l'Ouest. Elle est devenue maintenant pantropical distribuée entre le 16°N et 16°S et est considérée comme invasive dans les îles du Pacifique. Aux Antilles, elle pousse dans les forêts mésophiles de bas-fonds et sur le littoral. En Afrique, on la trouve en forêt tropicale dense humide, particulièrement dans les formations secondaires. Cette espèce est retrouvée en Colombie, au Venezuela, aussi bien en Afrique tropicale occidentale (Ghana, Cote d'Ivoire, Togo, Bénin, Cameroun). Au Ghana, tout comme au Bénin, c'est le plus grand arbre que l'on rencontre dans les vieilles forêts secondaires. On la retrouve jusqu'à la hauteur de Djougou.

Ceiba pentandra se retrouve dans divers types de forêts : sempervirentes et semi-décidues aussi bien dans les formations sèches et les galeries forestières. Essence pionnière, elle apparaît souvent dans les forêts secondaires. La température moyenne annuelle exigée par l'espèce varie de 20 à 27°C tandis que la précipitation annuelle est située entre 800 mm à 2500 mm. Cette espèce peut tolérer jusqu'à 6 mois de saison sèche. *Ceiba pentandra* se développe sur des sols dérivés de la roche mère mais préfère des sols alluviaux légèrement acides à PH neutre. Elle évite souvent les endroits marécageux.

12.1.2 Description de l'espèce

Ceiba pentandra est un géant arbre caducifolié, pouvant atteindre 50 m de haut et 150 cm de diamètre à 1,30 m (Figure 67a). Son tronc est droit et cylindrique dépourvu de branches jusqu'à 2/3 (Figure 67b). Il porte à sa base un contrefort géant pouvant atteindre 8 m de haut (Figure 67c, d). Les branches horizontales sont en général étagées et très étalées (Figure 67e). Elle présente des feuilles composées digitées (7- 9 folioles) de 10 à 18 cm de long 2,5 à 4 cm de large (Figure 67f). A l'état adulte, la feuille n'est composée que de 5 folioles. Les fleurs blanc-jaunâtre comportent 5 colonnes de filets terminés par 1 à 3 anthères et 5 pétales de 35 mm, velus. Le style fait saillie au-dehors avant l'ouverture du bouton floral. Les fleurs apparaissent avant l'apparition des feuilles (en janvier-février aux Antilles). La pollinisation est faite par les chauves-souris. Le fruit est une capsule elliptique, ligneuse, pendante, de 10 à 30 cm de long (Figure 68a). Il s'ouvre par 5 valves et laisse apparaître un duvet blanchâtre, cotonneux (Figure 68b), nommé le kapok et des graines brunes (Figure 68c). Le vent entraîne au loin les flocons de kapok avec les graines.

Ceiba pentandra perd ses feuilles d'octobre à mars de chaque année et sa période de floraison se situe entre Octobre et Janvier. Les fruits apparaissent de février à avril.

La germination de *C. pentandra* est épigée. Les cotylédons deviennent foliacés et cordés. Les premières feuilles sont glabres, alternes et trifoliées. Les autres sont par contre digitées. Les folioles sont oblongues lancéolées, acuminées et sessiles. Les stipules sont caduques.

Ceiba pentandra est une essence pionnière longévive strictement héliophile ayant peu de tolérance à la compétition des autres espèces et à la flore forestière. Les fruits apparaissent sur l'arbre dès l'âge de 4 ans. Le nombre de graines par kg varie considérablement en fonction des provenances. On peut compter jusqu'à 45000 graines/kg en Équateur ; 10000 graines/kg au Costa Rica et au Venezuela. Les semences sont disséminées par le vent et ont un pouvoir germinatif avoisinant 90-95%. Mais ce pouvoir germinatif baisse très rapidement du fait de la teneur en huile des graines qui ne tarde pas à rancir. Ceiba pentandra croît rapidement avec un accroissement moyen annuel en hauteur de 1,2 m et en diamètre de 3 à 4 cm durant les 10 premières années. La durée de la rotation est 30-45 années. Le nombre de pieds de cette essence qui pourrait être trouvé dans les peuplements naturels varie très fort. Dans certaines parties du Cameroun on a 6 à 8 $m^3.kg^{-1}$ tandis qu'au Gabon on a 0,6 $m^3.kg^{-1}$. En peuplement pur, les plants de *C. pentandra* sont plantés à 3 × 3 m pour la production de Kapok et la première éclaircie sélective, a lieu la 3e année.

Ceiba pentandra est une essence qui se reproduit naturellement très bien. En avril, beaucoup de semis naturels de *C. pentandra* se retrouvent par plages dans les grandes trouées forestières, le long des pistes et dans les champs et à de grandes distances des pieds mères. Sur le plan pathologique, les sujets de *C. pentandra* sont attaqués par une variété d'insectes et de maladie, incluant *Armillaria mellea* (Vahl) P.Kumm. et *Fomes ligniosus* Klotzsh.

Il s'agit d'un bois très léger de couleur jaunâtre à blanc pâle. Il sert surtout de bois de coffrage et dans la fabrication de caissette.

Figure 67. Caractéristiques du port, tronc et des feuilles de *Ceiba pentandra* (**a**-individus, **b**- tronc, **c, d**- contreforts, **e**- branches et **f**- feuilles)

Figure 68. Fruit de *Ceiba pentandra* (**a-**capsule, **b-** capsule ouverte **c-** duvet blanchâtre cotonneux contenu dans la capsule, **d-** graines)

12.2 Importance ethnobotanique et statut socio-économique de *C. pentandra*

Les travaux de recherche sur l'ethnobotanique et le statut socio-économique de Ceiba pentandra au bénin sont assez rares. Les études de Dossou et al. (2012) ont monté que *C. pentandra* est connue des populations locales et employée dans trois principales catégories d'usages : pharmacopée, bois énergie et bois d'œuvre. Les feuilles, l'écorce et les racines sont les organes les plus exploités pour la pharmacopée. Les mêmes auteurs ont trouvé que *C. pentandra* a une valeur d'importance moyenne (18,35) avec une valeur d'usage totale relativement faible (5,10), indiquant que l'espèce subit un niveau de pression anthropique moyen. *Ceiba pentandra* a un fort potentiel socio-économique en raison de l'utilisation de son bois dans l'artisanat et comme matière d'œuvre et de service.

12.3 Statut écologique de *C. pentandra*

Le Tableau 42 présente les caractéristiques structurales des populations de *C. pentandra*. La densité des tiges de *C. pentandra* varie de 9 à 57 tiges.km^{-2}. Le nombre le plus élevé d'arbres de *C. pentandra* par hectare a été enregistré dans les populations de la zone de forêts semi-décidues (Kpédékpo et Pobè) tandis que la densité de tige la plus faible a été obtenue dans les populations de la zone de savane. Il existe une différence significative entre les populations de *C. pentandra* en ce qui concerne le nombre d'arbres par km^2 ($t = 3{,}667$; $p = 0{,}014$). La surface terrière du peuplement variait de 0,038 à 0,115 m^2.ha^{-1}. Les populations de *C. pentandra* ont également montré des différences significatives en ce qui concerne la surface terrière du peuplement. ($t = 3{,}967$; $p = 0{,}011$) (Tableau 42).

La distribution des classes de diamètre des arbres de *C. pentandra* au sein des populations (Figure 69) ajustée à la distribution de Weibull, est en forme de cloche avec une distribution dissymétrique gauche ($1 < c < 3{,}6$) indiquant une prédominance d'individus de petit diamètre (dh) dans la population de *C. pentandra* (Husch et al., 2003). Cette distribution est plus caractéristique pour la population de Pobè avec une estimation de $c = 1{,}681$. Les jeunes individus de *C. pentandra*, principalement ceux de centre de classe de 35 cm de diamètre étaient les plus représentés.

La forme normalisée de l'indice de dispersion (Id) de Morisita a révélé un schéma de distribution spatiale groupé pour toutes les populations de *C. pentandra* identifiées dans les différentes zones climatiques.

La distribution des classes de tiges en forme de cloche présentée par les populations de *C. pentandra* soutient le tempérament de l'espèce, car les espèces exigeantes en lumière sont connues pour montrer une telle distribution. Malgré les efforts de certains agriculteurs pour maintenir *C. pentandra* dans le paysage agricole, la structure écologique et l'évaluation démographique de l'espèce ont montré une faible densité de population et une distribution écologique erratique dans l'ensemble de l'aire de répartition de l'espèce. Ceci est conforme à la déclaration de Harvey & Harber (1999) et Gijsbers et al. (1994), que la diversité et la densité des arbres isolés dans un paysage fragmenté s'érodent encore lentement en raison d'une combinaison de récolte d'arbres et de mort naturelle. La distribution des classes de diamètre a montré un manque de régénération dans presque toutes les populations de *C. pentandra* avec peu d'individus dans les classes de petite taille suggérant un danger d'extinction physique de l'espèce. Harvey & Harber (1999) ont expliqué une telle situation par le fait que de nombreuses espèces d'arbres de la forêt primaire dans le paysage et les pâturages fragmentés, qui sont des vestiges de la forêt d'origine, ne se régénèrent pas dans des habitats ouverts sous des systèmes de gestion. Par conséquent, comme bon nombre de ces espèces sont présentes à de faibles densités comme *C. pentandra*, l'élimination ou la mort naturelle de quelques arbres peut entraîner la perte locale de cette espèce du paysage (Harvey et al., 2004 ; Guevara et al., 1998).

Tableau 42. Caractéristiques structurales des populations de *Ceiba pentandra*

Localité	Indice de Morisita	Densité ($Ni.Km^{-2}$)	Surface terrière ($m^2.ha^{-1}$)
Kpédékpo	0,51	57a	0,115a
Pobè	0,2	37b	0,16b
Natitingou	0,8	9c	0,11c
Tanguiéta	0,0	18d	0,038d
Bembèrèkè	0,9	19e	0,04e
Djougou	0,50	18f	0,04f
Student t	-	3,667	3,967
Probabilité	-	0,014	0,011

Les valeurs moyennes de densité ainsi que de la surface terrière portant la même lettre ne sont pas significativement différentes

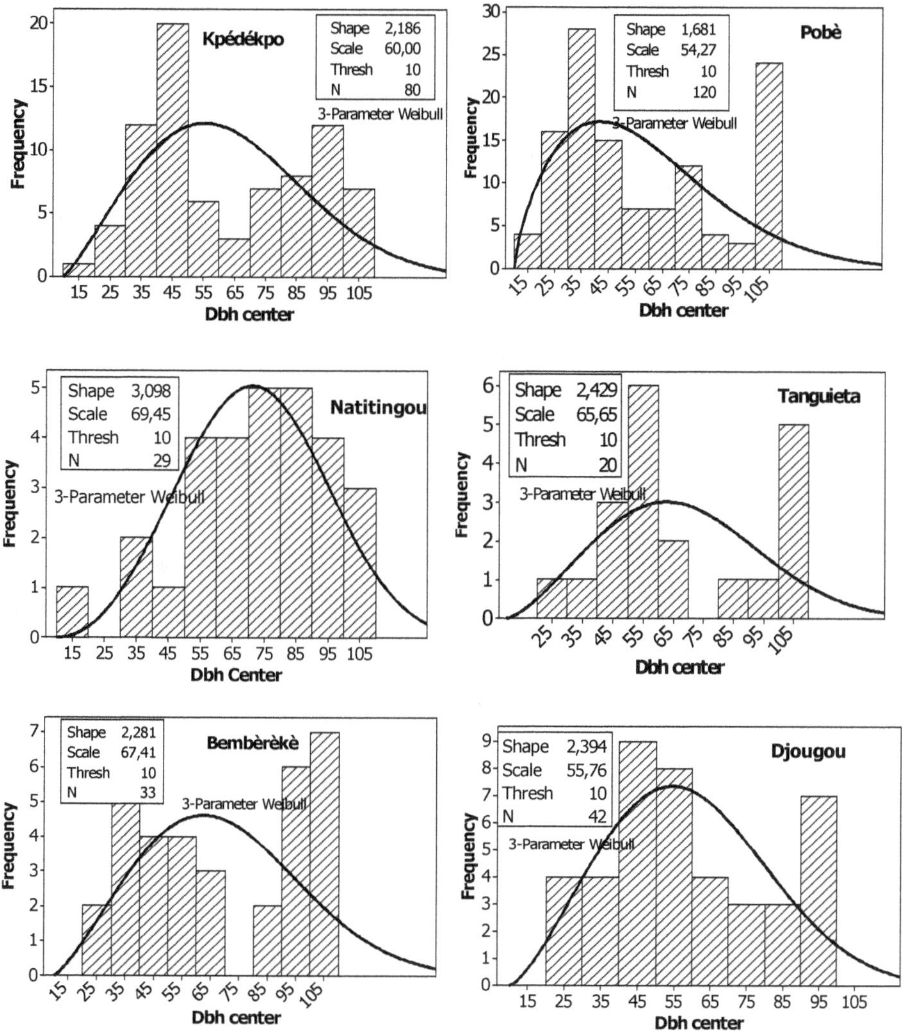

Figure 69. Distribution par classes de diamètre des arbres de *Ceiba pentandra*

12.4 Diversité morphologique

12.4.1 Caractéristiques morphologiques des fruits suivant les populations de *C pentandra*

L'Analyse en Composante Principale appliquée aux données liées aux variables morphologiques permet de noter que les deux premiers axes expliquent 76,6% des informations (Tableau 43), ce qui est largement suffisant pour garantir une bonne description. Le premier axe oppose la longueur des fruits (LF) au diamètre à hauteur de poitrine (DBH), à la hauteur totale (Ht) et au rapport DBH/Ht. Par contre, le second axe est négativement corrélé avec le diamètre des fruits (DF) et le nombre de graines par fruit (Tableau 43)

La projection des différents individus de *C. pentandra* dans le système d'axes 1 et 2 définis par les deux composantes premières et illustrées par la Figure 70 a révélé six grappes avec 29,29% de dissimilarité qui ont été identifiées respectivement comme population de Kpédékpo (Cluster 1), Pobè (Cluster 2), Natitingou (Cluster 3), Bèmbèrèkè (cluster 4), Djougou (cluster 5) et Tanguiéta (cluster 6) (Figure 70).

Tableau 43. Résultats de l'analyse en composantes principales effectuée sur les paramètres morphométriques de *Ceiba pentandra*

Paramètres morphométriques	Axe 1	Axe 2
	Coefficient	Coefficient
LF	0,363	0,192
DF	-0,229	-0,849
NgrF	0,300	-0,459
Dbh	-0,457	0,098
Ht	-0,367	0,106
Dbh/Ht	-0,417	-0,006
Valeurs propres	4,377	0,988
% variance	62,5	14,1

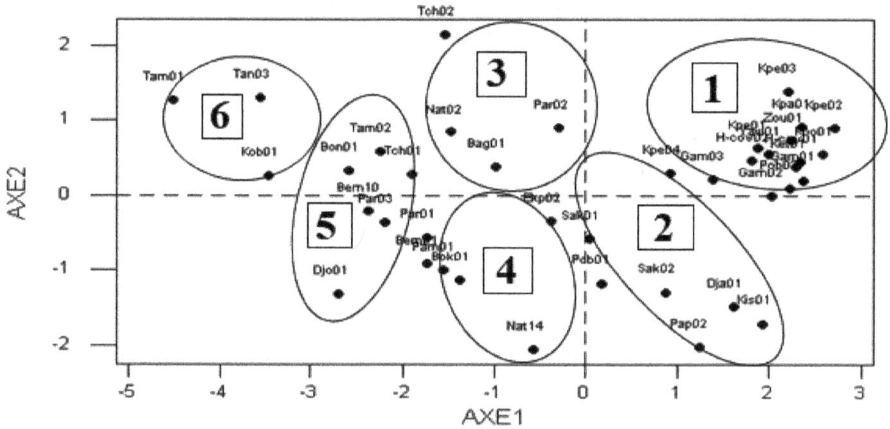

Figure 70. Projection des individus de *Ceiba pentandra* dans le plan des axes factoriels 1 et 2.

LF : Longueur du fruit, **DF** : Diamètre du fruit, **NgrF** : Nombre de graines par fruit, **Dbh** : Diamètre à hauteur de poitrine, **Ht** : Hauteur totale

L'analyse de la variance a révélé une différence significative ($p < 0,01$) entre les populations en ce qui concerne la variation morphologique. La population de Kpédékpo contient les individus les plus grands qui produisent des fruits de faible diamètre (DF = 12,21) et un nombre élevé de graines par fruit (NSF = 225). La population de Pobè comprend également des individus de grande taille (DBH/Ht = 0,03) qui produisent des fruits de grand diamètre (DF = 15,12) avec un nombre élevé de graines par fruit (NSF = 233). La population de Natitingou composée d'individus de taille moyenne (DBH/Ht = 0,05) est caractérisés par des fruits de faible diamètre (DF = 13,55) à faible nombre de graines par fruit (NSF = 107). La population de Bèmbèrèkè était également caractérisée par des individus de taille moyenne (DBH/Ht = 0,051) qui produisent des fruits de grand diamètre (DF = 15,89) avec un nombre élevé de graines par fruit (NSF = 225). Les individus de la population de Djougou étaient caractérisés par une taille moyenne (DBH/Ht = 0,055), un diamètre de fruit moyen (DF = 14,87) et un faible nombre de graines par fruit (NSF = 164). La population de Tanguiéta était caractérisée par une faible hauteur (DBH/Ht = 0,07), un faible diamètre des fruits (DF = 13,76) et un faible nombre de graines par fruit (NSF = 153).

12.4.2 Caractéristiques morphologiques des fruits *C pentandra* suivant les zones écologiques

Dans les zones écologiques, une variation significative de la morphologie des fruits de *C. pentandra* et de la production de graines (Tableau 44) a été observée (p <0,001). On a remarqué que la zone forestière semi-décidue (Zone guinéenne) et la zone de transition avaient des caractéristiques similaires pour leurs fruits tandis que les fruits produits par les arbres de *C. pentandra* dans la zone de savane (Zone soudannienne) étaient complètement différents. En somme, la morphologie des individus de *C. pentandra* varie significativement selon la population et selon les zones écologiques. Les populations du sud (Zone guinéenne) présentent les meilleures performances de croissance et produisaient le plus grand nombre de graines par fruit. La variation morphologique des populations de *C. pentandra* a révélé des modèles d'adaptation de l'espèce aux variations environnementales.

Tableau 44. Caractéristiques moyennes des fruits de *Ceiba pentandra* suivant les zones écologiques

Zones écologiques	Longueur du fruit	Diamètre du fruit	Nombre de graines par fruit
Zone Soudanienne	21,5 a	14,6 a	169 a
Zone de transition Soudano-Guinéenne	28,9 b	12,9 b	225 b
Zone Guinéenne	28,9 b	13 b	226 b

12.5 Mesures de conservation

Il s'est développé au Bénin, une ingéniosité des populations visant à conserver les arbres de *C. pentandra* pour la production de bois d'œuvre tout en y tirant périodiquement des sous-produits issus des coupes pratiquées à une hauteur considérable. Ce régime sylvicole intermédiaire entre le taillis et la futaie est un régime de *taillis sur futaie*, qui consiste à couper et exploiter l'arbre au-dessus de quatre à six mètres. Les rejets de souches sont périodiquement exploités pour l'obtention de bois de services (traverse de toitures d'habitation ou de palissades, poteaux, chandelles) et ce, jusqu'à ce que la souche de quatre à 6 m atteigne le diamètre d'exploitabilité pour être exploitée en bois d'oeuvre (essentiellement le bois de coffrage).

Ce régime de traitement sylvicole est une pratique largement observée en sylviculture paysanne au Sud Bénin sur les plateaux Adja d'Aplahoué, Mahi de zangnanado, Fon d'Abomey et sur le socle cristallin à Dassa. Mais jusqu'ici, des études n'ont pas encore abordé la possibilité de vulgarisation de ce traitement sylvicole quoiqu'il permette simultanément la production de bois d'œuvre et de bois de services.

Ces constatations ont amené à conduire des travaux de recherche sur le régime de *taillis sur futaie* appliqué aux peuplements de cette essence forestière dans ces différentes zones de vallées et de plateaux.

12.5.1 Influence de la hauteur de coupe sur le nombre de rejets et sur la vigueur de rejets du *Ceiba pentandra* en régime de taillis sur futaie

L'analyse de l'influence de la hauteur de coupe sur le nombre de rejets de *C. pentandra* et sur la vigueur des rejets indique une différence hautement significative ($p< 0,01$) du nombre de rejets moyen par classe de hauteur de coupe de *C. pentandra* (Tableau 45). Par ailleurs, il n'existe aucune différence significative entre la vigueur de rejet et les différentes classes de hauteurs de coupe ($p>0,5$). Cela montre que la hauteur de coupe de *C. pentandra* en traitement sylvicole de *taillis sur futaie* n'influence seulement que le nombre de rejets (Tableau 45).

Deux groupes de rejets ont été discriminés suivant les classes de hauteur de coupe (Figure 71). Les individus de *C. pentandra* en traitement sylvicole de *taillis sur futaie* caractérisés par une hauteur de coupe variant entre [0 à 4 m[produisent moyennement au moins 2 rejets et au plus 4 rejets. Par contre, ceux dont la hauteur de coupe est comprise entre [4 à 6 m[donnent en moyenne au moins 7 rejets et au plus 9 rejets. On constate que le nombre de rejets évolue presque proportionnellement à la hauteur de coupe de *C. pentandra.*

Tableau 45. Analyse de l'effet de la hauteur de coupe sur le nombre et la vigueur de rejet de *Ceiba pentandra*

Facteurs	Vigueur des rejets			Nombre de rejets		
	dl	χ^2	Prob.	dl	χ^2	Prob.
Hauteur de coupe	804	812,167	0,413ns	18	33,523	0,014**
Hauteur de coupe × Géomorphologie	11	32,214	5,54e-11***	11	32,214	0,000***

** : significatif au seuil de 1%, *** : différence significative au seuil de 0,1%. ns : différence non significative

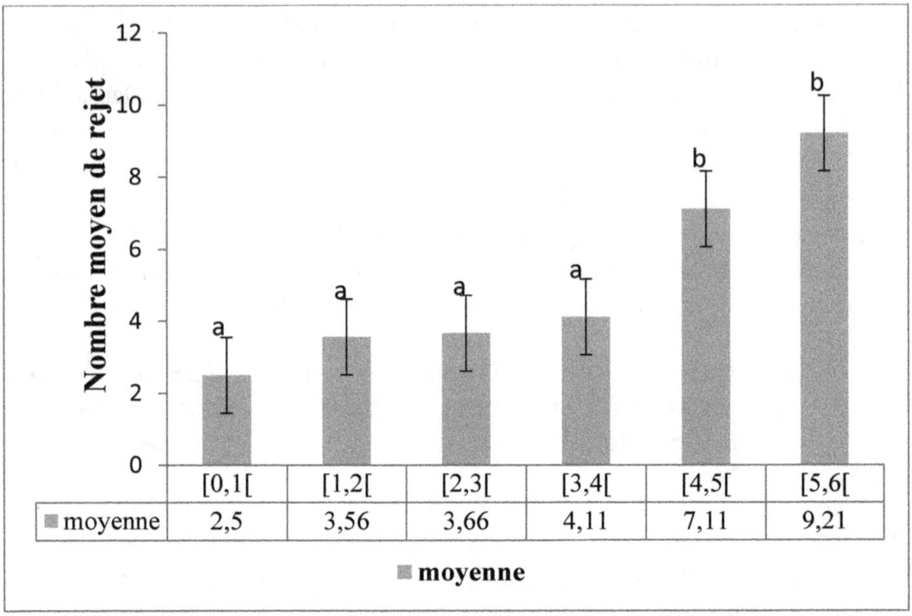

Figure 71. Valeurs moyennes des rejets suivant les classes de hauteur de coupe. Les chiffres suivis de la même lettre ne sont pas significatifs au seuil de 5% de probabilité.

12.5.2 Influence du sol sur le nombre de rejets et sur la vigueur de rejets du *C. pentandra* en régime de taillis sur futaie

Le Tableau 46 présente l'influence de la géomorphologie de la zone sur le nombre de rejets de *C. pentandra* et sur la vigueur des rejets. Il en ressort que la géomorphologie de la zone n'influence ni le nombre de rejets, ni la vigueur des rejets de *C. pentandra* (p>0,5). On conclut qu'en condition de taillis sur futaie de *C. pentandra* la géomorphologique des plateaux étudiés (Adja, Abomey, Agonli et du socle cristallin de Dassa), n'a aucun effet sur la productivité des arbres de *C. pentandra* en termes de nombre de rejets et de vigueurs des rejets produits.

Tableau 46 : d'analyse de l'effet de la géomorphologie sur le nombre et la vigueur de rejet de *Ceiba pentandra*

Facteurs	Nombre de rejets			Vigueur des rejets		
	dl	χ^2	Prob.	dl	χ^2	Prob.
Géomorphologie	18	13,517	0,76ns	804	827,127	0,2783ns
Hauteur de coupe × Géomorphologie	11	32,214	0,000***	11	32,214	5,54e-11***

*** : différence significative au seuil de 1%. ns : différence non significative

Par ailleurs, les tableaux 44 et 45 présentent les effets d'interaction entre la géomorphologie de la zone et la hauteur de coupe sur la vigueur et sur le nombre de rejets de *C. pentandra.* On en déduit que l'interaction des facteurs influence très significativement la hauteur de coupe de même que le nombre de rejets des arbres de *C. pentandra.* Cela indique que, l'influence de la géomorphologie sur le nombre de rejets de même que leur vigueur dépend de la hauteur de coupe et vice versa.

L'analyse de l'influence de la zone écologique sur le nombre de rejets et sur la vigueur des rejets de *C. pentandra* (Tableau 47) indique que la zone écologique influence significativement le nombre de rejets ($p<0,1\%$), mais n'a aucun effet significatif sur la vigueur des rejets de *C. pentandra* ($p>0,5$). On conclut que les pieds de *C. pentandra* situé dans les zones de vallée produisent en moyenne 5 rejets par arbre mais ceux des zones de plateaux donnent en moyennent 3 rejets par arbres. Cependant, la vigueur des rejets qu'on soit sur le plateau ou dans la vallée ne diffère pas (Figure 72).

Tableau 47. Analyse de l'influence de la zone écologique sur le nombre et la vigueur de rejet de *Ceiba pentandra*

Facteur	Nombre de rejets			Vigueur des rejets		
	dl	χ^2	Prob.	dl	χ^2	Prob.
Zone écologique	13	44,6487	2,395e-05***	643	619,609	0,7395 ns

*** : différence significative au seuil de 1%. ns : différence non significative

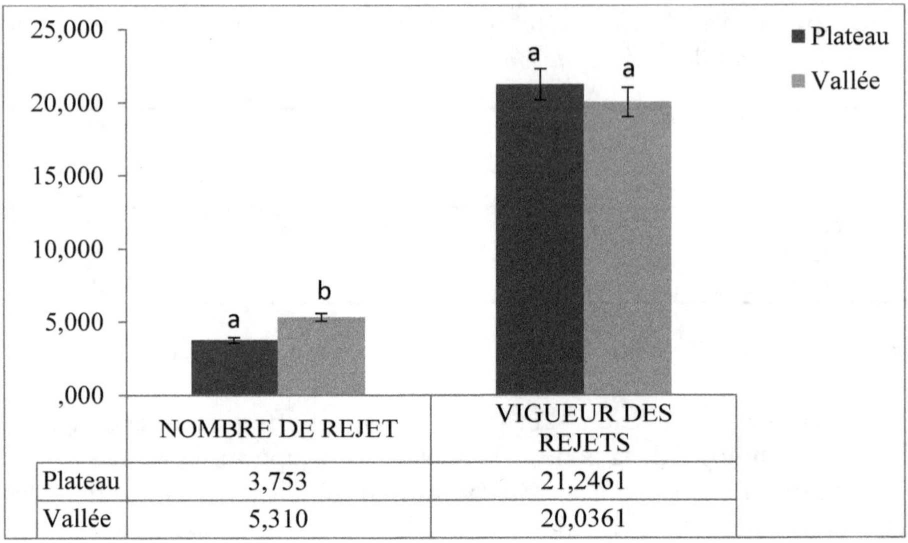

	NOMBRE DE REJET	VIGUEUR DES REJETS
Plateau	3,753	21,2461
Vallée	5,310	20,0361

Figure 72. Variation du nombre et de la vigueur des rejets de souche suivant les zones écologiques

12.6 Gap de connaissances sur l'espèce

Ceiba pentandra est une espèce dont la demande en bois (bois de coffrage utilisé dans diverses constructions d'infrastructures) a augmenté substantiellement au cours de cette dernière décennie au Bénin et en Afrique de l'Ouest. Malgré cette forte demande l'espèce n'a pas bénéficié d'investigation et d'études scientifiques subséquentes. Les recherches sur l'espèce se sont limitées aux efforts de caractérisation écologique de ses peuplements naturels et l'évaluation de la variabilité morphologique des individus et des peuplements suivant les variations climatiques. Les efforts et stratégies de conservation et de gestion des peuplements développés par les paysans dans un régime forestier de taillis sur futaie ont été analysés pour en ressortir les fondements scientifiques.

Il reste encore à approfondir les études sur la variabilité morphologique de l'espèce couplée avec les études génétiques en vue d'orienter les collectes de semences et les essais de développement de plants vers les peuplements phénotypiquement et génotypiquement supérieurs. Ces travaux seront également utiles dans un contexte de domestication de l'espèce.

Les études sur la biologie de la graine et les techniques de multiplication de masse de l'espèce par graines et par voie végétative devront être menées pour l'élaboration des itinéraires techniques de production de plants, de plantation et de conduite des peuplements naturels et artificiels. Dans cette même veine, un autre défi majeur de la recherche pour encourager la production de cette espèce et répondre aux besoins sans cesse croissants en bois de *C. pentandra*, est le développement de paquet technologique relatif aux régimes forestiers de conduite optimale des peuplements de l'espèce.

Des efforts d'amélioration génétique de la plante allant dans les sens d'une accélération de la croissance, de l'adaptabilité au changement climatique et à la résistance aux attaques parasitaires restent à faire par la recherche scientifique sur *C. pentandra.*

Conclusion

La présente section sur les structures écologique et morphologique des populations de *C. pentandra* au Bénin a permis de mettre en exergue l'effort de conservation de l'espèce fourni par les populations à travers le développement d'une stratégie novatrice de conservation basée sur le régime de *taillis sur futaie.* Les résultats de cette pratique ont montré que la hauteur de coupe, la zone écologique et la combinaison hauteur de coupe-géomorphologie puis zone écologique-géomorphologie ont une influence significative sur le nombre et la vigueur des rejets de souches.

Par ailleurs, les travaux de recherche effectués sur *C. pantandra* ont révélé l'importance socio-économique de l'espèce. Elle est largement utilisée pour son bois d'œuvre et de service et pour ses propriétés médicinales. *Ceiba pantandra* est largement répartie dans les zones écologiques du Bénin. Cependant, les différentes populations de l'espèce ont montré des densités des adultes et de la régénération naturelle relativement faibles et diminuant avec le gradient pluviométrique. Six morphotypes différents ont été discriminés par les facteurs climatiques sur la base des paramètres dendrométriques et morphologiques des fruits. Ainsi, les morphotypes de la zone guinéenne ont présenté les meilleures performances de croissance et produisent les plus gros fruits avec un grand nombre de graines par fruit.

En dépit des résultats obtenus, des efforts de recherche doivent se poursuivre afin de combler les gaps de connaissances scientifiques sur *C. pentandra* notamment, sur les aspects ethnobotaniques, la biologie de la graine, la sylviculture et la diversité génétique en relation avec les variables morphologiques.

SYNTHÈSE ET PERSPECTIVES

Ce recueil consacré à une meilleure connaissance des ligneux supérieurs du Bénin en Afrique de l'Ouest présente en ce premier volume, une synthèse d'informations sur dix (10) ligneux supérieurs : *Milicia excelsa* (Welw.) C.C.Berg, *Prosopis africana* (Guill. & Perr.) Taub., *Haematostaphis barteri* hook f., *Mansonia altissima* A. Chev., *Cola milenii* K. Schum, *Afzelia africana* Sm., *Daniellia oliveri* (Rolfe) Hutch. & Dalziel, *Isoberlinia doka* Craib & Stapf, *Isoberlinia tomentosa* (Harms) Craib & Stapf, *Lophira lanceolata* Tiegh. ex Keay et *Ceiba pentandra* (L.) Gaertn. Ces informations portent essentiellement sur l'importance socio-économique, le statut de conservation des peuplements naturels, la diversité génétique, la biologie de la reproduction, les mesures ou stratégies de conservation et l'impact potentiel du changement climatique sur les habitats. L'analyse de ces informations suggère la disponibilité d'un *corpus* relativement robuste de savoirs pouvant être utilisés par les décideurs politiques et les agents forestiers pour faire face aux problématiques de la gestion durable des ressources forestières autochtones en Afrique et au Bénin en particulier.

Les problématiques de la gestion durable des ressources forestières autochtones sont bien connues des experts africains depuis près d'un demi-siècle. Un des défis majeurs du secteur forestier africain a toujours été de faire face à un besoin exponentiel en bois énergie, bois d'œuvre, bois de services et en produits forestiers non ligneux, tout en gérant des stress écologiques et anthropiques responsables d'une forte régression des ressources cibles (aridification du climat, agriculture itinérante sur brûlis, surpâturage, coupe incontrôlée du bois, etc.). Un des goulots d'étranglement de cette problématique est une situation de forte exploitation des ressources ligneuses autochtones en absence d'efforts conséquents en matière de sylviculture des essences concernées. Les mesures mises en place par les vastes programmes de reboisement et/ou de restauration dans les années 1980 et 1990 et même jusqu'à nos jours ont surtout priorisé une approche visant à remédier à l'urgence : résoudre la crise énergétique et suppléer les besoins en bois de service et d'œuvre. Cette option a conduit à de forts investissements dans la production de bois énergie et d'œuvre à partir d'espèces exotiques dont la sylviculture était déjà bien maîtrisée : Teck (*Tectona grandis* L.f., *Acacia auriculiformis* A. Cunn. ex Benth., *Eucalyptus* spp, *Senna siamea* Lam., etc.). Ce choix dans plusieurs pays notamment francophones a conduit progressivement à une spécialisation des agents forestiers sur des espèces exotiques et un faible intérêt, partant une méconnaissance de la sylviculture des taxons autochtones. Au même moment, les législateurs n'ont pas su mettre en application des législations restreignant l'exploitation des taxons autochtones et/ou limitant l'introduction de taxons exotiques dans des formations naturelles. Au Bénin par exemple, la plupart des grands projets d'afforestation ou de restauration des forêts ont souvent priorisé l'utilisation d'espèces exotiques avec en tête *T. grandis* et *A. auriculiformis* (c'est le cas du Projet Bois de Feu, PBF ; Projet Aménagement Participatif de forêts naturelles et reboisement villageois pour réduction de carbone, Projet d'Aménagement des Massifs Forestiers d'Agoua, des monts Kouffé et de Wari-Maro, PAMF ; Projet d'Appui à la Gestion des Forêts Communales, PAGEFCOM). Les initiatives visant à restaurer les peuplements forestiers naturels à base d'essences autochtones ont généralement connu un succès très modéré (Projet de Gestion des Ressources Naturelles ; PGNR, Programme de Gestion des Forêts et Terroirs Riverains, PGFTR ; PAMF). En effet, toutes ces tentatives ont été exécutées sans développement de paquets technologiques sylvicoles *ready-to-use* adaptés aux espèces ciblées. De tels paquets technologiques auraient nécessité une recherche approfondie sur l'écologie, les relations symbiotiques, la structure spatiale des arbres, le régime de peuplement le plus approprié (pur ou mixte et avec quelles autres espèces), la gestion des bio-agresseurs etc., nécessaire pour le succès des plantations. Cela peut être imputable au faible intérêt des partenaires au développement et des gouvernants à consacrer des ressources à la recherche fondamentale nécessitant du temps (moyen et long terme) afin de mieux développer les itinéraires sylvicoles des taxons autochtones. Cette situation a progressivement engendré un grand retard de la recherche forestière dans ces pays face au défi de la conservation et de la gestion durable des ressources forestières autochtones. En dépit de ces faiblesses, comme l'indiquent les sections précédentes, de grands efforts sont faits par les experts forestiers universitaires pour une meilleure connaissance des espèces forestières autochtones. Cependant, les seuils d'investigations sont assez variables d'une espèce à l'autre. Pour plusieurs de ces espèces, les connaissances sont encore assez limitées notamment sur la biologie de la reproduction, la diversité génétique et l'importance socio-économique et surtout les techniques de propagation. En somme, aucune de ces espèces ne peut encore être considérée comme domestiquée et aucune ne dispose encore de paquet technologique sylvicole complet de production. Par ailleurs, une des faiblesses majeures de ces efforts de recherche est qu'il s'agit d'initiatives éclairées des experts universitaires, non inclues dans les priorités et dans les plans stratégiques nationaux de développement du secteur forestier, et non explicitement prioritaires dans les législations forestières en vigueur. Ils ont de facto plus de chance de finir dans les tiroirs des laboratoires plutôt que d'être pris en compte dans les politiques de développement du secteur forestier. Pour renverser cette tendance, il est primordial que les gouvernants érigent en termes de priorité nationale pour le secteur forestier, l'investissement soutenu dans la Biotechnologie forestière et le développement des techniques rapides de multiplication des essences forestières autochtones, la gestion intégrée des bio-agresseurs naturels, et l'adaptation au changement climatique.

CONCLUSION GÉNÉRALE

La présente synthèse d'informations a porté sur plusieurs aspects des domaines de l'écologie, la sylviculture et la biologie forestière, dont les connaissances sont indispensables pour une gestion durable des ressources forestières. En somme, les travaux de recherche qui ont été conduits dans ces domaines au Bénin ont permis de révéler l'importance ethnobotanique, le statut socioéconomique, le statut écologique, la diversité morphologique et génétique, la biologie des graines, les mesures de conservation, et les gaps de connaissances et perspectives pour la sylviculture de dix (10) essences ligneuses supérieures.

Les différentes sections du livre ont mis en exergue des propositions concrètes pour la conservation et la valorisation des dix essences ligneuses supérieures. Parmi ces essences, certaines ont une distribution géographique assez restreinte au Bénin (*Mansonia altissima* et *Haematostaphis barteri*) tandis que la plupart de ces essences ont une distribution géographique assez répandue sur le territoire national (*Milicia excesla*, *Ceiba pentandra*, *Prosopis africana*, *Afzelia africana*, *Cola millenii*, *Lophira lanceolata*, *Isoberlinia doka* et *Isoberlinia tomentosa*). Les zones favorables à la conservation de certaines essences au Bénin ont été modélisées (*M. excesla*, *A. africana* et *H. barteri*) tandis que pour d'autre, ces zones ont été identifiées et caractérisées par un test de colonisation assistée ou translocation (*M. altissima*). Cependant, les investigations menées sur ces dix essences sont dans l'ensemble beaucoup plus écologiques que sylviculturales.

En effet, les lacunes de connaissances scientifiques pour amorcer la valorisation des essences telles que *M. excesla*, *A. africana*, *H. barteri*, *P. africana*, *C. millenii* et *L. lanceolata* dans les programmes de reboisement et de restauration du paysage forestier couvrent essentiellement la sylviculture et la biologie de reproduction. Par contre, chez une espèce en danger critique d'extinction (*M. altissima*) placée sur la liste rouge du Bénin, des connaissances scientifiques très utiles en sylviculture et en biologie de reproduction existent pour améliorer le statut de conservation de cette espèce à travers les actions actives de conservation. De telles essences méritent une attention particulière dans les prochains programmes nationaux de reboisement et les projets d'aménagement des écosystèmes forestiers afin de valoriser les résultats de recherche en sylviculture des essences autochtones pour préserver la biodiversité végétale

RÉFÉRENCES BIBLIOGRAPHIQUES

Achigan-Dako E.G. et al., 2010. Traditional vegetables in Benin. Institut National des Recherches Agricoles du Bénin. Imprimeries du CENAP : Cotonou. 278 pages.

Adebola P.O. & Morakinyo J.A., 2006. Evaluation of morpho-agronomic variability of wild and cultivated kola (Cola species Schott et Endel.) in South Western Nigeria. *Genet. Resour. Crop Evol.*, **53**, 687-694.

Adegoke E., Akinsanya A., & Nagu A., 1968. Studies of Nigerian Medicinal Plants. A preliminary survey of Plant Alkaloids. *J. West Africa Sci.*, **13**, 13-39.

Adekunle V.A.J. & Olagoke, A.O., 2008. Diversity and biovolume of tree species in natural forest ecosystem in the bitumen-producing area of ondo state, Nigeria: a baseline study. *Biodivers. Conserv.*, **17**, 2735-2755.

Adeogun I.I., Fawibe O.O., Ajiboye A.A. & Agboola D.A., 2014. Ethnobotanical Survey of Medicinal Plants Used In the Treatment of Skin Diseases in Abeokuta South Local Government of Ogun State Nigeria, *Asian j. pharm. technol. innov.*, **2**, 1-14.

Adéoti M., Djyh B.N., Djaman A.J. & Sess E.D., 2013. Étude des variations du pool des lipides et des marqueurs de la lipopéroxydation chez le lapin sous traitement par l'extrait chloroformique de *Mansonia altissima. BioAfrica*, **11**, 7-12

Adjahossou S.G.C. et al., 2016. Efficacité des aires protégées dans la conservation d'habitats favorables prioritaires de ligneux de valeur au Bénin. *Bois For. Trop.*, **328**, 67-76.

Adjahossou S.G.C. et al., 2018a. Habitats favorables de conservation d'*Afzelia africana* au Bénin. Fiche technique, INRAB, Bénin. 11 pages. Dépôt légal N° 10068 du 02/01/2018,1er trimestre, *Bibliothèque Nationale* (BN), ISBN : 978-99919-845-3-7.

Adjahossou S.G.C. et al., 2018b. Habitats favorables de conservation *Khaya senegalensis* au Bénin. Fiche technique, IIRAB, Bénin. 12 pages. Dépôt légal N° 10069 du 02/01/2018, 1er trimestre, *Bibliothèque Nationale* (BN), ISBN : 978-99919-845-4-4.

Adjahossou S.G.C. et al., 2018c. Degré de pression et perception endogène de multiplication et de conservation du genre *Isoberlinia* dans le Moyen-Bénin (Afrique de l'Ouest). *Sci. Tech., Sci. Nat. Appl.*, **4**, 25-38.

Adjahossou S.G.C. et al., 2019. Dépendance socioculturelle des connaissances locales des usages de *Isoberlinia* spp. dans le Moyen-Bénin, Afrique de l'Ouest. *Bois For. Trop.*, **339**, 33-43.

Adjahossou S.G.C. et al., 2020. Sudano-Sahelian phytoecology and dendrometric characteristics of three value species in Benin (West Africa), *Sci. Tech., Sci. Nat. Appl.*, **5**, 233-2431.
Adjahossou S.G.C., 2020. Écologie de la conservation du genre Isoberlinia dans le Moyen-Bénin : Ethnoécologie, structure et modélisation des habitats. Thèse de doctorat, Université d'Abomey-Calavi, 255 pages.
Adjanohoun E.J. et al., 1989. Contribution aux Etudes Ethnobotaniques et Floristiques en République Populaire du Bénin. Médecine Traditionnelle et Pharmacopée. ACCT: Paris, 895 pages.
Adjeran R.W., Lougbegnon T.O. & Djego G.J., 2020. Étude dendrométrique de Lophira lanceolata de la forêt classée de Toui-Kilibo et ses environs au Bénin. *Int. J. Biol. Chem. Sci.*, **14**, 1657-1672.
Adomou A.C., 2005. Vegetation pattern and environmental gradients in Benin: Implications for biogeography and conservation. PhD thesis. Wageningen University, Wageningen, 133 pages.
Adomou A.C., Sinsin B., Akoégninou A.A. & Van der Maesen J., 2009. Plant species and ecosystems with high conservation priority in Benin. In: van der Burgt X., van derMaesen J., Onana J.-M. (Eds.) Systematics and Conservation of African Plants. Royal Botanic Gardens, Kew, 427–441.
Agbogan A. et al., 2012. Abondance et structure des populations d'un fruitier spontané : *Haematostaphis barteri* Hook. F. dans deux sites rocheux en région soudanienne au Togo. *Int. J. Biol. Chem. Sci.*, **6**, 6042-6048.
Agbogan A. et al., 2015. Structure des populations de *Sclerocarya birrea*, *Lannea microcarpa* et *Haematostaphis barteri* au nord du Togo. *J. Anim. Plant Sci.*, **25**, 3871-3886.
Agbogan A., Bammite D., Tozo K. & Akpagana K., 2014. Contribution à la multiplication par graines et par bouturage de segments de tiges et de racines de trois fruitiers spontanés de la région des savanes au Togo : *Haematostaphis barteri* Hook. F., *Lannea microcarpa* Engl. & K. Krause et *Sclerocarya birrea* (A. Rich.) Hochst. *Eur. Sci. J.*, **10**, 195-211.
Agboola D.D., 2004. *Prosopis africana* (Mimosaceae): stems, roots and seeds in the economy of the savannah areas of Nigeria. *Econ. Bot.* **58** (Suppl.), S34-S42.
Ahoba A., Edi K. & Diby K., 1995. Propriétés technologiques et possibilités d'utilisation de sept (7) essences de savane de Côte d'Ivoire. IDEFOR/DFO, Abidjan, Côte d'Ivoire. 27 pages.
Ahoton L.E., Adjakpa J.B., M'po M.I. & Akpo E.L., 2009. Effet des prétraitements des semences sur la germination de *Prosopis africana* (Guill., Perrot. Et Rich.) Taub., (Césalpiniacées), *Tropicultura*, **27**, 233-238.

Ahoyo C.C. et al., 2018. A quantitative ethnobotanical approach toward biodiversity conservation of useful woody species in Wari-Maro forest reserve (Benin, West Africa). *Environ. Dev. Sustain.*, **20**, 2301-2320.
Akaffou S.D. et al., 2019. Effect of the seeds provenance and treatment on the germination rate and plants growth of four forest trees species of Côte d'Ivoire. *J. For. Res.* 9 pages.
Akoègninou A. et al., 2006. Flore Analytique du Bénin, Backhuys Publishers, 1034 pages.
Albuquerque U.P., 2006. Re-examining hypotheses concerning the use and knowledge of medicinal plants: A study in the Caatinga vegetation of NE Brazil. *J. Ethnobiol. Ethnomed.*, **2**, 2-10.
Alohou E.C., Gbemavo D.S.J.C., Mensah S. & Ouinsavi C., 2017. Fragmentation of forest ecosystems and connectivity between Sacred Groves and Forest Reserves in southeastern Benin, West Africa. *Trop. Conserv. Sci.*, **10**, 1-11.
Amahowe I.O., 2018. Functional traits partially mediate the effects of chronic anthropogenic disturbance on the growth of a tropical tree. *AoB PLANTS*, **10**, 13 pages.
Amahowe I.O., Natta K.A., Biaou S., & Biaou S.S.H., 2017. Bulletin de la Recherche Agronomique du Bénin (BRAB)—Numéro Spécial Écologie Appliquée, Faune, Flore & Champignons (EAFFC) – Décembre 2017. On Line, 11 pages.
Amahowe O.I., Biaou S.S.H, Natta A.K. & Balagueman R.O., 2017. Multiple disturbance patterns and population structure of a tropical tree species, *Afzelia africana* (Leguminosae–Caesalpinioideae), in two contrasting bioclimatic zones of the Republic of Benin. *South. For.* **80**, 95-103.
Amahowe O.I., Biaou S.S.H., Natta A.K. & Balagueman R.O., 2016. Functional traits variation of *Afzelia africana* Sm & Pers across ontogenetic and light gradients: implication for plant adaptive strategy in Benin (West Africa). *Rev. CAMES Sci. Vie Terre et Agron.*, **4**, 51–58
Amouzou K.S. et al., 2006. Études biochimiques et évaluation des valeurs nutritionnelles de quelques espèces alimentaires mineures du Togo. *Acta Bot. Gall.*, **153**, 147-152.
Angiosperm Phylogeny Group, 2009. An update of the Angiosperm Phylogeny Group classification for the orders and families of flowering plants: APG III. *Bot. J. Linn. Soc.*, **161**, 105–121.
Annongu A.A., Joseph J.K. & Liebert F., 2004. Effect of anaerobic fermentation and Lyle treated *Prosopis africana* seed meal on the nutritional and hematological responses of Harco chicks. *J. Raw Material Res.*, **1**, 33-41.

Araújo M.B & Peterson A.T., 2012. Uses and misuses of bioclimatic envelope modeling. *Ecology,* **93**, 1527–1539.
Arbonnier M., 2000. Arbres, arbustes et lianes des zones sèches d'Afrique de l'Ouest. Ed. CIRAD-MNHN-UICN, 525 pages.
Arbonnier M., 2002. Arbres, arbustes et lianes des zones sèches d'Afrique de l'Ouest. 531pages.
Arbonnier M., 2005. Tree, Shrub and Lianas of West Africa dry zones. CIRAD, MAGRAF Pub. 573 pages.
Arbonnier M., 2019. Arbres, arbustes et lianes des zones sèches d'Afrique de l'Ouest.
Aremu M.O., Olonisakin A., Atolaye B.O. & Ogbu C.F., 2006. Some nutritional and functional studies of *Prosopis africana. Electron. J. Environ. Agric. Food Chem.*, **5**, 1640-1648.
Aremu O.M. et al., 2015. Compositional evaluation of pulp and seed of Blood Plum (*Haematostaphis barteri*), a wild tree found in Taraba State, Nigeria. *Adv. Life Sci.,* **33**, 9-17.
Aremu O.M., Ibrahim H. & Andrew C., 2017. Comparative Studies on the Lipid Composition of Blood Plum (*Haematostaphis Barteri*) Pulp and Seed Oils. *Open Biochem. J.,* **11**, 94-104.
Asase A., Oteng-yeboah A., Odamtten T. & Simmonds M., 2005. Ethnobotanical study of some Ghanaian anti-malarial plants. *J. Ethnopharmacol.,* **99**, 273-279.
Assogbadjo A.E. et al., 2012. Biodiversity and socioeconomic factors supporting farmers' choice of wild edible trees in the agroforestry systems of Benin (West Africa). *For. Policy Econ.,* **14**, 41-49.
Assogbadjo A.E. et al., 2017. Diversity and prioritization of non-timber forest products for economic valuation in Benin (West Africa). *AFJRD,* **2**, 105-115.
Assogbadjo A.E., 2006. Importance socio-économique et étude de la variabilité écologique, morphologique, génétique et biochimique du baobab (*Adansonia digitata* L.) au Bénin. Thèse de doctorat. Faculty of Bioscience Engineering, Ghent University, Belgium, 213 pages.
Atabani A.E. et al., 2013. Non-edible vegetable oils: A critical evaluation of oil extraction, fatty acid compositions, biodiesel production, characteristics, engine performance and emissions production. *Renew. Sust. Energ. Rev.*, **18**, 211–245.
Atanasso J.A. et al., 2019. Heterospecific Tree Density and Environmental Factors Affect *Afzelia africana* Sm. Population Structure in the Pendjari Biosphere Reserve, West Africa: Implications for Management and Restoration. *Trop. Conserv. Sci.*, **12**, 194008291882260.

Atanasso J.A. et al., 2021. Factors affecting survival of seedling of *Afzelia africana*, a threatened tropical timber species in West Africa. *Trop. Ecol.*, **62**, 443–452.
Aubreville A., 1950. Flore forestière soudano-guinéenne Cameroun: *AOF AEF.*
Aubréville A., 1950. Flore forestière soudano-guinéenne : A.O.F. Cameroun A.E.F. Sociétés d'Éditions Géographiques, Maritimes et Coloniales, Paris, 523 pages.
Aubréville A., 1959. La flore forestière de la Côte d'Ivoire. Tome 1. 2e éd. Nogent-sur-Marne, France : Centre Technique Forestier Tropical.
Aubréville A., 1970. Flore du Cameroon : Légumineuses Ceasalpinoidées. Muséum National d'histoire naturelle. Paris, 270 pages.
Auclaire A. & Goff FG., 1971. Diversity relation of upland forest in Western Great Lakes Area. *Am. Nat.*, **105**, 300-320.
Avocèvou-Ayisso C. et al., 2009. Sustainable use of non-timber forest products: Impact of fruit harvesting on *Pentadesma butyracea* regeneration and financial analysis of its products trade in Benin. *For. Ecol. Manag.*, **257**, 1930–1938.
Azonkponon N., 2001. Conservation *in situ* de l'Iroko (*Milicia excelsa* WC Berg) dans l'aire culturelle vodoun au Bénin. Mém. de DESS, Université d'Abomey-Calavi, Bénin.
Badjaré B., 2018. Étude ethnobotanique d'espèces ligneuses des savanes sèches au Nord-Togo : diversité, usages, importance et vulnérabilité. *Biotechnol. Agron. Soc. Environ.*, **22**, 2-20.
Bamps P., 1967. Flore du Congo, du Rwanda et du Burundi. Spermatophytes. Ochnaceae. Jardin botanique national de Belgique.
Banuri T. & Marglin F., 1993. Who will save the forests? Knowledge, power and environmental destruction, Londres, Zed.
Barminas J.T., Maina H.M. & Ali J., 1998. Nutrient content of *Prosopis africana* seeds. *Plant Foods Hum. Nutr.*, **52**, 325-328.
Bassole I.H.N. et al., 2014. Studies in the evaluation of unconventional oils from Burkina Faso rich in linoleic acid, oleic acid or other unusual fatty acids. *Int. J. Food Process. Technol.*, **5**, 1-4.
Bationo B.A., Ouedraogo S.J., Pallo F. & Boussim I.J., 2005. Régénération naturelle de *Isoberlinia doka* Craib & Stapf dans la Forêt Classée de Nazinon classification (Burkina Faso). *Cahiers d'études et de recherches francophones/Agricultures*, **14**, 297 - 304.
Bellefontaine R. & Yameogo-Gaméné S., 1999. Prétraitement des graines : quand et comment ? *In* : Ouedraogo A.S. & Boffa J.M., éds. Actes du premier atelier régional de formation sur la conservation et l'utilisation durable des ressources génétiques en Afrique de l'Ouest, Afrique Centrale

et Madagascar. "Vers une approche régionale des ressources génétiques forestières en Afrique sub-saharienne", Centre national de semences forestières, Ouagadougou, Burkina Faso & International Plant Genetic Ressources Institute, Rome, 155 - 299.
Bellefontaine R., 1997. Synthèse des espèces des domaines sahélien et soudanien qui se multiplient naturellement par voie végétative. *In* : d'Herbès J.M., Ambouta J.M.K. & Peltier R., éds. Actes de l'Atelier « Fonctionnement et gestion des écosystèmes forestiers contractés sahéliens », Niamey, John Libbey Eurotext, Paris, 95 - 274.
Bellefontaine R., Gaston A., Petrucci Y., 1997. Aménagement des forêts naturelles des zones tropicales sèches, Cahier de la FAO, CIRAD, SLU, SIDA, Rome, 316 pages.
Bellefontaine R., Meunier Q., Aboubacar I. & Le Bouler H., 2016. Plaidoyer en faveur du marcottage pour domestiquer les principales espèces ligneuses africaines. *Vertigo* - La Revue Electronique en Sciences de l'Environnement [en Ligne], Regards /url : http://vertigo.revues.org
Bellefontaine R., Meunier Q., Ichaou A. & Le Bouler H., 2015. Multiplication végétative à faible coût au profit des paysans et éleveurs des zones tropicales et méditerranéennes. *Vertigo* - La Revue électronique en Sciences de l'Environnement [en Ligne], Regards / Terrain, url : http://vertigo.revues.org.
Berg C.C., 1977. Revisions of African Moraceae (excluding Dorstenia, Ficus, Musanga and Myrianthus). Bulletin du Jardin botanique national de Belgique/Bulletin van de Nationale Plantentuin van Belgie, 267-407.
Berhaut J., 1967. Flore du Sénégal, Edition clairafrique, Dakar, Sénégal. Tome I. CAB International. (2000), http://tree.cabweb.org/efetetxt.htm
Berhaut J., 1975. Flore du Sénégal, Edition clairafrique, Dakar, Sénégal. Tome IX. CAB International. (2000), http://tree.cabweb.org/efetetxt.htm
BGCI, 2020. IUCN Red List of Threatened Species: Lophira lanceolata. *IUCN Red List of Threatened Species.* https://www.iucnredlist.org/en
Biaou H.S.S. et al., 2017. Uses of *Haematostaphis barteri* Hook.f. among the Waaba and Bètammaribè in North-Benin and impact on the species vulnerability. *Int. J. Biodivers. Conserv.*, **9**, 146-157.
Biwole A., Bourland N., Daïnou K. & Doucet J.-L., 2012. Définition du profil écologique de l'azobé, *Lophira alata*, une espèce ligneuse africaine de grande importance : Synthèse bibliographique et perspectives pour des recherches futures. *Biotechnol. Agron. Soc. Environ.*, **16**, 217–228.
Boampong J.N. et al., 2015b. Evaluation of antimalarial, anti-inflammatory and antipyretic activities of leaves extracts of *haematostaphis barteri. IJBPR*, **6**, 182-188.

Boampong J.N., Karikari A.A. & Ameyaw E.O., 2015a. In vivo antiplasmodial and in vitro antioxidant properties of stem bark extracts of *Haematostaphis barteri*. *Asian Pac. J. Trop. Biomed.*, **5**, 446–450.
Bonnin I. et al., 2002. Population structure of an endangered species living in contrasted habitats : Parnassia palustris (Saxifragaceae). *Mol. Ecol.*, **11**, 979-990.
Bonou W. et al., 2009. Characterisation of *Afzelia africana* Sm. Habitat in the Lama Forest reserve of Benin. *For. Ecol. Manag.*, **258**, 1084–1092.
Brenan J.P.M., 1963. The species of *Isoberlinia* (Leguminosae). Kew Bulletin, **17**, 219-226.
Brown A.H.D. & Hardner C.M., 2000. Sampling the gene pools of forest trees for ex situ conservation. In: Young A, Boshier D &Boyle T (eds) Forest Conservation Genetics: Principles and Practice. CSRO Publishing, CABI Publishing, 185-196.
Burkill H.M., 2004. The useful plants of West Tropical Africa. Royal Botanic Gardens: Kew.
Camou-Guerrero A., Reyes-Garcia V., Martinez-Ramos M. & Cassa A., 2008. Knowledge and use value of plants species in a Raramuri community: a gender perspective for conservation. *Hum. Ecol.*, **36**, 259-272.
César J., 1992. La production biologique des savanes de Côte d'Ivoire et son utilisation par l'homme. Thèse d'État : Institut d'Élevage et de Médecine vétérinaire des Pays tropicaux, CIRAD (France).
Chapman T., Miles S. & Trivedi C., 2019. Capturing, protecting and restoring plant diversity in the UK: RBG Kew and the Millennium Seed Bank. *Plant Divers.*, **41**, 124-131.
Chevalier A., 1917. Les végétaux utiles d'Afrique tropicale française. La forêt et les bois du Gabon. Paris : Challamel.
Codjia J.T.C., Assogbadjo A.E. & Ekué MRM., 2003. Diversité et valorisation au niveau local des ressources forestières, alimentaires végétales du Bénin. *Cah. Agric.*, **12**, 321-331.
Collevatti R.G. et al., 2020. Multi-scale landscape influences on genetic diversity and adaptive traits in a Neotropical savanna tree. *Front. Genet.*, **11**, 259.
Collinet F., 1997. Essai de regroupement des principales espèces structurantes d'une forêt dense humide d'après l'analyse de leur répartition spatiale. Forêt de Paracou, Guyane. Thèse de doctorat : Université Claude Bernard Lyon I (France).
Daïnou K., Doucet J.L., Sinsin B., & Mahy G., 2012. Identité et écologie des espèces forestières commerciales d'Afrique Centrale : le cas de *Milicia* spp. *Biotechnol. Agron. Soc. Environ.*, **16**, 229-241.

Dangbo F.A. et al., 2020. Trees spatial pattern, diversity and distribution in sub humid mountains ecosystems in south-west Togo. *J. Ecol. Nat. Environ.*, **12**, 65–76.
Dansi A.A., Adomou A.C. & Adeoti K., 2010. Culture des légumes feuilles traditionnels. In Atlas de la biodiversité de l'Afrique de l'ouest. Tome I: Bénin, Sinsin, B. & Kampmann, D. (eds). Cotonou et Frankfurt/Main, 234-247.
Dawson I.K. et al., 2014. The management of tree genetic resources and the livelihoods of rural communities in the tropics: Non-timber forest products, smallholder agroforestry practices and tree commodity crops. *For. Ecol. Manag.*, **333**, 9–21.
De Caluwé E. et al., 2009. Ethnic differences in use value and use patterns of baobab (*Adansonia digitata* L.) in northern Benin. *Afr. J. Ecol.*, **47**, 433-440.
De Souza S., 2008. Flore du Bénin, tome 3 : noms des plantes dans les langues nationales béninoises. ISBN 978-99919-46-47-4.
Dégbé FN., 1987. Des plantes médicinales du Bénin, Cotonou, Bénin, 219 pages.
Delvaux C., Sinsin B. & Van Damme P., 2010. Impact of season, stem diameter and intensity of debarking on survival and bark re-growth pattern of medicinal tree species, Benin, West Africa. *Biol. Conserv.*, **143**, 2664–2671.
Delvaux C., Sinsin B. & Van Damme P., 2010. Impact of season, stem diameter and intensity of debarking on survival and bark re-growth pattern of medicinal tree species, Benin, West Africa. *Biol. Conserv.*, **143**, 2664–2671.
Delvaux C., Sinsin B., Darchambeau F. & Van Damme P., 2009. Recovery from bark harvesting of 12 medicinal tree species in Benin, West Africa. *J. Appl. Ecol.*, **46**, 703–712.
Delwavile J.-C., 1978. Plantations forestières en Afrique tropicale sèche. Techniques et espèces à utiliser. *Bois For. Trop.*, **181**, 177 pages.
Diallo O.B., 2001. Biologie de reproduction et évaluation de la diversité génétique chez une légumineuse *Tamarindus indica* L. (Ceasalpinioideae). Thèse de doctorat. Université de Montpellier II. Sciences et Techniques du Languedoc, 119 pages.
Dick C.W., Bermingham E., Lemes M.R. & Gribel R., 2007. Extreme long-distance dispersal of the lowland tropical rainforest tree *Ceiba pentandra* L. (Malvaceae) in Africa and the Neotropics. *Mol. Ecol.*, **16**, 3096 – 3049.
Dicko A. et al., 2017c. Typology and structural characterization of *Lophira lanceolata* populations in Benin (West Africa). *Revue CAMES*, **5**, 37–43.

Dicko A., Biaou H.S.S., Natta A.K. & Gouwakinnou G., 2017a. Quantitative ethnobotany of *Lophira lanceolata* Tiegh. Ex Keay (Ochnaceae) in Benin (West Africa). *Int. J. Biol. Chem. Sci.*, **11**, 1236–1253.
Dicko A., Natta A.K., Biaou H.S., 2017b. Connaissances ethnobotaniques et conservation de *Lophira lanceolata* (Ochnaceae) au Bénin (Afrique de l'Ouest). *Ann. Sci. Agron.*, **21**, 19–35.
Dicko A., Natta A.K., Biaou H.S.S. & Akossou A., 2019. Assessing Morphological Traits Variation and Fruit Production of *Lophira lanceolata* (Ochnaceae) in Benin. *Am. J. Plant Sci.*, **10**, 1048–1060.
Dochamou T.O.F., 2006. Contribution méthodologique au cubage sur pied de *Daniellia oliveri* dans la forêt classée de Wari-Maro. Mémoire, Département de Génie de l'Environment, EPAC, UAC, 80 pages.
Donkpegan A.S.L. et al., 2014. Un complexe d'espèces d'Afzelia des forêts africaines d'intérêt économique et écologique (synthèse bibliographique). *Biotechnol. Agron. Soc. Environ.*, **18**, 233-246.
Dourma M. et al., 2006. Multiplication par drageonnage de *Isoberlinia doka* et *I. tomentosa* au sein des formations arborées du Nord-Togo. *Bois For. Trop.*, **289**, 49-57.
Dourma M., 2008. Les forêts claires à Isoberlinia doka Craib & Stapf et I. tomentosa (Harms) Craib & Stapf (Fabaceae) en zone Soudanienne du Togo : Écologie, Régénération Naturelle et Activités Humaines. Thèse de Doctorat, Université de Lomé, Togo, 195 pages.
Dourma M., 2011. Les forêts claires à *Isoberlinia doka* Craib & Stapf et *I. tomentosa* (Harms) Craib & Stapf (Fabaceae) en zone soudanienne du Togo : écologie, régénération naturelle et activités humaines Résumé de thèse d'État. *Acta Bot. Gall.*, **158**, 141-144.
Ebert S.J., 2004. Silvicultural potential of *Milicia excelsa* - I-TOO. Working paper n°18. Freiburg, Germany: I-TOO.
Ehinnou Koutchika R., Agbani P. & Sinsin B., 2013. Influence des perturbations anthropiques sur la biodiversité des bois sacrés du Centre Bénin. *Int. J. Biol. Chem. Sci.*, **7**, 306-318.
EL-Ishaq A., Hussaini Bello & Friday I., 2014. Changes in heamatological parameters following oral administration of blood plum (*Haematostaphis barteri*) fruit extract in albino rats. *EJAS*, **2**, 14-17.
El-Kassaby Y.A., 1992. Domestication and genetic diversity: should we be concerned? *For. Chron.*, **68**, 687-700.
Ennos R.A., 1994. Estimating the relative rates of pollen and seed migration among plant populations. *Heredity*, **72**, 250–259.
Evanno G., Regnaut S. & Goudet J., 2005. "Detecting the number of clusters of individuals using the softwarestructure: a simulation study." *Mol. Ecol.*, **14**, 2611-2620.

Ewédjè E.-E.B.K. et al., 2020. Species delimitation in the African tree genus Lophira (Ochnaceae) reveals cryptic genetic variation. *Conserv. Genet.*, 1–14.

Eyog Matig O., Adjanohoun E., de Souza S. & Sinsin B., 1999. Réseau « Espèces Ligneuses Médicinales ». Compte rendu de la première réunion du Réseau, tenue les 15-17 décembre 1999 à la Station IITA Cotonou, Bénin. Institut International des Ressources Phytogénétiques, 141 pages.

Fandohan A.B. et al., 2017. Usages traditionnels et valeur économique de *Synsepalum dulcificum* au Sud-Bénin. *Bois For. Trop.*, **332**, 17 - 30.

Fandohan B., Glèlè Kakaï R., Sinsin B. & Pelz D., 2008. Caractérisation dendrométrique et spatiale de trois essences ligneuses médicinales dans la Forêt Classée de Wari-Maro au Bénin. *REVIST,* **12**, 173-186.

FAO, 1999. Les données statistiques sur les PFNL au Rwanda. Projet GCP/INT679/EC, Rome.

FAO, 2001. Situation des forêts du monde. FAO, Rome. 200 pages.

FAO, 2003. Non-Wood Forest products and Nutrition. Food and Agricultural Organisation of the United Nations, Food Nutrition Division Publication.

FAO, 2005. Forest Products Yearbook 2003. FAO.

FAO, 2010. Évaluation des ressources forestières mondiales. Rapport National/ Bénin

FAO, 2010. Global forest resource assessment *2010. Main report* (FAO Forestry Paper No. 163). FAO.

FAO, 2020a. Évaluation des ressources forestières mondiales 2020. Principaux résultats. Rome, Italie, 12 pages.

FAO, 2020b. Évaluation des ressources forestières mondiales 2020. Rapport Bénin. Rome, Italie, 55 pages.

Fariku S. & Kidah M.I., 2008. Biomass potentials of *Lophira lanceolata* fruit as a renewable energy resource. *Afr. J. Biotechnol.*, **7**, 308–310.

Fawa G. et al., 2014. Root suckering of *Lophira lanceolata* Van Tiegh.ex Keay (Ochnaceae) in the Guinean Savannah Highlands of Cameroon. *Int. Res. J. Plant Sci.*, **5**, 30–36.

Foahom P.B., 1990. L'utilisation du bété (*Mansonia altissima* A. Chev., Sterculiaceae) dans l'aménagement et la régénération des forêts du Sud-Cameroun. *Bois For. Trop.*, **226**, 20-28.

Fontes J. & Guinko S., 1995. Vegetation and land use's map of Burkina Faso. Explanatory Note Ministry of French Cooperation, 57 pages.

Fonton N.H. et al., 2012. Structure spatiale des arbres des savanes boisées et forêts claires soudaniennes : implications pour les Enrichissements forestiers. *Biotechnol. Agron. Soc. Environ.*, **16**, 429-440.

Fotius G., Naegele A. & Valenza J., 1967. Lexique des noms vernaculaires concernant la flore du Nord et de l'Est du Sénégal. Office de la Recherche Scientifique et Technique Outre-Mer, Centre O. R. S. T. O. M. de Dakar-Hann. 82 pages.

Frankham R., Briscoe D. A. & Ballou J. D., 2002. Introduction to conservation genetics. Cambridge University Press, New York, New York, USA, 607 pages.

Gaoue O.G. & Ticktin T., 2007. Patterns of harvesting foliage and bark from the multipurpose tree Khaya senegalensis in Benin: variation acrooss ecological regions and its impacts on population structure. *Biol. Conserv.*, **137**, 424 – 436.

Garrouste – Aarao Ph., 2007. Vertus et valorisation des arbres et arbustes de la Région de Kayes – Mali. 12 pages.

Gbemavo D.S.J.C., 2014. La caractérisation ethnobotanique et la modélisation de la dynamique de production du pourghère (*Jatropha curcas* L.) au Bénin (Afrique de l'Ouest). Thèse de doctorat unique, Université d'Abomey-Calavi, Bénin, 170 pages.

Geerling C., 1988. Guide de terrain des ligneux sahéliens et soudano-guinéens. H. Veenman Ed., Wageningen, 340 pages.

Geesing D., Al-Khawlani M. & Abba M.L., 2004. La gestion des espèces de prosopis introduites : l'exploitation économique peut-elle juguler les espèces envahissantes ? in « Unasylva n°217, Vol 55 ; Menaces pour les forêts ». *Revue internationale des forêts et des industries forestières*, **55**, 36-44.

Gérardin P. et al., 2004. Contribution of gums to natural durability of *Prosopis africana* heartwood. *Holzforschung*, **58**, 39-44.

Giffard P.L., 1974. L'arbre dans le paysage sénégalais : Sylviculture en zone tropicale sèche, CTFT, 42 pages.

Giffard P.L., 1974. L'arbre dans le paysage sénégalais. Sylviculture en zone tropicale sèche. CfFf / Dakar. 431 pages.

Gijsbers H.J.M., Kessler J.J. & Knevel M.K., 1994. Dynamics and natural regeneration of woody species in farmed parklands in the Sahel region (Province of Passore, Burkina Faso). *For. Ecol. Manag.*, **64**, 1-13.

Glèlè Kakaï R. & Sinsin B., 2009. Structural description of two *Isoberlinia* dominated vegetation types in the Wari-Maro Forest Reserve (Benin). *S. Afr. J. Bot.*, **75**, 43-51.

Goussanou C.A. et al., 2017. Structural and spatial patterns of *Isoberlinia* species in a disturbed community forest (Benin, West Africa). Kastamonu University, *J. For. Fac.*, **17**, 225-237.

Guede-Guina F., Berrebi-Bertrand I. & Maixent J.M., 1998. Cardiotonic effets of a new novel cardiac glycoside MSN on the monkey myocardium PROC. 1st Mtg of FASBMB. 103-108

Guevara S., Laborde J. & Sanchez G., 1998 Are isolated remnant trees in pastures a fragmented canopy? *Selbyana*, **19**, 34-43.
Guignard J.L. & Dupont F., 2004. Botanique : Systématique moléculaire, 13e édition. Paris : Masson.
Guny P., Sonogo S. & Sommer N., 1997. Arbres du domaine soudanien : leurs usages et leur multiplication, Imprimerie Harviel A.
Hamrick J.L. & Godt M.J.W, Sherman-Broy S.L., 1992. Factors influencing levels of genetic diversity in woody plant species. *New For.,* **6**, 95-124.
Hamrick J.L. & Godt M.J.W., 1997. Allozyme diversity in cultivated crops. *Crop Sci.,* **37**, 26–30.
Harvey C.A. & Harber W.A., 1999. Remnant trees and the conservation of biodiversity in Costa Rican pastures. *Agrofor. Syst.*, **44**, 37-68.
Harvey C.A., Tucker N.I.J. & Estrada A., 2004. Live fences, isolated trees, and windbreaks: Tools for conserving biodiversity in fragmented tropical landscapes. In: Schroth G., Fonseca G.A.B., Harvey C.A., Gascon C., Vasconcelos H.L., Izac A. –M.N. (eds.). Agroforestry and biodiversity conservation in Tropical landscapes. Island Press, Washington, 261-289.
Hawthorne W., 1995. Ecological profiles of Ghanaian forest trees. Oxford Forestry Institute, Department of Plant Sciences, University of Oxford, Oxford, **29**, 345 pages.
Hawthorne W.D. & Jongkind C., 2006. Woody plants of Western African forests. Kew, UK: Royal Botanic Gardens.
Hessou K.H., Adjahossou S.G.C., Djègo G. & Tente B., 2020. Clearcuts, luminosity and hydromorphy drive dynamics of native species in state plantations of teak in southern Benin. *Sci. Tech., Sci. Nat. Appl.*, **5**, 245-259.
Hooker J.D., 1860. XIV Illustrations of the Floras of the Malayan Archipelago and of Tropical Africa. *Trans. Linn. Soc. Lond.*, **23**, 155-172.
Houéhanou T.D. et al., 2011. Valuation of local preferred uses and traditional ecological knowledge in relation to three multipurpose tree species in Benin (West Africa). *For. Policy Econ.*, **13**, 554-562.
Houéhanou T.D. et al., 2011. Valuation of local preferred uses and traditional ecological knowledge in relation to three multipurpose tree species in Benin (West Africa). *For. Policy Econ.,* **13**, 554 - 562.
Houéhanou T.D. et al., 2013. How far a protected area contributes to conserve habitat species composition and population structure of endangered African tree species (Benin, West Africa). *Ecol. Complex.*, **13**, 60-68.
Houéhanou T.D. et al., 2019a. Morphological trait variation and relationships of Afzelia africana Sm. caused by climatic conditions and

anthropogenic disturbance in Benin (West Africa). *Genet. Resour. Crop Evol.*, 66, 1091-1105.
Houéhanou T.D., Prinz K. & Hellwig F. 2019b. Characterization of 15 nuclear microsatellite markers for *Afzelia africana* (Fabaceae) and related species. *Appl. Plant Sci.*, **7**, e1249.
Houéhounha R., 2005. Étude Ethnobotanique et biologique de *Daniellia oliveri* (Hurtch. et Dalz.) au centre du Bénin. Mémoire de DEA, École Doctorale Pluridisciplinaire, FLASH-UAC, Bénin, 120 pages.
Houéhounha R., Avohou T.H., Sinsin B. & Tandjiékpon M.A., 2009. Approches de régénération artificielle de Daniellia oliveri (Rolfe) Hutch. et Dalz. *Int. J. Biol. Chem. Sc.*, **3**, 7-19.
Houenon J.G., 1980. Études pharmacologiques préliminaires d'un diurétique : *Cola millenii*. Mémoire du diplôme d'études de technicien supérieur, CPU/UNB, Abomey-Calavi, 31 pages.
Houètchégnon T., Gbèmavo D.S.J.C., Ouinsavi C. & Sokpon N., 2015a. Ethnobotanical knowledge and traditional management of mesquite (*Prosopis africana* Guill., Perrot. et Rich.) populations in Benin, West Africa. *The Journal of Ethnobiology and Traditional Medicine.* Photon, **125**, 1124-1135.
Houètchégnon T., Gbemavo D.S.J.C., Ouinsavi C. & Sokpon N., 2015c. Morphological Variability of *Prosopis africana* in Benin, West Africa. *Am. J. Plant Sci.*, **6**, 1069-1079.
Houètchégnon T., Gbèmavo D.S.J.C., Ouinsavi C. & Sokpon, N., 2015b. Structural characterization of *Prosopis africana* populations (Guill., Perrott. Et Rich.) Taub in Bénin. *J. For. Res.*, **2015**, 9 pages.
Houètchégnon T.O., 2016. Études ethnobotaniques, écologiques et morphologiques de P*rosopis africana* (guill, perrott. et rich.) taubert au Bénin et impacts des changements climatiques sur l'espèce. Thèse de Doctorat Unique. Ecole Doctorale Sciences Agronomique et de l'Eau, Université de Parakou, Bénin. 159 pages.
Houinato M.R.B., 2001. Phytosociologie, écologie, production et capacité de charge des formations végétales pâturées dans la région des monts Kouffè. Thèse de doctorat, Université Libre de Bruxelles, 219 pages.
Houndji B.V.S. et al., 2018. Valeur nutritionnelle des fruits de *Haematostaphis barteri*, une espèce alimentaire, au nord-ouest du Bénin, menacée de disparition. *J. Rech. Sci. Univ.*, **20**, 1-11.
Hounsouvo B.S.R., 2021. Effet de l'inoculation ectomycorhizienne et des amendements organique et minéral sur la croissance juvénile des plants de *Afzelia africana* & *Khaya senegalensis* en pépinière. Mémoire Master professionnel, Faculté d'Agronomie, Université de Parakou, Bénin, 87 pages.

Hutchinson J. & Dalziel J.M., 1954-1972. Flora of West Tropical Africa, Ed. 2, vol I-3. Revised by Keay RWJ. et Hepper FN.
Hutchinson J. & Dalziel J.M., 1958. Flora of West Tropical Africa. Flora of West Tropical Africa. The British West African Colonies, British Cameroons, the French and Portuguese Colonies South of the Tropic of Cancer to Lake Chad, and Fernando Po., 1(Part II).
Hutton J.M. & Leader-Williams N., 2003. Sustainable use and incentive-driven conservation: Realigning human and conservation interests. *Oryx*, **37**, 215–226.
Ibrahima A., Mapongmetsem P.M., Bouitang D. & Hassana B., 2007. Regeneration of some fuelwood tree species of humid savanna of Adamawa, Cameroon: Effects of season and cutting height. *Ghana J. Sci.*, **47**, 45–57.
Ishaka A. et al., 2019. Corrosion Inhibition of Mild Steel in 1M Hydrochloric Acid using Haematostaphis barteri Leaves Extract. *Procedia Manuf.*, **35**, 1279–1285.
IUCN, 2008. List of tropical Woods Used and Sold for Woodturning and their Endangerment Status. http://www.bradturnsgreen.com/Wood%20 Status%20List.pdf
Jongschaap R.E.E., Corré W.J., Bindraban P.S. & Brandenburg W.A., 2007. Claims and Facts on *Jatropha curcas* L. Global *Jatropha curcas* evaluation, breeding and propagation programme. *Plant Research International* B.V.Wageningen Stichting Het Groene Woudt, Laren, Report, 158 pages.
Kakpo S.B. et al., 2018. Répartition spatiale de *Cola millenii* K. Schum., Dialium guineense Wild. Et Afzelia africana Smith ex Pers. Dans les forêts secondaires du Sud Bénin (Afrique de l'Ouest). *Int. j. biol. chem. sci.*, 12, 353.
Kakpo S.B. et al., 2019. Spatial distribution and impacts of climate change on *Milicia excelsa* in Benin, West Africa. *J. For. Res.*, 1-8.
Kalinganire A., Weber J.C., Uwamariya A. & Kone B., 2007. Improving rural livelihoods through domestication of indigenous fruit trees in Parklands of Sahel. In: Akinnifesi, F.K., Leakey, R.R.B., Ajiyi, O.C., Silesti, G., Tchoundjeu, Z., Matala, P., Kwesiga, F.R., (Eds.). Indigenous Fruit Trees in the Tropics: Domestication, Utilization and commercialization. *CAB International Publishing*, Wallingford, Oxfordshire, pp.186-203.
Kaloga B., 1973. L'hydromorphie dans les sols de zones soudaniennes du Mali. *Pseudogley & Gley. Verlag Chemie*, 349-362.
Kampmann D. & Sinsin B., 2010. Atlas de la Biodiversité de l'Afrique de l'Ouest (Vol. 1).
Kauter D., Lewandowski I. & Claupein W., 2003. Quantity and quality of harverstable biomass from Populous short rotation coppice for solid fued

use. A review of the physiological basis and management influences. *Biomass & Bioenergy*, 24, 411-427.
Kokou K., Sokpon N., 2006. Les forêts sacrées du couloir du Dahomey. *Bois For. Trop.*, **288**, 15-23.
Koskela J. et al., 2014. Utilization and transfer of forest genetic resources: A global review. *For. Ecol. Manag.*, **333**, 22–34.
Kouyaté A.M., 2005. Aspects ethnobotaniques et étude de la variabilité morphologique, biochimique et phénologique de *Detarium microcarpum* Guill. & Perr. Au Mali. Thèse de doctorat. Faculty of Bioscience Engineering, Ghent University, Belgium. 207 pages.
Kyari M.Z., Danggoggo S.M., Usman B.B. & Muhammad A.B., 2017. Optimization of Process Variables in the Biodiesel Production from *Lophira lanceolata* Seed Oil. *Nig. J. Basic Appl. Sci.*, **25**, 75–86.
Lamhamedi M.S. et al., 2000. Problématique des pépinières forestières en Afrique du Nord et stratégies de développement. *Cah. Agric.*, **9**, 369-380.
Lankoandé B., Ouédraogo A., Boussim J.I. & Lykke A.M., 2016. Natural stands diversity and population structure of *Lophira lanceolata* Tiegh. Ex Keay, a local oil tree species in Burkina Faso, West Africa. *Agrofor. Syst.*, **91**, 85–96.
Lankoandé B., Ouédraogo A., Kouyaté A.M., Boussim I.J. & Lykke A.M., 2020. Production and morphological traits of Lophira lanceolata fruits in natural stands. *For. Trees Livelihoods*, **29**, 176–186.
Laouali A. et al., 2014. Utilisation de *Prosopis africana* (G. et Perr.) Taub dans le sud du Département d'Aguié au Niger : les différentes formes et leur importance. *Int. J. Biol. Chem. Sci.*, **8**, 1065-1074.
Lawani L.B., 2003. Potentialités et usages d'une plante des savanes guinéennes : *Daniellia oliveri* (Rolfe) Hutch. et Dalz. Dans la Sous-Préfecture de Zogbodomè (Bénin), mémoire de maîtrise de géographie, Université d'Abomey-Calavi, Bénin, 80 pages.
Lawin I.F. et al., 2018. *Cola millenii* K. Schum : État des connaissances et perspectives de recherche. *Int. j. biol. chem. sci.*, **12**, 1494-1515.
Lawin I.F. et al., 2019. Connaissances et usages de Cola millenii K. Schum. (Malvaceae) en zones guinéenne et soudano-guinéenne au Bénin. *Bois For. Trop.*, **339**, 61-74.
Lawin I.F., 2020. Caractérisation ethnobotanique, structurale et morphologique de *Cola millenii* K. Schum (Malvaceae) au Bénin. Thèse de doctorat, École Doctorale Sciences Agronomiques et Eau, Université de Parakou, Bénin, 202 pages.
Letouzey R., 1968. Étude phytogéographique du Cameroun. Paris, Edition Paul Lechevalier. http://www.jstor.org/stable/4103227

Linington S.H. & Pritchard H.W., 2001. Gene banks. *Encyclopedia of Biodiversity*, **3**, 165-181.
Lissambou B.-J. et al., 2019. Species delimitation in the genus Greenwayodendron based on morphological and genetic markers reveals new species. *Taxon*, **68**, 442–454.
Lohlum S.A., 2010. Proximate composition, amino acid profile and phytochemical screening of *Lophira Lanceolata* seeds. *African J. Food, Agric. Nutr. Dev.*, **10**, 12 pages.
Lompo L., 1992. Dynamique et place de *Prosopis africana* (Guill, Perrot, et Rich,) Taub, dans les systèmes agricoles de la Sissili Burkina-Faso, Thèse d'Ingénieur du Développement Rural/ Institut du Développement Rural/Université de Ouagadougou, 63 pages.
Louppe D. & Coulibaly A., 1994. Relations dendrométriques préliminaires pour six essences secondaires de la forêt de Badénou (Nord Côte d'Ivoire).
Louppe D., 2012. *Isoberlinia doka* Craib & Stapf. [Internet] Fiche de PROTA4U. Lemmens R.H.M.J., Louppe D. & Oteng-Amoako A.A. (éds). PROTA (Plant Resources of Tropical Africa/Ressources végétales de l'Afrique tropicale), Wageningen, Pays-Bas. <http://www.prota4u.org/search.asp>. Visité le 13 mai 2021.
Mapongmetsem P.M, Kapchie V.N. & Tefempa B.H., 2012. Diversity of local fruit trees and their contribution in sustaining the rural livelihood in the northern Cameroon. *EJESM*, **5**, 32-46.
Mapongmetsem P.M. & Diksia M., 2014. Vegetative Propagation of Local Fruit Trees by Air Layering in the Guinean Savannah Highlands (GSH). *J. Sustainable For.*, **33**, 21–32.
Mapongmetsem P.M., 2007. *Lophira lanceolata* Tiegh. Ex Keay. [Internet] Record from PROTA4U. van der Vossen, HAM &. Mkamilo, GS (Editors). PROTA (Plant Resouces of Tropical Africa/Ressouces végétales de l'Afrique tropicale), Wageningen, Netherlands.
Mapongmetsem P.M., Duguma B., Nkongmeneck B.A. & Selegny E., 1999. The effect of various seed pretreatments to improve germination in eight indigenous tree species in the forests of Cameroon. *Ann. For. Sci.*, **56**, 679–684.
Marrison C.I. & Larson E.D., 1996. A preliminary analysis of the biomass energy production potential of Africa in 2025 considering projected land needs for food production. *Biomass & Bioenergy*, **10**, 337-351.
Marshall E. & Newton A.C., 2003. Non-timber forest products in the community of El Terrero, Sierra de Manantlán Biosphere Reserve, Mexico: Is their use sustainable? *Econ. Bot.*, **57**, 262–278.

Mathew J.T. et al., 2018. Nutrient and anti-nutrient assessment of fermented and unfermented seed of *Haematostaphis barteri* from Niger state, Nigeria. *IJABR*, **9**, 67 – 73
Mauriès G. 1970. Époques des premières importations de bois exotiques. *Bull. Inf. Cent. Techn. Bois Guyane*, **53**, 27-29.
Mèdéton B., Biaou H.S.S., Ewedjè. & Natta K.N., 2017. Potentiel semencier et contraintes à la régénération par graines de *Haematostaphis barteri*, espèce fruitière autochtone au Nord-Ouest Bénin. *Ann. UP, Série Sci. Nat. Agron.*, **7**, 98-103.
MEHU, 2002. Stratégie Nationale et Plan d'Action pour la Conservation de la Diversité Biologique au Bénin, 144, Cotonou, Bénin, MEHU.
Mensah J.K., Adei E., Adei D. & Ansah G.O., 2012. Assessment of local wood species used for the manufacture of cookware and the perception of chemical benefits and chemical hazards associated with their use in Kumasi, Ghana. *J. Ethnobiol. Ethnomedicine*, **8**, 1-17
Mensah S. et al., 2014. Effect of human disturbance and climatic variability on the population structure of *Afzelia africana* Sm. Ex pers. (Fabaceae–Caesalpinioideae) at country broad-scale (Bénin, West Africa). *S. Afr. J. Bot.*, **95**, 165-173.
Mensah S., 2016. Latitudinal variation in the woody species diversity of *Afzelia africana* Sm. habitats in West Africa. *Trop. Ecol.*, **57**, 717-726.
Milner-Guland E.J. & Mace R., 1998. Conservation of biological resources Blackwell Science. Oxford, UK.
Mohammed N., Abdullahi H.Y., & Abdullahi B.N., 2017. Evaluation of hepatoprotective activity of methanol stem bark extract of Haematostaphis barteri Hook. F. against paracetamol and carbon tetrachloride-induced liver injury in rats. *AJPT*, **6**, 88-95.
Montes S.C. & Weber C.J., 2009. Genetic variation in wood density and correlations with tree growth in *Prosopis africana* from Burkina Faso and Niger. *Ann. For. Sci.*, **66**, 713.
Morales-Hidalgo, D., Oswalt, S.N. and Somanthan, E. (2015) Status and trends in global primary forest, protected areas, and areas designated for conservation of biodiversity from the Global Forest Resources Assessment 2015. For. Ecol. Manag., 352, 68-77.
Moreau R., 1970. Quelques plantes de Haute-Volta -Leurs noms vernaculaires en langues : Mossi, Dioula. Bobo-oulé Dagari et Peul-Wassolo. – Les sols où elles ont été rencontrées. Centre O.R.S.T.O.M. 16 pages.
Motte E., 1980. Les plantes chez les pygmées Aka et les Monzombo de la Lobaye (Centrafrique) : contribution à une étude ethnobotanique comparative chez des chasseurs-cueilleurs et des pêcheurs-cultivateurs

vivant dans un même milieu végétal. Agence de coopération culturelle et technique. Paris, 573 pages.
Moutouama K.J. et al., 2016. Potential climate change favored expansion of a range limited species, *Haematostaphis barteri* Hook f. *J. Agric. Environ. Int. Dev.*, **110**, 397-411.
Mush B. & Valadon A., 2004. A propos de génétique des populations : contribution de Rendez Vous Techniques de l'Office National des Forêts, hors-série n°1 « Diversité génétique des arbres forestiers ». 6 – 15.
Ndah N.R. et al., 2013. Ethnobotanical study of commonly used medicinal plants of the Takamanda Rainforest South West, Cameroon. *Afr. J. Plant Sci.*, **7**, 21-34.
Neuenschwander P., Sinsin B. & Goergen G. (eds), 2011. Protection de la Nature en Afrique de l'Ouest : Une Liste Rouge pour le Bénin. Nature Conservation in West Africa: Red List for Benin. International Institute of Tropical Agriculture, Ibadan, Nigeria. 365 pages.
Ng K.K.S., Lee S.L. & Koh C.L., 2004. Spatial structure and genetic diversity of two tropical trees species with contrasting breeding systems and different ploidy levels. *Mol. Ecol.*, **13**, 657–669.
Niang-Diop F., Sambou B. & Lykke A.M., 2010. Contraintes de régénération naturelle de *Prosopis africana* : facteurs affectant la germination des graines. *Int. J. Biol. Chem. Sci.,* **4**, 1693-1705.
Nichols J.D. et al., 1998. Distribution and abundance of Milicia species in Ghana. *Ghana Journal of Forestry*, **6**, 1-7.
Nkongmeneck B.A., 1982. Contribution à l'étude du genre Cola au Cameroun. Thèse de doctorat en sciences biologiques. Faculté des sciences, Université de Yaoundé, Cameroun, 198 pages.
Nonviho G., 2015. Valorisation chimique de la biomasse oléagineuse d'origine béninoise : *Lophira lanceolata* et *Carapa procera*, PhD Thesis. Université de Lorraine.
Nwodo J.N. et al., 2015. Anti-Trypanosomal Activity of Nigerian Plants and Their Constituents. *Molecules*, **20**:7750-7771.
Nygard R. & Elving B., 2000. Stem basic density and bark proportion of 45 woody species in young savanna coppice forest in Burkina Faso. *Ann. For. Sci.*, **57**, 143-153.
Nyong'o R.N., Cobbinah J.R. & Appiah-Kwarteng J., 1994. Flowering and fruiting patterns in *Milicia excelsa* and *Milicia regia* Welw. *Ghana Journal of Forestry*, **1**, 19-29.
Odugbemi T., 2006. Outlines and Pictures of Medicinal Plants from Nigeria.Vol.10. University of Lagos Press, 158 pages.

Office National des Forêts. Direction technique, 2004. Diversité génétique des arbres forestiers : un enjeu de gestion ordinaire. Rendez-vous technique de l'ONF, hors-série n°1. 130 pages.
Ofori D.A. & Cobbinah J.R., 2007. Integrated approach for conservation and management of genetic resources of Milicia species in West Africa. *For. Ecol. Manag.*, **238**, 1-6.
Ofori D.A., 2007. *Milicia excelsa* (Welw.) C.C.Berg. In: Louppe D., Oteng-Amoako A.A. & Brink M., eds. Prota: Timbers/Bois d'oeuvre 1. Wageningen, The Netherlands: PROTA.
Ofori D.A., Swaine M.D., Cobbinah J.R. & Price A.H., 2004. Genetic diversity and biodiversity conservation guidelines for Milicia species in Ghana. *Ghana Journal of Forestry*, **11**, 27-38.
Ogbiko C., Abubakar S.Y. & Babagana A., 2019. Phytochemical and oral toxicity profile of the methanol leaf extract of *Haematostaphis Barteri* hook f. (Anacardiaceae). *Int. j. adv. chem. res.*, **1**, 05-07
Ohene-Coffie F., 2008. *Mansonia altissima* (A. Chev.) A. Chev. *Bull. Soc. Bot. France.* **58**, Mém. 8, 138 (1912). text/html;charset=UTF-8, visité samedi 3 juillet 2021 10:35:26
Ouédraogo A., Lykke A.M., Lankoandé B. & Korbéogo G., 2013. Potentials for promoting oil products identified from traditional knowledge of native trees in Burkina Faso. *Ethnobot. Res. Appl.*, **11**, 071–083.
Ouinsavi C. & Sokpon N., 2008. Traditional agroforestry systems as tools for conservation of genetic resources of *Milicia excelsa* Welw. CC Berg in Benin. *Agrofor. Syst.*, **74**, 17-26.
Ouinsavi C. & Sokpon N., 2010. Morphological Variation and Ecological Structure of Iroko (*Milicia excelsa* Welw. C.C. Berg) populations across Different Biogeographical Zones in Benin. *Int. J. For. Res.,* **2010**, 10 pages.
Ouinsavi C. et al., 2006. Novel microsatellite DNA markers for the threatened African endemic tree species, *Milicia excelsa* (Moraceae), and cross-species amplification in *Milicia regia. Mol. Ecol. Notes*, **6**, 480-483.
Ouinsavi C., Sokpon N. & Bada O., 2005. Utilization and traditional strategies of in situ conservation of iroko (*Milicia excelsa* Welw. CC Berg) in Benin. *For. Ecol. Manage.*, **207**, 341-350.
Ouinsavi C., Sokpon N. & Khasa D.P., 2009. Genetic Diversity and Population Structure of a Threatened African Tree Species, Milicia excelsa, Using Nuclear Microsatellites DNA Markers. *Int. J. For. Res.*, 8 pages.
Ouôba P., Boussim J. & Guinko S., 2006. Le potentiel fruitier de la forêt classée de Niangoloko au Burkina Faso. *Fruits*, **61**, 71–81.

Padonou E.A. et al., 2013. Differences in germination capacity and seedling growth between different seed morphotypes of Afzelia africana Sm. In Benin (West Africa). *J. Hortic. Sci. Biotechnol.*, **88**, 679-684.
Paradis G., 1983. A phytogeographic survey of Southern Benin. *Bothalia*, **14**, 579–585.
Pasiecznik N.M., Harris P.J.C. & Smith S.J., 2004. Identifying Tropical Prosopis Species: A Field Guide. HDRA, Coventry, UK.
Pell S.K., 2004. Molecular systematics of the cashew family (Anacardiaceae). Thèse de Doctorat. St Andrews Presbyterian College, 207 pages.
Persinos G.J. & Quimby M.W., 1968. Studies on Nigerian plants V. comparative anatomy of *Lophira lanceolata* and *Lophira alata. Econ. Bot.*, 206–220.
Plotkin JB. et al., 2000. Species-area curves, spatial aggregation, and habitat specialization in tropical forests. *J. Theor. Biol.*, **207**, 81–99.
Pompelli M.F. et al., 2012. Allometric models for non-destructive leaf area estimation of Jatropha curcas. *Biomass Bioenergy*, **36**, 77–85.
Pritchard J.K., Stephens M. & Donnelly P., 2000. "Inference of Population Structure Using Multilocus Genotype Data." *Genetics*, **155**, 945-959.
Quesada M. et al., 2004. Effects of Forest Fragmentation on Pollinator Activity and Consequences for Plant Reproductive Success and Mating Patterns in Bat-pollinated Bombacaceous Trees. *BIOTROPICA* **36**, 131–138.
Rajora O.P. & Mosseler A., 2001. Challenges and opportunities for conservation of forest genetic resources. *Euphytica* **118**, 197-212.
Roach D.A. & Wulff R.D., 1987. Maternal effects in plant. *Annu. Rev. Ecol. Evol. Syst.*, **18**, 209-235.
Royal Botanic Gardens Kew, 2016. State of the World's Plants. 1-80
Sangare M.M. et al., 2012. Étude ethnobotaniquc des plantes hépatotropes et dc l'usage traditionnel de *Gomphrena celosioides* Mart. (Amaranthaceae) au Bénin. *Int. j. biol. chem. sci.*, **6**, 5008-5021.
Sapkota I.P., Tigabu M. & Odén P.C.., 2009. Spatial distribution, advanced regeneration and stand structure of Nepalese Sal (Shorea robusta) forests subject to disturbances of different intensities. *For. Ecol. Manag.*, **257**, 1966–1975.
Satabié B., 1982. Le phénomène de vicariance chez deux espèces ecophylétiques au Cameroun : *Lophira alata* Banks ex Gaertn. f. et *Lophira lanceolata* Van Tiegh. ex Keay (Ochnaceae). Cameroun, Universite de Yaounde.

Sina S., 2006. Reproduction et diversité génétique chez *Parkia biglobosa (Jacq.) G. Don.* PhD thesis Wageningen University, Wageningen, the Netherlands, 118 pages.
Sinasson G.K.S., Shackleton C.M., Assogbadjo A.E. & Sinsin B., 2017. Local Knowledge on the Uses, Habitat, and Change in Abundance of Multipurpose Mimusops Species in Benin. *Econ. Bot.,* **20**, 1 - 18.
Sinsin B. & Owolabi L., 2001. Rapport sur la monographie de la Diversité Biologique du Bénin : Ministère de l'Environnement et de l'Habitat (MEHU), Cotonou, Bénin.
Sinsin B. et al., 2004. Dendrometric characteristics as indicators of pressure of Afzelia africana Sm. trees dynamics in different climatic zones of Benin. *Biodivers. Conserv.*, **13**, 1555 - 1570.
Slatkin M., 1987. Gene flow and the geographic structure of natural populations. *Science*, **236**, 787-792.
Sokpon N. & Biaou S.H., 2002- The use of diameter distribution in sustained-use management of remnant forests in Benin: case of Bassila forest reserve in North Benin. *For. Ecol. Manag.*, **161**, 13-25.
Sokpon N. & Lejoly J., 1994. Le groupement à *Triplochiton scleroxylon* et *Strombosia glaucescens* de la forêt naturelle semidécidue de Pobè (Sud-Est, Bénin). In Proceedings of the 13th Plenary Meeting AETFAT, **2**, 1453-1470.
Sourou B.N, Ouinsavi C.A.I.N. & Sokpon N., 2016a. Ecological Structure and Fruit Production of Blood Plum (*Haematostaphis barteri Hook. F*) Subpopulations in Benin. *Int. j. plant soil sci.*, **9**, 1-12.
Sourou B.N., Yabi J., Ouinsavi C.I.A.N. & Sokpon N., 2016b. Importance socio-économique de la prune rouge (*Haematostaphis barteri Hook F.*) au Bénin. *Int. J. Biol. Chem. Sci.*, **10**, 326-343.
Sourou K.N.B. et al., 2020b. Analyse de la diversité génétique moléculaire de H*aematostaphis barteri* (Prune rouge) à l'aide des marqueurs RAPD. *Ann. UP, Série Sci. Nat. Agron.,* 10, 41-54.
Sourou K.N.B., Houetchegnon T. & Ouinsavi C., 2020a. Morphological Characterization of the Blood Plum (*Haematostaphis barteri* Hook. F. (Anacardiaceae)) in the Republic of Benin. *J. Agric. Sci. Technol. B,* 10, 106-117.
Sourou N.K.B., 2017. Importance socio-économique et caractérisation structurale, morphologique et génétique moléculaire de *Haematostaphis barteri* Hook. F Anacardiaceae (Prune rouge) au Bénin. Thèse de Doctorat Unique, Université de Parakou, Bénin, 125 pages.
Souza (de) S., 1988. Flore du Bénin (Tome 3) ; CENAP, Projet PBNUD/FAO, Cotonou, 423 pages.

Tadzabia K., Maina H.M, Maitera O.N. & Ezekiel J.S., 2013. Evaluation of phytochemical and elemental contents of *Haematostaphis barteri* leaves and stem bark in Hong local government area of Adamawa state, Nigeria. *J. Chem. Pharm. Res.,* **5**, 150-156.

Taylor D.A., Kankam B.O. & Wagner M.R., 2000. The role of the fruit bat Eidolon helvum in seed dispersal, survival, and germination in *Milicia excelsa*, a threatened West African hardwood. Research advances in restoration of Iroko as a commercial species in West Africa, 29-39.

Thiombiano A., Schmidt M., Dressler S., Ouédraogo A. & Hahn-Hadjali K., 2012. Catalogue des plantes vasculaires du Burkina Faso. *Boissiera : Mémoires Des Conservatoire et Jardin Botaniques de La Ville de Genève*, **65**, 1–391.

Thomas R., Vaughan I. & Lello J., 2013. Data analysis with R statistical software. A guidebook for scientists. 1st edn. Eco-explore, Wales.

TIDD, 2003. Report on export of wood products, Timber industry development division, Ghana forestry commission, july 2003.

Tiétiambou F. et al., 2016. Perceptions et savoirs locaux sur les espèces oléagineuses locales dans le Kénédougou, Burkina Faso. *Bois For. Trop.*, **327**, 39–50.

Tiétiambou F. et al., 2020. Local preferences for three indigenous oil-seed plants and attitudes towards their conservation in the Kénédougou province of Burkina Faso, West-Africa. *J. Ethnobiol. Ethnomedicine*, **16**, 1–16.

Traoré L., Ouédraogo I., Ouédraogo A. & Thiombiano A., 2011. Perceptions, usages et vulnérabilité des ressources végétales ligneuses dans le Sud-Ouest du Burkina Faso. *Int. J. Biol. Chem. Sci.*, **5**, 258 - 278.

UICN, 2002. Technical guidelines on the management of ex situ populations for conservation. IUCN, Gland, Switzerland.

UICN, 2022. La liste rouge de l'UICN des espèces menacées. Édition 2021-3. https://www.iucnredlist.org

Umaru H.A, Adamu R., Dahiru D. & Nadro M.S., 2007. Levels of antinutritional factors in some wild edible fruits of Northern Nigeria. *Afr. J. Biotechnol.*, **6**, 1935-1938.

van Andel T.R. et al., 2015. Prioritizing West African medicinal plants for conservation and sustainable extraction studies based on market surveys and species distribution models. *Biol. Cons.,* **181**, 173–181.

van der Vossen H., Mkamilo G.S., Lemmens R.H.M. & Oyen L.P.A., 2007. Plant resources of tropical Africa 14, vegetable oils. *Prota Foundation/Backhys Publishers/CFA Wageningen, Netherlands*, 25–27.

Vitoékpon I., Adomou A.C. & Oumorou M., 2018. Statut de conservation des peuplements à *Mansonia altissima* dans la forêt sacrée d'Ewè-Adakplamè au Bénin. *Rev. Ivoir. Sci. Technol.*, **32**, 350-370

Von Maydell H.J., 1983. Arbres et arbustes du Sahel. Leurs caractéristiques et leurs utilisations. *Gtz.*, 385 pages.
Wala K, Sinsin B, Hahn-Hadjali K. & Akpagana K., 2006. Analyse floristique et écologique de la végétation de la chaîne de l'Atakora au Bénin. *J. Rech. Sci.*, **8**, 9-18.
Weber J.C., Larwanou M., Abasse T.A. & Kalinganire A., 2008. Growth and survival of *Prosopis africana* provenances tested in Niger and related to rainfall gradients in the West African Sahel. *For. Ecol. Manage.*, 8 pages.
Wédjangnon A.A., 2020. Écologie et fondements scientifiques de conservation et de restauration de *Mansonia altissima* A. Chev. (Malvaceae) par translocation hors habitat au Bénin. Thèse de doctorat, Ecole Doctorale des Sciences Agronomiques et de l'Eau, Université de Parakou, Bénin, **Erreur ! Signet non défini.** pages.
Wédjangnon A.A., Houètchégnon T. & Ouinsavi C., 2016a. Caractéristiques ethnobotaniques et importance socio-culturelle de *Mansonia altissima* A. Chev. au Bénin, Afrique de l'Ouest. *J. Anim. Plant. Sci.*, **29**, 4678-4690.
Wédjangnon A.A., Houètchégnon T. & Ouinsavi C., 2016b. Ecological characterization and mass propagation of *Mansonia altissima* a. Chev. In the Guinean zone of Benin, West Africa. *Int. J. Pure Appl. Biosci.*, **4**, 15-25.
Wédjangnon A.A., Hountondji H.Y-C. & Ouinsavi C.A.I.N., 2020a. Assessing the landscape pattern and population status of the timber species Mansonia altissima A. Chev. for restoration purposes in moist semi-deciduous forest. *J. Landsc. Ecol.*, **13**, 25-42.
Wédjangnon A.A., Sourou Kuiga N.B., Houêtchégnon T. & Ouinsavi A.I.N.C., 2020b. Spatial distribution and interspecific association patterns between *Mansonia altissima* A. Chev., *Ceiba pentandra* (L.) Gaertn and *Triplochiton scleroxylon* K. Schum. in a moist semi-deciduous forest. *Ann. For. Sci.*, **77**, 11 pages.
Wilson E.O., 1992. The diversity of life, Harvard University Press, USA 424 pages.
Wilting A. et al., 2010. Modelling the Species Distribution of Flat-Headed Cats (Prionailurus planiceps), an Endangered South-East Asian Small Felid. *PLoS ONE*, **5**, e9612.
World Bank, 2018. Benin Évaluation des Forêts Classées -rapport final.
World Bank, 2020. Note sur les forêts du Bénin. World Bank, Washington, DC. © World Bank. https://openknowledge.worldbank.org/handle/10986/34437 License: CC BY 3.0 IGO.
World Conservation Monitoring Centre, 1998. *Milicia excelsa*. The IUCN Red List of Threatened Species 1998: e.T33903A9817388.

https://dx.doi.org/10.2305/IUCN.UK.1998.RLTS.T33903A9817388.en . Accessed on 15 March 2022.st
World Conservation Monitoring Centre, 1998. *Milicia excelsa.* The IUCN Red List of Threatened Species 1998: e.T33903A9817388. https://dx.doi.org/10.2305/IUCN.UK.1998.RLTS.T33903A9817388.en . Downloaded on 28 April 2021.

Structures éditoriales du groupe L'Harmattan

L'Harmattan Italie
Via degli Artisti, 15
10124 Torino
harmattan.italia@gmail.com

L'Harmattan Hongrie
Kossuth l. u. 14-16.
1053 Budapest
harmattan@harmattan.hu

L'Harmattan Sénégal
10 VDN en face Mermoz
BP 45034 Dakar-Fann
senharmattan@gmail.com

L'Harmattan Cameroun
TSINGA/FECAFOOT
BP 11486 Yaoundé
inkoukam@gmail.com

L'Harmattan Burkina Faso
Achille Somé – tengnule@hotmail.fr

L'Harmattan Guinée
Almamya, rue KA 028 OKB Agency
BP 3470 Conakry
harmattanguinee@yahoo.fr

L'Harmattan RDC
185, avenue Nyangwe
Commune de Lingwala – Kinshasa
matangilamusadila@yahoo.fr

L'Harmattan Congo
67, boulevard Denis-Sassou-N'Guesso
BP 2874 Brazzaville
harmattan.congo@yahoo.fr

L'Harmattan Mali
ACI 2000 - Immeuble Mgr Jean Marie Cisse
Bureau 10
BP 145 Bamako-Mali
mali@harmattan.fr

L'Harmattan Togo
Djidjole – Lomé
Maison Amela
face EPP BATOME
ddamela@aol.com

L'Harmattan Côte d'Ivoire
Résidence Karl – Cité des Arts
Abidjan-Cocody
03 BP 1588 Abidjan
espace_harmattan.ci@hotmail.fr

Nos librairies en France

Librairie internationale
16, rue des Écoles
75005 Paris
librairie.internationale@harmattan.fr
01 40 46 79 11
www.librairieharmattan.com

Librairie des savoirs
21, rue des Écoles
75005 Paris
librairie.sh@harmattan.fr
01 46 34 13 71
www.librairieharmattansh.com

Librairie Le Lucernaire
53, rue Notre-Dame-des-Champs
75006 Paris
librairie@lucernaire.fr
01 42 22 67 13

www.ingramcontent.com/pod-product-compliance
Lightning Source LLC
La Vergne TN
LVHW011315061026
849535LV00005B/1574
* 9 7 8 2 1 4 0 2 6 8 2 0 5 *